权威·前沿·原创

皮书系列为

“十二五”“十三五”“十四五”时期国家重点出版物出版专项规划项目

智库成果出版与传播平台

北京建筑文化发展报告（2023）

REPORT ON THE DEVELOPMENT OF BEIJING ARCHITECTURAL CULTURE (2023)

主　　编／张大玉
执行主编／秦红岭
副 主 编／金　磊　傅　凡　李　颖

社会科学文献出版社
SOCIAL SCIENCES ACADEMIC PRESS (CHINA)

图书在版编目（CIP）数据

北京建筑文化发展报告．2023／张大玉主编；秦红岭执行主编；金磊，傅凡，李颖副主编．--北京：社会科学文献出版社，2024.4
（建筑文化蓝皮书）
ISBN 978-7-5228-3361-3

Ⅰ．①北… Ⅱ．①张… ②秦… ③金… ④傅… ⑤李… Ⅲ．①城市建筑-文化发展-研究报告-北京-2023 Ⅳ．①TU-092.91

中国国家版本馆 CIP 数据核字（2024）第 055400 号

建筑文化蓝皮书
北京建筑文化发展报告（2023）

主　　编／张大玉
执行主编／秦红岭
副 主 编／金　磊　傅　凡　李　颖

出 版 人／冀祥德
责任编辑／姚冬梅　常春苗
文稿编辑／尚莉丽
责任印制／王京美

出　　版／社会科学文献出版社
地址：北京市北三环中路甲 29 号院华龙大厦　邮编：100029
网址：www.ssap.com.cn
发　　行／社会科学文献出版社（010）59367028
印　　装／天津千鹤文化传播有限公司

规　　格／开 本：787mm×1092mm　1/16
印 张：21　字 数：317 千字
版　　次／2024 年 4 月第 1 版　2024 年 4 月第 1 次印刷
书　　号／ISBN 978-7-5228-3361-3
定　　价／128.00 元

读者服务电话：4008918866

《北京建筑文化发展报告（2023）》编委会

主要编撰者简介

张大玉　北京建筑大学校长，教授，国家注册城市规划师。北京市战略科技人才团队负责人，北京高校“传统村落保护与民居建筑功能提升关键技术研究”高水平创新团队负责人，北京未来城市设计高精尖创新中心执行主任。兼任中国建筑学会第十四届理事会常务理事，中国风景园林学会副理事长，教育部高等学校建筑类专业教学指导委员会委员，全国风景园林专业学位研究生教育指导委员会委员，北京市科学技术协会第十届委员会常委，住房和城乡建设部科学技术委员会城市设计专业委员会副主任、历史文化保护与传承专业委员会委员，中国建筑学会城市设计分会副主任，中国城市环境卫生协会建筑垃圾管理与资源化工作委员会主任等。主要研究方向为城市保护与更新、乡村聚落环境营建。主持国家及省部级科研项目40余项，主持实践项目20余项，发表学术论文50余篇，出版著作3部，获北京市科学技术进步奖等科学技术奖励12项。

秦红岭　北京建筑大学文化发展研究院/人文学院院长，教授。兼任北京市第十四届、第十五届、第十六届人大代表，北京市第十五届、第十六届人民代表大会城市建设环境保护委员会委员，中国伦理学会理事，中国人学学会理事，北京伦理学会常务理事。主要研究方向为建筑伦理与城市文化。主持完成国家社科基金项目2项，省部级社科基金项目6项，出版《建筑伦理学》《城市规划：一种伦理学批判》《城魅：北京提升城市文化软实力的人文路径》等学术专著8部，主编《建筑伦理与城市文化》等专辑类丛书6部，发表学术论文140余篇，其专著《建筑的伦理意蕴——建筑伦理学引论》获第十届北京市哲学社会科学优秀成果二等奖。

摘　要

党的十八大以来，北京历史文化名城保护工作和建筑文化发展进入新一轮政策机遇期，在建筑文化与历史文化名城保护协同发展、文物建筑和历史建筑保护与利用、北京中轴线建筑文化发展和建筑绿色发展等维度，取得了全面进展，北京建筑文化整体发展态势持续向好。

本书作为“建筑文化蓝皮书”的首部报告，聚焦北京建筑遗产保护与建筑绿色发展，结合北京建筑文化的内涵、特征和发展趋势，对近年来北京建筑文化发展的主要维度、成效和问题进行概括和分析。从北京建筑文化发展总体趋势看，文物建筑、历史建筑保护传承利用模式更加完善；数字科技进一步赋能建筑文化，“数智筑梦”未来已来；建筑文化发展进一步迈向绿色化、低碳化。

近年来，虽然北京建筑文化的优势充分彰显，但从整体上看，迈向首都高质量发展新阶段的北京建筑文化发展还面临一些问题、困难和挑战，如文物建筑和历史建筑的价值挖掘和活化利用需要深化推动、建筑空间保护和利用形式较为单一、建筑遗产保护的政府财政依赖性强及组织实施不顺畅、历史文化街区人文传承后续乏力、建筑绿色发展各主体权责不清晰等。

为推进北京建筑文化高质量发展，本报告提出了相应的对策建议：一是在加强文物建筑、历史建筑保护传承利用方面，主要针对20世纪建筑遗产、北京中轴线和历史文化街区建筑遗产、革命旧址、工业遗产和建筑非遗，在加强研究和价值阐释、建筑技术与运维、策划与文化传承等层面提出建议；二是在建筑绿色发展方面，提出完善绿色建筑政策体系、加强绿色建筑标准

体系建设、应用数字技术提升绿色建筑建设运行水平、落实建筑垃圾监督考核机制、出台建筑垃圾再生产品激励政策等建议。此外，在推动北京水文化遗产的系统研究和保护、推动优秀传统建筑文化有机融入当代北京建筑设计等方面，也提出了有针对性的建议。

关键词： 北京建筑文化　建筑遗产保护　绿色建筑

目录

Ⅰ 总报告

Ⅱ 遗产保护篇

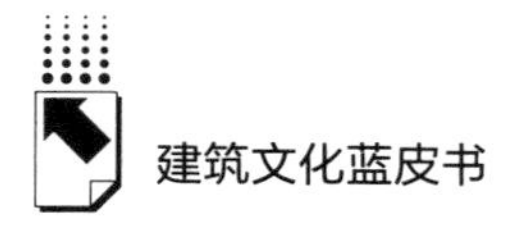

Ⅲ 发展专题篇

皮书数据库阅读**使用指南**

总报告

General Report

B.1

北京建筑文化发展报告（2023）*

秦红岭**

摘　要： 建筑文化是一种极具综合性的物质、技术与精神、艺术的文化综合体。北京作为见证历史沧桑变迁的千年古都和中国古代都城文化的集大成者，拥有丰富的建筑文化遗产。同时，作为大国首都和世界首个“双奥之城”，北京拥有得天独厚的新中国优秀建筑遗产和当代体育建筑精品。党的十八大以来，北京历史文化名城保护工作和建筑文化发展进入新一轮政策机遇期，在北京建筑文化与历史文化名城保护协同发展、文物建筑和历史建筑保护与利用、建筑绿色发展等维度取得了全面进展。从北京建筑文化发展总体趋势看，文物建筑和历史建筑保护传承利用模式更加完善，数字科技进一步赋能建筑文化，建筑文化

* 本报告为北京市习近平新时代中国特色社会主义思想研究中心“首都文化软实力与历史文化名城保护协同发展研究”（北京市哲学社会科学规划重点项目）阶段性成果（项目编号：23LLWXB032）。

** 秦红岭，北京建筑大学文化发展研究院/人文学院院长、教授，主要研究方向为建筑伦理与城市文化。

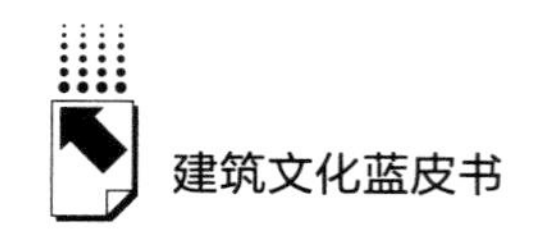

发展进一步迈向绿色化、低碳化。近年来虽然北京建筑文化的优势充分彰显，但从整体上看，迈向首都高质量发展新阶段的北京建筑文化发展还面临一些问题、困难和挑战：如历史文化名城保护与建筑文化遗产保护协同发展需要加强；文物建筑价值挖掘和活化利用需要深化推动；历史建筑保护更新面临特殊困难与挑战；本土建筑师设计的体现民族文化和北京地域特色的优秀当代建筑还不多。为推进北京建筑文化高质量发展，本报告在加强文物建筑保护、阐释和利用，加强历史文化名城及历史建筑保护更新和活化利用，加强数字科技赋能北京建筑文化发展以及推动优秀传统建筑文化有机融入当代北京建筑设计等方面，提出了有针对性的对策建议。

关键词： 北京建筑文化　建筑遗产　历史文化名城

北京有3000余年建城史，870年都城营建史。自公元1153年在辽南京城基础上兴建金中都开始，元、明、清三代皆定都于北京。作为巍巍帝都和文化古都，北京是中国古代都城文化的集大成者，是中国悠久城市建设历史的伟大实证，不仅在城市格局和古都风貌上为后世留下了充满文化魅力的宝贵遗产，也为后世留下了众多体现中华文明成果的建筑文化遗产。近几十年来，作为全国文化中心，在保护传承丰富多样的建筑文化资源的基础上，北京不断推进建筑文化创新发展，在历史文化名城整体保护、建筑文化遗产保护利用、建筑绿色发展、奥运建筑文化传播等领域取得了富有特色的系列成果，这些成果成为构建北京历史文化名城保护体系的重要组成部分，也成为推动首都高质量发展的有力引擎。党的十八大以来，北京围绕“建设一个什么样的首都，怎样建设首都”这个重大课题来谋划和推进发展，在建筑业高质量发展上精准用力，做了大量卓有成效的工作，谱写了新时代首都建筑文化发展新篇章。

一　建筑文化与北京建筑文化的内涵、特征

（一）建筑文化的内涵、特征

建筑与文化有着密切的关系。英国学者安德鲁·巴兰坦（Andrew Ballantyne）指出："房屋使我们远离寒冷与潮湿，并深深融入人们的日常生活之中，然而，'建筑'这个词，只要我们加以留心，就会发现它永远存在一个文化的维度。"① 建筑是人类文化的重要载体，也是人类总体文化的重要组成部分。

关于建筑文化的内涵，学术界并没有统一界定，人们在使用建筑文化这一概念时，其内涵与外延也不尽相同。有学者认为，建筑文化的基本内涵包括两方面：一是人们从事建造活动的原理、蓝图、计划、程序、方法、设备等；二是建筑物质产品及其反映出的哲学、文学、艺术、伦理、法制等方面的内容。建筑文化则是这两方面内容的总和。② 概括地说，建筑文化是指塑造建筑的集体信念、价值观和实践活动。建筑文化受多种因素的制约和影响，包括文化和社会规范、技术进步、政治和经济条件以及著名建筑师、建筑运动的影响，它反映了特定时代和地域的精神和价值观，也体现了建筑理论、技术和实践的不断发展。建筑文化作为人类文化的重要组成部分，具有以下基本特征。

第一，建筑文化是一种极具综合性的物质、技术与精神、艺术的文化综合体。

建筑承载着人类文明与文化的最早和最全面的记忆。建筑文化作为庞杂的人类文化要素之一，与人类文化结构中的其他文化要素有一个显著区别，即建筑文化本身所具有的综合性特点，可以形象地将其称为一

① 〔英〕安德鲁·巴兰坦：《建筑与文化》，王贵祥译，外语教学与研究出版社，2015，第6页。

② 张文和、罗章：《文化　建筑文化　传统建筑文化》，《重庆建筑大学学报》（社科版）2000年第4期，第12页。

部反映特定时空范围人类文化的“百科全书”。建筑文化至少体现为四种形态。一是建筑物质文化，主要表现为实体形态的各类建筑物，这是建筑文化发展的基础；二是建筑技术文化，主要指依据建筑的物理性能、力学原理所采用的建造各种不同类型建筑的结构方式，这是建筑科技发展水平的主要体现；三是建筑规范文化，包括有关建筑的管理体制、法规政策、伦理准则等，这是建筑文化制度化的表征；四是建筑精神文化，包括有关建筑的哲学和艺术思想，尤其是建筑作为一种艺术类型所展现的体现各时代、各地域特征的审美文化。综上可知，建筑文化是至少包含建筑物质文化、建筑技术文化、建筑规范文化和建筑精神文化的文化综合体。同时，随着“广义建筑学”概念日益被接受，建筑文化还可以涵盖地景学、城市设计和城市规划文化的部分内容。“广义建筑学”这个概念由吴良镛提出，1999 年国际建筑师协会第 20 届世界建筑师大会通过的《北京宪章》指出：“广义建筑学，就其学科内涵来说，是通过城市设计的核心作用，从观念和理论基础上把建筑学、地景学、城市规划学的要点整合为一。”①

第二，建筑文化具有地域性、民族性特征，不同地域、不同民族的建筑文化是地域文化和民族文化的重要构成。

纵观中外建筑史，地域性和民族性一以贯之，甚至可以这样说，“一切建筑都是地域性建筑”，“一切建筑文化都是地域主义的”。世界上没有统一和千篇一律的建筑文化，只有与地域文化和民族文化不可分离的建筑文化，世界各个民族都为人类的建筑文化宝库做出过各自的贡献。“一方水土养一方人”，对应某一地域的气候、地形、地貌等人居自然环境，也对应某一地域、某一民族的人文传统、民族文化，由此，世界建筑文化也呈现多姿多彩的地域性和民族性特征。中国建筑文化历史悠久，在世界建筑体系中占据重要地位。

第三，建筑文化具有科技属性，体现科技发展的时代特征，也体现人类

① 吴良镛：《北京宪章》，《时代建筑》1999 年第 3 期，第 90 页。

科技文化的沿革演进。

建筑文化总是伴随科学技术的进步而不断发展，科技是建筑文化发展的基本动力。没有18世纪、19世纪的“第一、二次科技革命，就没有20世纪上半叶在世界各地如雨后春笋般出现的高楼大厦；没有20世纪的第三次科技革命，就没有现代的地下建筑、海上建筑、海下建筑和超高建筑；没有20世纪70年代后发展起来的高科技（包括信息高科技、生物高科技、新能源科技、新材料科技等），就没有现在不断涌现的‘信息建筑’、‘智能建筑’、‘生态建筑’。”① 在当今人工智能和数字时代背景下，数字科技和人工智能技术对建筑行业的渗透性、颠覆性越来越强，正以新技术、新模式改变建筑领域的生产方式，形成智能建筑文化发展的强大动力。

（二）北京建筑文化的内涵、特征

“北京建筑文化”是从属地概念角度对建筑文化进行的地域限定，即指作为中华人民共和国首都北京的建筑文化，它是中国建筑文化的重要组成部分。中华民族几千年光辉灿烂的建筑文化在北京这座历史文化名城得到了鲜明体现。需要强调的是，由于首都既是一个地理区域，又具有政治属性，因而北京建筑文化不仅体现“城”的基本特征，还围绕“都”的功能彰显首都特色。

阐述北京建筑文化的基本特征，首先要从比较视野，阐释中国传统建筑文化与以欧洲为代表的西方传统建筑文化的显著不同。中西方传统建筑文化在数千年的发展中形成了各自的文化观念和艺术特色。梁思成在《中国建筑史》中从结构取法和环境思想两个维度，总结了中国传统建筑文化的基本特征。在结构取法上表现为四个特征，即以木料为主要构件、用构架制之结构原则、以斗拱为结构之关键、外部轮廓之特异；在环境思想方面也表现

① 张文和、罗章：《文化　建筑文化　传统建筑文化》，《重庆建筑大学学报》（社科版）2000年第4期，第13页。

为四个特征，即不求原物长存之观念、建筑活动受道德观念之制约、着重布置之规制、建筑之术依师徒传授不重书籍。[①] 王振复认为，中西方建筑文化传统的不同主要体现在四个方面，即建筑材料方面以土木为材（中国）与以石为材（西方）；建筑结构方面的结构美（中国）与雕塑美（西方）；建筑群体组合方面的庭院（中国）与广场（西方）；建筑类型方面的人的营构（中国）与神的营构（西方）。[②] 需要补充的是，中国传统文化本质上是一种人伦文化，千百年来形成了以儒家伦理思想为主干的丰富包容、绵延连续的伦理思想体系。作为传统文化重要组成部分的中国传统建筑文化，在整体布局与群体组合、建筑形制与数量等级、空间序列与功能使用、装饰细部与器具陈设等方方面面，都浸透和反映着礼制秩序和传统伦理，并由此形成了中国传统建筑文化绵延数千年的独特伦理品性。同时，中国传统建筑文化的天人合一观，将建筑看作自然、宇宙的有机组成部分，极为重视人与自然和合共生的人文理念，特别注意跟周围自然环境的协调，在园林、宫殿、民居、寺观等建筑门类中有突出体现。

作为中国建筑文化重要组成部分的北京建筑文化，主要有以下特征。

第一，北京是见证历史沧桑变迁的千年古都，其建筑文化遗产密集丰富。

北京是具有古都风韵的历史文化名城，其建筑遗产具有无与伦比的历史文化价值。作为中国悠久城市建设历史的伟大实证，北京除了有严整的城市格局，壮美的中轴线之外，其深厚的城市文化底蕴还体现在其无比璀璨的建筑文化遗产中。根据北京市文物局官网数据[③]，截至2023年7月，北京有长城、故宫、周口店北京人遗址、颐和园、天坛、明十三陵、大运河7处世界文化遗产，是世界上世界文化遗产项目数量最多的城市。北京地区共登记不可移动文物3840处，每万平方公里不可移动文物数量近2000处，其中，有135

① 梁思成：《中国建筑史》，百花文艺出版社，2005，第4~14页。

② 王振复：《建筑中国：半片砖瓦到十里楼台》，中华书局，2021，第433~456页。

③ 《北京地区世界文化遗产》，http://wwj.beijing.gov.cn/bjww/362771/362778/index.html，最后访问日期：2023年7月19日。

处全国重点文物保护单位，255 处市级文物保护单位。[①] 拥有全国重点文物数量最多的县（区）级行政区划单位前两名均在北京，分别是北京市西城区（44 处）、北京市东城区（37 处）。[②] 此外，北京还拥有 2 处国家考古遗址公园。

第二，北京建筑文化遗产类型丰富，是中华优秀传统文化的精华所在。

从北京建筑文化物质形态看，建筑门类齐全。北京既有世界上独有的宫殿坛庙和皇家园林，也有以胡同、四合院为代表的古朴典雅的民居，还有代表中国古代陵墓成就最高水平的皇家陵寝建筑，“在城市建设方面，商周之际的琉璃河古城和蓟城是目前所发现的最早的城市，历史上著名的城市还有唐幽州、辽南京、金中都、元大都和明清北京城；在房屋营造方面，按使用功能划分，建筑形式多样，宫殿坛庙、佛寺道观、官署会馆、商铺作坊、戏楼剧院、府邸民宅等形态兼具；在造园方面，有皇家园林、私家园林、佛道景区等”[③]。

北京建筑文化不仅类型丰富，还有诸多享誉世界的建筑精品。作为明、清两代 24 个皇帝的皇宫，北京故宫是四重北京城的中心，是北京城中轴线的中心，影响着北京全城的构图。自明永乐十八年（1420 年）建成后，它的基本格局一直延续至今。如同浩瀚的“宫殿之海”，故宫由诸多形体基本相同的建筑与大小不同的层层院落空间组合而成，有着丰富的铺陈展开的空间序列，淋漓尽致地体现了中国建筑艺术的灵魂。如今北京故宫是当今世界上现存规模最大、保存最完整的古代宫殿建筑群。北京坛庙类建筑众多，明清时有“九坛八庙”[④] 之说。其中，始建于明永乐十八年（1420 年）的天

---

① 《北京市贯彻落实党的二十大精神系列主题新闻发布会举行　市文物局作专题发布》，https：//wwj. beijing. gov. cn/bjww/362679/362680/642963/326100239/index. html，最后访问日期：2024 年 1 月 27 日。

② 陈凯：《从 180 到 5058：全国重点文物保护单位 60 年的变与不变》，《人民日报》（海外版）2021 年 3 月 8 日，第 11 版。

③ 陆翔：《北京建筑史》，中国建筑工业出版社，2019，第 1 页。

④ “九坛八庙”是指北京的坛庙建筑。其中，“九坛”包括祈谷坛、圜丘坛、地坛、日坛、月坛、先农坛、太岁坛、社稷坛、先蚕坛。“八庙”包括太庙、奉先殿（位于故宫内）、传心殿（位于故宫内）、寿皇殿、雍和宫、堂子（已无存，现址为贵宾楼）、历代帝王庙、孔庙（又称文庙）。

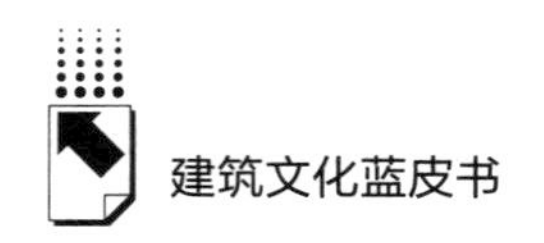

坛，是唯一完整保存下来的中国古代祭天建筑群，因其面积之大、形制之高、文化内涵之丰富、艺术成就之高，已成为北京的重要象征。

第三，北京建筑文化具有高度包容性和多元民族文化共生性特征，是中外建筑文化交流的重要见证。

习近平总书记在文化传承发展座谈会上强调："中华文明的包容性，从根本上决定了中华民族交往交流交融的历史取向，决定了中国各宗教信仰多元并存的和谐格局，决定了中华文化对世界文明兼收并蓄的开放胸怀。"[①] 中华文明的突出包容性在北京建筑文化上得以鲜明体现。北京建筑文化不是在一个孤立的历史文化环境中发展演变的，它吸收了多民族建筑文化因素，与外来民族和少数民族建筑文化融合，内涵和类型丰富。

在870年建都史中，北京相继成为金中都、元大都、明和清的帝都，其中金代（1115~1234年）是女真族建立的少数民族王朝，元代（1206~1368年）是蒙古族建立的少数民族王朝，清代（1616~1911年）是满族建立的少数民族王朝。特殊的建都史和地理位置使北京成为北方少数民族文化与中原文化相互交融的地区，使北京建筑文化民族多元性特征明显。例如，北京中轴线建筑群就包容了北京最具代表性的各种文化信仰和建筑文化遗迹，北京中轴线"在城市规划设计上，它是中国中原农耕文化与北方草原马背上文化的结晶。北京与一般城市的十字街不同，它中心建筑突出、明显，左右形成不同建筑规模、空间的呼应和对称，巧妙地选择了永定河故道留下的水域，充分反映了北方游牧民族择水而居的思想和中华大一统的中正、对称、包容、和谐的文化理念与美学思想"[②]。从现存北京建筑文化遗产的种类看，少数民族建筑文化的影响不可小觑。例如，元代宫殿和庙宇建筑引进了域外或少数民族的建筑技巧和形式，出现"畏吾儿殿"、"盝顶殿"、"棕毛殿"和喇嘛塔等，尤其是元代崇奉喇嘛教，元大都出现了喇嘛塔，最著名的就是北京妙应寺白塔，建成于元初至元十六年

① 习近平：《在文化传承发展座谈会上的讲话》，人民出版社，2023，第4页。

② 转引自马献忠《北京中轴线诠释人文线性文化遗产魅力》，《中国社会科学报》2012年11月28日。

（1279 年），是中国现存最大的覆钵式塔，设计者为尼泊尔人阿尼哥。清代北京建筑文化也融入了鲜明的满族民族文化特点。例如，当时满族人信奉萨满教，为此在紫禁城外建有萨满教祭祀场所——堂子（顺治初年建于长安左门外御河桥东，清末移至南河沿），而紫禁城内供奉的神堂则是坤宁宫和宁寿宫。此外，北京保存下来的清代王府建筑为全国独有。

北京建筑文化是中外建筑文化交流的重要见证，曾经作为帝都的北京，为我们留下了大批中西结合的优秀近代建筑。例如，随着元、明、清时期基督教在北京的传播，基督教堂也陆续在北京兴建，基督教堂在北京中西文化的交流与融合中扮演了重要角色，“至今在北京还留存许多基督教教堂，教堂的历史就是中外文化交流的历史写照”①。北京现存教堂建筑遗产大多为明清时期所建，其中包括著名的北京“四大天主堂”，即宣武门内天主堂（也称南堂）、西安门内天主堂（也称北堂）、王府井天主堂（也称东堂）和西直门内天主堂（也称西堂）。伴随教堂建筑等外来宗教建筑的兴建，欧陆建筑风格传入北京，丰富了中国建筑文化语汇，尤其对北京近代建筑文化产生重要影响，19 世纪中期至 20 世纪初形成了北京建筑文化移植西方古代建筑样式的“洋风”景观。张复合指出：“近代北京处于政治风云急剧变幻之中，一方面是中国传统建筑文化的继续，一方面是西方外来建筑文化的传播，这两种建筑活动的互相作用（碰撞、交叉和融合），构成了中国近代建筑史的主线，也使北京的近代建筑具有独有的特征，呈现出多姿多彩的样式。”②

第四，北京拥有得天独厚的 20 世纪建筑遗产和新中国优秀建筑遗产。

北京不仅有类型多样、历史厚重的文物建筑，更有得天独厚的 20 世纪优秀建筑遗产。单霁翔指出，20 世纪是人类文明进程中社会变迁最快的时代，也为人类提供了丰富、生动的建筑遗产。“20 世纪建筑遗产”，顾名思义是根据时间阶段进行划分的建筑遗产集合，包括了 20 世纪历史进程中产

① 刘勇等：《北京历史文化十五讲》，北京大学出版社，2009，第 161 页。

② 张复合：《北京近代建筑史》，清华大学出版社，2004，第 1 页。

生的不同类型的建筑遗产。[①] 更准确的界定是指 1901~2000 年建成的对推动城市发展及社会进步具有重大作用的建筑，它们见证了人类社会变迁进程，与古代遗产具有同等重要的保护价值。[②] 截至 2023 年 9 月 16 日，中国文物学会 20 世纪建筑遗产委员会共公布 8 批“中国 20 世纪建筑遗产项目推介名录”，全国有 20 世纪建筑遗产 798 项，其中北京共计 131 个项目入选，是全国入选该名录遗产数量最多的城市。[③]

作为国之首都，北京入选的 20 世纪建筑遗产项目中，新中国优秀建筑遗产具有尤其重要的历史见证意义，北京是直接见证新中国成立与发展的最典型区域。1949 年 10 月 1 日中华人民共和国成立至今，在中国社会主义现代化建设过程中，首都北京在不同时期涌现出大量标志性的优秀建筑，它们具有很高的历史、艺术和科学价值，反映了新中国成立以来北京城市发展的光辉历程。例如，1958 年为庆祝新中国成立 10 周年，中共中央决定在北京兴建一批公共建筑为国庆献礼，以展示年轻共和国的成就。1959 年 9 月，“十大建筑”竣工，成为首都建筑史上的里程碑。“十大建筑”分别是人民大会堂、中国革命博物馆和中国历史博物馆（2003 年中国革命博物馆和中国历史博物馆合并组建为中国国家博物馆）、中国人民革命军事博物馆、民族文化宫、民族饭店、全国农业展览馆、钓鱼台国宾馆、北京火车站、北京工人体育场、华侨大厦（于 1988 年拆毁在原址重建），这“十大建筑”全部入选 20 世纪建筑遗产。这些新中国优秀建筑反映了当时中国建筑文化与技术的最高水平，也是经受了时间检验的新中国建筑历史“教科书”。1958 年 9 月 8 日，时任中共北京市委书记处书记、北京市副市长的万里在国庆工

---

① 单霁翔：《关于 20 世纪建筑遗产保护的思考》，《中国建设报》2012 年 8 月 24 日。

② 北京历史文化名城保护委员会办公室编《北京历史文化名城保护关键词》，外语教学与研究出版社，2022，第 54 页。

③ 作者整理自北京历史文化名城保护委员会办公室编《北京历史文化名城保护关键词》，外语教学与研究出版社，2022，第 54 页；中国 20 世纪建筑遗产委员会《第六批中国 20 世纪建筑遗产项目推介公布暨建筑遗产传承与创新研讨会在武汉举行》，《建筑》2022 年第 17 期；中国文物学会 20 世纪建筑遗产委员会秘书处《第七批“中国 20 世纪建筑遗产”项目推介公布》，《建筑》2023 年第 2 期；卢阳《聚焦中国 20 世纪建筑遗产保护利用》，《中国文物报》2023 年 10 月 20 日。

程动员大会上指出："我们就是要明确自己的目标，要高质量、高艺术水平、高速度地完成任务。高质量就是要有上乘的设计、施工质量，到世纪末以至下个世纪都用得上看得过；高艺术水平就是要在条件许可情况下做到庄重典雅、美观大方；高速度就是用最短时间完成工程建设。"① 总体上看，北京的新中国优秀建筑在其设计标准、建筑艺术、施工质量等方面都达到了高水平，并担负了非凡历史使命。

第五，北京作为世界首个"双奥之城"，拥有弥足珍贵的当代体育建筑精品。

2008 年 8 月 8 日"鸟巢"上空的璀璨烟花点亮千年古都的奥运梦想，2022 年 2 月至 3 月北京冬奥会、冬残奥会成功举办，北京在短短 14 年中先后成功举办夏奥会和冬奥会，成为世界首个"双奥之城"。

奥运会带给了北京经济社会文化等各领域发展千载难逢的良机，表现在建筑文化领域，直接推动了城市基础设施和体育场馆的建设，丰富了北京城市文化景观，尤其是建设了一批将中国传统建筑文化与现代体育建筑设计理念融为一体的奥运场馆，如凭借一系列高新技术而被美国《时代》周刊列为"2007 年世界十大建筑奇迹"之一的鸟巢②，已成为中国和北京的新标志之一；与圆形鸟巢互相衬托的"水立方"（国家游泳中心），是一座梦幻般的蓝色建筑，也是目前世界上建筑面积最大、功能要求最复杂的膜结构建筑，冬奥会期间它又华丽变身为"冰立方"，成为世界上首座完成"水冰转换"的场馆；建筑外立面盘旋着 22 条丝带状曲面玻璃幕墙的"冰丝带"（国家速滑馆），作为北京冬奥会唯一新建的冰上竞赛场馆，在建造技术上拥有世界上第一个金属单元柔性屋面系统以适应钢索结构的变形，同时还是全球首个采用二氧化碳跨临界直接蒸发制冷的冬奥速滑场馆。此外，被誉为"冰凌花"的五棵松冰上运动中心，作为 2022 年北京冬奥会冰球训练馆，超低能耗公共建筑示范面积达 38960 平方米，为目前

① 《万里文选》，人民出版社，1995，第 40~41 页。

② 《〈时代〉评出年度十大建筑奇迹 鸟巢入选》，http：//www. ce. cn/xwzx/gnsz/gntu/200712/17/t20071217_ 13947244_ 2. shtml。

世界上单体面积最大的被动式超低能耗体育建筑。[①] 上述这些堪称当代世界建筑艺术珍品的场馆建筑，作为国家综合实力的体现，是具有时代性、引领性和标志性的建筑杰作，也是当代北京建筑文化的标志性成果。

二　北京建筑文化发展的主要维度及成效

（一）历史文化名城保护

以建筑遗产资源为核心的历史文化资源保护是历史文化名城保护的基础，考察北京建筑文化的发展离不开对北京历史文化名城保护的考察。

历史文化名城是一个与城市行政管辖有关的历史文化遗产概念。1982年2月8日，北京成为国务院公布的首批24个国家历史文化名城之一。《中华人民共和国文物保护法》第14条规定："保存文物特别丰富并且具有重大历史价值或者革命纪念意义的城市，由国务院核定公布为历史文化名城。"历史文化名城保护的主要对象除了文物古迹之外，还包括历史文化名城的整体格局、历史文化街区、自然和人文风貌以及非物质文化遗产等。北京历史文化名城的地理范围涵盖北京市全部行政区域，总面积约16410平方公里。

40余年来，在历史文化名城保护（以下简称"名城保护"）方面，北京坚持首善标准，全面构建了名城保护管理体系，"在保护管理方面，北京结合地方实际，陆续出台了百余部与历史文化保护相关的各类地方性法规、政策性文件，是最早建立专家顾问小组、历史文化名城保护委员会议事协调机制的城市之一，在探索国家历史文化名城的保护管理机制（方面）始终走在前列"[②]。党的十八大以来，党中央、国务院高度重视北京历史文化遗

① 北京2022年冬奥会和冬残奥会组织委员会、北京体育大学：《北京2022年冬奥会和冬残奥会环境遗产报告（2022）》，2022年，第32页。

② 路林、刘健：《浅议北京历史文化名城保护与首都发展》，《世界建筑》2022年第12期，第59页。

产保护工作，北京历史文化名城保护工作进入新一轮政策机遇期。习近平总书记多次就北京历史文化名城保护工作提出要求。2019 年 2 月，习近平总书记在北京看望慰问基层干部群众时指出：“一个城市的历史遗迹、文化古迹、人文底蕴，是城市生命的一部分。文化底蕴毁掉了，城市建得再新再好，也是缺乏生命力的。要把老城区改造提升同保护历史遗迹、保存历史文脉统一起来，既要改善人居环境，又要保护历史文化底蕴，让历史文化和现代生活融为一体。”① 2017 年，中共中央、国务院在对《北京城市总体规划（2016 年—2035 年）》的批复中指出，“做好历史文化名城保护和城市特色风貌塑造。构建涵盖老城、中心城区、市域和京津冀的历史文化名城保护体系”。《北京城市总体规划（2016 年—2035 年）》提出要以更开阔的视角不断挖掘历史文化内涵，扩大保护对象，构建“四个层次、两大重点区域、三条文化带、九个方面”的历史文化名城保护体系。② 2017 年底，《北京市人民政府关于进一步加强文物工作的实施意见》强调，发挥北京历史文化名城保护委员会的统筹协调和规划保护作用，打通文物保护、城市规划、城市管理、环境整治等工作环节，实现文物修缮保护和城市发展同规划、同部署、同实施。

2021 年 1 月 27 日，北京市第十五届人大四次会议通过了重新制定的《北京历史文化名城保护条例》。该条例于 2021 年 3 月 1 日起施行，拓展了北京历史文化名城保护的立法思路，从保护体系、保护规划、保护措施、保护利用和法律责任等方面，对北京名城保护进行了全方位规定，形成了适合北京特点和要求的保护与利用模式，主要表现在四个方面：一是

① 《习近平关于城市工作论述摘编》，中央文献出版社，2023，第 113 页。

② 《北京城市总体规划（2016 年—2035 年）》第 54 条规定：“四个层次”指加强老城、中心城区、市域和京津冀四个空间层次的历史文化名城保护；“两大重点区域”指加强老城和“三山五园”地区两大重点区域的整体保护；“三条文化带”指加强对大运河文化带、长城文化带、西山永定河文化带的保护利用；“九个方面”指加强世界遗产和文物、历史建筑和工业遗产、历史文化街区和特色地区、名镇名村和传统村落、风景名胜区、历史河湖水系和水文化遗产、山水格局和城址遗存、古树名木、非物质文化遗产九个方面的文化遗产保护传承与合理利用。

对名城保护对象进行了拓展，名城保护走向全市域保护，实现了对名城保护对象的空间全覆盖和要素全囊括；二是加强源头保护，弥补制度缺失，建立主要针对历史建筑的保护名录和预保护制度；三是夯实保护责任，构建名城保护责任链条和协同保护治理机制，形成“政府+专家+公众”三方参与的名城保护结构模型；四是立足北京历史文化资源禀赋和城市文脉，凸显名城保护立法的北京特色。历史文化名城保护的北京特色，首先体现在保护体系方面，其衔接了《北京城市总体规划（2016 年—2035 年）》和《首都功能核心区控制性详细规划（街区层面）（2018 年—2035 年）》，反映了北京历史文化资源的特殊性和丰富性，构建了基于北京特色的文化遗产保护体系。其次体现在保护要素方面，其扩展了北京老城保护要素，增加了北京特有的“胡同-四合院建筑形态”，这是北京老城的基本肌理，是北京的一个显著特色，需要强化整体性保护。最后体现在老城保护更新方面，其有效回应了北京名城保护与城市更新中存在的突出问题，提炼了北京实践探索的有益经验，如巩固申请式退租等老城保护更新的成功路径，要求编制保护对象腾退规划，做好与非首都功能疏解计划的衔接。2023 年 2 月 16 日，北京历史文化名城保护委员会办公室、北京青年报社联合发布“2022 年度北京历史文化名城保护十大看点”①，展示了北京历史文化名城保护的新动态和新成效。

从新时代首都发展和名城保护视角去认识北京建筑文化发展，就是要将首都发展、名城保护与北京建筑文化发展进行一体化、系统性考虑，围绕首都功能的完善来推进名城保护与建筑文化传承的协同发展，以历史文化名城的高质量保护为支撑加强建筑文化遗产保护与活化利用工作，实现历史文化名城保护利用传承与北京建筑文化高质量发展互为支撑的格局。

① 具体包括：①《北京中轴线文化遗产保护条例》于 2022 年 10 月 1 日起施行；②北京市举办纪念国家设立历史文化名城制度暨北京成为历史文化名城 40 周年系列活动；③北京市第二批革命文物名录公布；④北京市传统地名保护迈出坚实步伐；⑤“时间的故事”沉浸式数字展亮相鼓楼；⑥文物活化利用新路径引发社会广泛关注；⑦西城区持续加大历史文化名城保护力度；⑧“园说Ⅳ——这片山水这片园”展览在颐和园博物馆举办；⑨首届明文化论坛成功举办；⑩“延庆古村落遗址”亮相 2022 年冬奥会。

（二）北京文物建筑保护与利用

文物建筑是人类历史文化和社会活动的产物与载体，是与社会生活联系最为紧密的文化遗产类型之一。文物建筑作为不可移动文物的一种，按照《中华人民共和国文物保护法》相关释义理解，主要指两类：一类是具有历史、艺术、科学价值的古建筑；另一类是与重大历史事件、革命运动或者著名人物有关的以及具有重要纪念意义、教育意义或者史料价值的近代现代重要代表性建筑。例如北京大学红楼（民国初年）、人民英雄纪念碑（1958年）都是第一批全国重点文物保护单位。文物建筑受到国家法律保护，由高到低依次为全国重点文物保护单位、省（区、市）级文物保护单位、县（区）级文物保护单位及登记不可移动文物。

北京拥有极为丰富的文物建筑资源，文物建筑的数量和质量在全世界大都市中都排在前列。毕生致力于中国古代建筑研究与保护的梁思成，1948年在《北平文物必须整理与保存》一文中指出，北平的整个形制既是世界上可贵的孤例，又是艺术的杰作，城内外许多建筑物是历史上、建筑史上、艺术史上的至宝。故宫等许多文物建筑大多数是富有历史意义的艺术品。它们综合起来是一个庞大的“历史艺术陈列馆”，我们承袭了祖先留下的这一笔古今中外独一无二的遗产，对于维护它的责任，我们这一代人是绝不能推诿的。[①] 在各方努力下，1949 年 1 月，北平宣告和平解放，使大量文物古迹避免了战火毁坏而得以保存。新中国成立后，1958 年秋至 1959 年 10 月，北京市开展了第一次文物普查，共登记古建筑类文物 3282 项，[②] 为文物建筑保护管理工作提供了基本依据。1961 年，国务院公布了第一个全面的国家文物保护法规——《文物保护管理暂行条例》，第一次提出了“全国重点文物保护单位”的概念，并确定了第一批全国重点文物保护单位名单，北京市共有万里长城-八达岭、北京故宫、天坛、天安门、北京大学红楼等 18

---

① 梁思成：《建筑文萃》，生活·读书·新知三联书店，2006，第 209、212 页。

② 《〈文物保护管理暂行条例〉：中国文物保护史上的里程碑》，《法治日报》2021 年 6 月 22 日。

处全国重点文物保护单位。[1] 20世纪60年代后期至70年代中期，文物建筑保护工作停滞。

改革开放以来，北京文物建筑保护工作迎来稳定健康发展期，这一时期北京于1982年、1997年进行了全市文物普查。进入21世纪后，借申办和举办奥运会契机，北京文物建筑保护工作进入蓬勃发展期，在古建筑修缮、历史文化街区保护、工业建筑遗产保护与再利用、优秀近现代建筑遗产保护等方面都取得了突破。[2]

党的十八大以来，以习近平同志为核心的党中央把文化建设和文物保护工作提升到一个新的历史高度，文物保护利用工作也迎来了历史最好时期。2022年7月，全国文物工作会议召开，文物工作方针从“保护为主、抢救第一、合理利用、加强管理”调整为“保护第一、加强管理、挖掘价值、有效利用、让文物活起来”，突出了文物保护工作中价值阐释和活化利用的重要性。北京按照全国文化中心建设和保护北京历史文化“金名片”的重大战略目标要求，文物建筑保护工作迈向高质量全方位发展新阶段。除了文物保护共识不断深化、文物建筑工作制度体系全面构建、文物建筑保护法定责任全面落实、文物建筑资源管理质效全面提升之外，在以中轴线申遗带动老城整体保护、以首善标准书写革命文物保护利用新篇章、以文物活化利用促进首都高质量发展、拓宽文物建筑价值传播途径、夯实文物建筑保护基础和推进数字化建设等方面均取得亮眼成绩。

（三）北京历史建筑保护与利用

历史建筑是指能够反映历史风貌和地方特色，具有一定保护价值，尚未公布为文物保护单位且尚未登记为不可移动文物的建筑物、构筑物。原则

---

① 《第一批全国重点文物保护单位》，https：//wwj. beijing. gov. cn/bjww/362771/362779/dypqgzdwwbhdw/2c778510-1. html。

② 参见北京市古代建筑研究所《当代北京古建筑保护史话》，当代中国出版社，2014，第4~6页。

上，建成时间应超过 50 年。[①] 北京历史建筑是北京历史文化“金名片”不可或缺的组成部分。2018 年 1 月，住房和城乡建设部确定北京市为全国第一批历史建筑保护利用 10 个试点城市之一，北京有序开展了历史文化街区划定和历史建筑确定相关工作。从 2019 年 6 月经北京市人民政府批准，人民大会堂等 429 处建筑物被确定为北京市首批历史建筑开始，截至 2022 年 4 月，北京市已分三次公布历史建筑 1056 栋（座），依据建筑形式、历史使用功能、建筑年代等，北京对历史建筑主要分五类进行保护，分别是合院式建筑（约占 49%）、居住小区（约占 26%）、近现代公共建筑（约占 14%）、工业遗产（约占 10%）、其他建筑（约占 1%）。[②] 总体上看，具有时间跨度大、空间分布广、类型差异大等特点。

在我国，相比文物建筑而言，历史建筑被纳入法律保护对象是 21 世纪之后才开始的，而且相关的法律法规和技术规范对历史建筑这一概念的表述也并不统一。2005 年建设部和国家质量监督检验检疫总局联合发布的《历史文化名城保护规划规范》（GB 50357—2005）提出了文物保护建筑、保护建筑、历史建筑和一般建（构）筑物四个概念，并将历史建筑界定为“有一定历史、科学、艺术价值的，反映城市历史风貌和地方特色的建（构）筑物”。2005 年 5 月 1 日起施行的《北京历史文化名城保护条例》提出北京历史文化名城的保护内容包括旧城的整体保护、历史文化街区的保护、文物保护单位的保护和具有保护价值的建筑的保护，其中“具有保护价值的建筑”与历史建筑内涵相近，第一版《北京历史文化名城保护条例》的颁布也说明保护对象在扩展，有更多的建筑遗产资源进入保护视野。2017 年颁布的《北京城市总体规划（2016 年—2035 年）》中首次将历史建筑纳入历史文化名城保护体系，提出挖掘近现代北京城市发展脉络，最大限度保留各时期具有代表性的发展印记，建立评定优秀近现代建筑、历史建筑和工业遗产的长效机制。

① 北京历史文化名城保护委员会办公室编《北京历史文化名城保护关键词》，外语教学与研究出版社，2022，第 51 页。

② 《今年北京将全面开展历史建筑挂牌保护》，《建材技术与应用》2022 年第 2 期，第 14 页。

2021 年 1 月，重新制定的《北京历史文化名城保护条例》首次将历史建筑纳入保护对象，明确历史建筑包括优秀近现代建筑、工业遗产、挂牌保护院落、名人旧（故）居等，并制定了历史建筑保护与利用相关规范。我国的历史文化保护体系中，文物建筑的认定标准有明确的法律规定，尤其是已获得国家和省（区、市）各级身份认证的各类文物建筑一般受到良好保护。然而，对于大量尚未公布为文物保护单位或尚未登记为不可移动文物的历史建筑，一直没有普查和认定标准，缺乏有效的法律保护和管理规定，这导致很多历史建筑处于无人问津、岌岌可危的状态。对此，重新制定的《北京历史文化名城保护条例》在第二章“保护体系”中专设一节“保护名录”，规定了历史建筑保护名录制度。政府通过定期普查北京历史文化遗产，将符合标准的保护对象纳入保护名录，任何单位和个人都可以申报、推荐保护对象。同时，还创设了预保护制度，即经核实初步确认具有保护价值的，确定为预先保护对象，任何单位和个人不得损坏、擅自迁移、拆除预先保护对象。保护名录制度不仅有助于强化历史建筑的法律保护，而且名录保护与不可移动文物分级保护互相补充、各有侧重，共同推进北京历史文化名城保护工作。为规范历史建筑的认定与登录工作，完善保护名录制度，2023 年 4 月，北京市规划和自然资源委员会等七部门印发《北京历史文化名城保护对象认定与登录工作规程（试行）》，提出历史建筑的认定应当遵循历史文化遗产的真实性、历史风貌的完整性、社会生活的延续性原则，展示价值内涵、强化区域特色，认定过程中应当充分征求专家和公众意见。该工作规程明确了保护对象的认定标准，其中有以下三种情形之一的即可以确定为历史建筑：具有一定的历史文化价值与社会影响力，见证社会发展、城市建设的重要阶段，或者与重要历史事件、历史名人相关的建（构）筑物；具有一定的建筑艺术价值，反映一定时期建筑设计风格，或体现地域风貌、民族特色的标志性或代表性建筑，也包括著名建筑师的代表作品；具有一定的科学技术价值，建筑材料、结构、施工技术反映当时的建筑工程技术和科技水平，建筑形体组合或空间布局在一定时期具有先进性。

相比文物建筑，历史建筑的年代更近，与居民的关联度更高，承载的文化要素更广泛，保护方法更多样，活化利用方式更灵活。保护和利用好历史建筑，对保护北京传统风貌、延续历史文脉、提升城市品质有重要意义。作为全国第一批历史建筑保护利用试点城市，北京开展了“历史文化街区划定和历史建筑确定”工作，并出台了历史建筑保护利用的各项政策措施，涌现出一大批历史建筑活化利用的优秀案例。2022 年，北京全面开展历史建筑挂牌保护工作，发布了《认识身边的历史建筑》公众科普读本，同时北京市规划和自然资源委员会同市住房和城乡建设委员会起草了《北京市历史建筑保护利用管理办法（试行）》（征求意见稿）。该办法提出历史建筑的保护管理原则是：遵循保护优先、分类管理、合理利用、共治共享的原则，在保护历史建筑核心价值的前提下，鼓励开放利用、适度改善民生和促进发展。该办法界定了各类保护行为边界，依据保护利用过程中对历史建筑干预程度的不同，界定了“日常保养”“维护和修缮”等的行为边界和管控要求，以及“应急抢险”与拆除后“原址复建”的区别，避免修缮过程中因界限模糊而造成的“建设性破坏”。同时，该办法明确了分类管控的底线，兼顾保护与民生改善。

总体上看，北京作为首批国家历史文化名城，探索了一种适合首都北京特点的历史文化名城和历史建筑整体保护模式，对象范围逐步扩大，保护手段更加多元，传承利用工作卓有成效，历史建筑保护和活化利用工作走在全国前列。

（四）北京建筑绿色发展

2020 年我国正式提出碳达峰、碳中和重大战略目标（二氧化碳排放力争于 2030 年前达到峰值，努力争取 2060 年前实现碳中和），这是贯彻新发展理念、构建新发展格局、推动生态文明建设和城市高质量发展的内在要求。2021 年 9 月，《中共中央　国务院关于完整准确全面贯彻新发展理念做好碳达峰碳中和工作的意见》中强调，“在京津冀协同发展等区域重大战略实施中强化绿色低碳发展导向和任务要求”。2022 年 10 月，北京市人民政

府印发《北京市碳达峰实施方案》，提出将碳达峰、碳中和目标要求全面融入国民经济社会发展中长期规划和各级各类规划，推动经济社会发展全面绿色转型。中国建筑节能协会发布的《2022中国建筑能耗与碳排放研究报告》显示，2020年中国建筑全过程碳排放总量占全国碳排放的比重为50.9%。建筑业作为北京落实“双碳”目标的重点领域，需要以碳达峰、碳中和目标为引领促进建筑绿色发展，为落实《北京城市总体规划（2016年—2035年）》、实施绿色北京战略提供有力保障。

所谓建筑绿色发展，指的是在建筑的立项、规划、设计、建造、运维、改造与拆除等全寿命期内，减少资源能源消耗，协同推进降碳、减污，提升建筑品质，推动相关产业绿色发展，实现人与自然和谐共生的高质量发展。[①] 建筑绿色发展不仅是落实北京“双碳”决策部署的现实需要，也是践行以人民为中心发展思想，建设绿色宜居城市、推进建筑绿色低碳高质量发展的必然要求。其中，绿色建筑是建筑绿色发展的重要内容。当代建筑文化发展中，随着可持续发展理念的提出，绿色建筑（或生态建筑）成为现代建筑产业发展的主流趋势。关于绿色建筑的内涵目前国际上并没有统一界定。美国国家环境保护署（United States Environmental Protection Agency）对绿色建筑的界定是：“绿色建筑是指在建筑物的全寿命周期即选址、设计、建造、运行、维护、修复直至拆除阶段，对环境负责，建造和使用过程具有资源效率（resource-efficient）。”[②] 我国于2015年1月1日起实施的《绿色建筑评价标准》（GB/T 50378—2014）是评定绿色建筑等级的国家标准。2019年，该标准进行了第三次修订，评价指标体系由“安全耐久、健康舒适、生活便利、资源节约、环境宜居”五大指标构成，将绿色建筑界定为，“在全寿命期内，节约资源、保护环境、减少污染，为人们提供健康、适用、高效的使用空间，最大限度地实现人与自然和

① 《北京市住房和城乡建设委员会关于对〈北京市建筑绿色发展条例〉（草案征求意见稿）公开征求意见的公告》，https：//www. beijing. gov. cn/hudong/gfxwjzj/zjxx/202305/t20230525_3113718. html，最后访问日期：2023年5月25日。

② 美国国家环境保护署官网，http：//www. epa. gov。

谐共生的高质量建筑"[①]。绿色建筑等级按照国家标准，由低到高划分为一星级、二星级、三星级。

《北京市碳达峰实施方案》和《北京市民用建筑节能降碳工作方案暨"十四五"时期民用建筑绿色发展规划》提出了北京发展绿色建筑的目标。新建政府投资和大型公共建筑执行绿色建筑二星级及以上标准，到 2025 年，新建居住建筑执行绿色建筑二星级及以上标准，新建公共建筑力争全面执行绿色建筑二星级及以上标准。推广绿色低碳建材和绿色建造方式，进一步发展装配式建筑，到 2025 年，实现装配式建筑占新建建筑面积的比例达到 55%。新建建筑绿色建材应用比例达到 70%，累计推广超低能耗建筑规模达到 500 万平方米。近年来，北京持续推动建筑领域绿色低碳转型。新建建筑节能设计标准引领全国，率先执行居住建筑节能率达到 80%的设计标准，节能建筑占全部既有民用建筑的比例超过 80%，居全国首位。[②] 2022 年 6 月，北京市人民政府办公厅发布《关于进一步发展装配式建筑的实施意见》，明确到 2025 年，实现装配式建筑占新建建筑面积的比例达到 55%，基本建成以标准化设计、工厂化生产、装配化施工、一体化装修、信息化管理、智能化应用为主要特征的现代建筑产业体系。2023 年 4 月，北京市发展改革委、北京市住房和城乡建设委印发了《建立健全北京市公共建筑能效评估方法和制度的工作方案》，通过开展公共建筑能效评估工作，促进公共建筑绿色低碳发展。截至 2023 年 11 月中旬，北京市年度新增超低能耗建筑 15. 9 万平方米，累计推广超低能耗建筑 132. 6 万平方米。2023 年新建装配式建筑超过 1853. 42 万平方米，占全市新建建筑面积的比例达 51. 31%，北京市场累计新建装配式建筑超过 1 亿平方米。北京市新增公共建筑节能绿色化改造项目 217 个，建筑面积 755 万平方米。[③]

---

① 《绿色建筑评价标准》（GB/T 50378—2019），http：//www. ccpitbuild. org/d/file/p/2021/10-25/3ae82c78c4f753ceec4d06796f3a4949. pdf。

② 赵婷婷：《北京节能建筑占既有民用建筑总量超 80%》，《北京青年报》2023 年 7 月 14 日，第 A6 版。

③ 参见北京市发展和改革委员会《北京市 2023 年国民经济和社会发展计划任务落实情况表》，第 61 页。

“建筑绿色发展”与“绿色建筑”相比，内涵更为丰富，更能满足全链条管理的需要，也更能体现绿色发展理念。建筑绿色发展的范围除了绿色建筑外，还包括建筑节能、装配式建筑、超低能耗建筑、低碳建筑、智能制造、智能建造、绿色建造、既有建筑节能运行与绿色化改造、农宅抗震节能、可再生能源应用、绿色建材推广应用、建筑废弃物资源化综合利用和建筑用能结构调整优化等内容。从 2023 年初开始，北京市积极推进《北京市建筑绿色发展条例》立法工作，通过立法明确建筑绿色发展的基本内容，明确相关主体的责任义务，健全政府监督管理机制，巩固契合首都实际且行之有效的工作做法，推动形成市场内在原动力，有力推动北京市建筑绿色低碳高质量发展。

三　北京建筑文化发展总体趋势

（一）文物建筑和历史建筑保护传承利用模式更加完善

文物建筑和历史建筑是北京历史文化遗产的核心组成部分。党的十八大以来，以习近平同志为核心的党中央高度重视文物保护利用和文化遗产保护传承工作，习近平总书记多次就北京历史文化遗产保护工作发表重要讲话，为新时代北京历史文化遗产保护传承指明了前进方向、提供了根本遵循，北京的文物保护利用工作也迎来了历史最好时期。北京文物事业和历史文化名城保护工作取得显著成绩，文物建筑和历史建筑保护传承利用模式也进一步完善和成熟，主要体现在以下几个方面。

一是文物建筑和历史建筑整体保护体系进一步完善。从北京城市总体规划和历史文化遗产整体保护层次上完善“历史文化名城—历史文化街区—文物建筑—历史建筑”多层次保护体系，该体系的重要作用体现在如下两方面。一是将文物建筑和历史建筑保护纳入城市总体规划和历史文化名城保护发展规划管理体系。二是在建筑遗产保护空间尺度方面，从重视文物建筑和历史建筑单体“点”的保护，向同时重视连线成片的建筑文化遗产群体保护以及建设控制地带环境整治方向发展，反映了北京历史文化资源的特殊性和丰富性。2021 年 11 月，北京市文物局编制印发的《北京市“十四五”时期文物博物馆事业发展规划》提出了“一轴一城，两园三带，一区一中心”的重点任务，即北京中轴线申报世界文化遗产，建设北京博物馆之城，建设大运河国家文化公园、长城国家文化公园，建设大运河、长城、西山永定河三条文化带，创建“三山五园”国家文物保护利用示范区，建设国际文物艺术品交易中心。此后，又提出推动建党、抗日战争、建立新中国三大红色文化主题片区建设、建设琉璃河国家考古遗址公园等重点任务，对北京市历史文化遗产各类资源进行系统梳理、整体保护。未来北京文物建筑和历史建筑保护工作应基于北京特色的文化遗产保护体系，围绕北京城市总体规划和历史文化名城保护，着力在老城整体保护、中轴线申遗保护、三条文化带建设、革命文物保护利用等重点任务方面推进。

二是文物建筑和历史建筑保护责任机制进一步夯实。北京已建构了政府主导、部门联动、社会参与，覆盖市、区、街道（乡镇）、社区（村）的四级文物工作体系，具有北京特色的地方文物法规规章体系、行业标准体系和诚信体系基本形成,[①] 同时通过首都规划建设委员会平台建立“央地军”议事协调机制，为全面压实文物建筑保护工作各方责任提供了制度保障，未来要在完善配套制度，强化文物建筑安全保障，建构符合中国国情、体现首都特色的文物建筑预防性保护体系方面着力。在历史建筑保护方面，基于《北京历史文化名城保护条例》所构建的协同保护治理机制，应进一步落实由区政府、街道办事处、乡镇人民政府、历史建筑的所有权人、历史建筑保护管理单位所构成的保护责任人制度。

三是文物建筑和历史建筑活化利用格局进一步多元。近年来，以北京中轴线申报世界文化遗产为牵引，中央单位和市级、区级部门投入大量资金和房源开展文物建筑腾退保护工作，取得显著成效。在对文物建筑和历史建筑

---

① 《北京市人民政府关于进一步加强文物工作的实施意见》，《北京市人民政府公报》2018 年第 2 期。

腾退修缮后，北京开始全面盘活其利用方式与路径，更加多元化推进文物建筑和历史建筑活化利用，一批文物建筑向社会开放，例如皇史宬南院、蒙藏学校旧址、清华园车站、京报馆、沈家本故居等。2022 年底，北京市文物局编制了《北京市文物建筑合理利用导则（试行）》，该导则适用于北京市各级文物保护单位、尚未核定公布为文物保护单位的不可移动文物中的古建筑以及近现代重要代表性建筑等，并重点引导一般性文物建筑开放使用。在鼓励社会力量以多种形式参与文物保护利用方面进行了探索。北京市通过向社会公开发布活化利用计划，以“揭榜挂帅”招投标的方式引入社会力量参与文物保护管理，对全国文博行业具有一定示范效应。2020 年西城区推出首批文物活化利用计划，歙县会馆、梨园公会等腾退文物建筑成批次向社会开放，受到社会各界的广泛关注。2021 年 4 月，西城区举行了首批文物活化利用计划项目签约仪式，新市区泰安里等 6 个文物活化利用项目实现签约，标志着北京市首批文物活化利用项目落地。此外，新市区泰安里还是全国首个文物建筑活化利用信用融资项目。同时，对历史文化特色较为集中的区域，西城区通过打造历史文化展示重点片区的方式进行主题化保护利用。如在以会馆文化为特色的前门地区打造前门会馆历史文化展示片区；在以北京传统民居为特色的东四地区打造东四胡同历史文化展示片区；在以近现代西式建筑为特色的东交民巷地区打造东交民巷近现代历史文化展示片区；在以红色文化为特色的北京大学红楼附近区域打造北京大学红楼革命历史文化展示片区。主题性探访路线的设计，有助于发挥文物及历史建筑文化展示的集聚效应。

未来北京在文物建筑合理利用方面应全面梳理不可移动文物的历史价值、保护现状和区位特点，进行整体规划，逐项明确下一步的展示利用方向。此外，“文物+”的融合发展新趋势将不断拓展文物建筑融入北京经济社会发展的途径与领域。在历史建筑活化利用方面，应强化特色风貌、场所营造，出台历史建筑活化利用的赋能性的制度措施，鼓励更加灵活和具有适应性的活化利用创新实践。

四是不可移动革命文物保护利用取得更大突破。北京是新文化运动的中心、五四运动的策源地、马克思主义在中国早期传播的主阵地、中国共产党的主要孕育地之一、全民族抗战的爆发地，革命文物资源丰富厚重。革命文物主要指见证近代以来中国人民抵御外来侵略、维护国家主权、捍卫民族独立和争取人民自由的英勇斗争，见证中国共产党领导中国人民进行新民主主义革命和社会主义革命的光荣历史，并经认定登记的实物遗存。对社会主义建设和改革时期彰显革命精神、继承革命文化的实物遗存，纳入革命文物范畴。革命文物包括不可移动革命文物和可移动革命文物。[①] 其中不可移动革命文物主要包括有关革命史实的文物建筑、革命旧址和遗址。2018 年 7 月，中共中央办公厅、国务院办公厅印发《关于实施革命文物保护利用工程（2018—2022 年）的意见》，强调革命文物凝结着中国共产党的光荣历史，展现了近代以来中国人民英勇奋斗的壮丽篇章，是革命文化的物质载体，是激发爱国热情、振奋民族精神的深厚滋养，是中国共产党团结带领中国人民不忘初心、继续前进的力量源泉。近年来，北京坚持以首善标准做好革命文物整体保护利用，2021 年、2022 年公布两批北京市革命文物名录，其中包括 188 处不可移动革命文物，[②] 在此基础上推动形成点、线、带、片贯通的革命文物集中连片整体保护利用格局，以北京大学红楼、卢沟桥宛平城、双清别墅、天安门为核心建立的新中国三大红色文化主题片区格局初步形成。2023 年 3 月承载党的早期光荣革命历史的重要红色遗存蒙藏学校旧址整体亮相，截至 2023 年 11 月已接待参观游客超过 25 万人次，实现“进京赶考之路（北京段）”重要点位全线贯通，重点打造“清华园车站旧址、颐和园益寿堂、香山革命纪念地、香山革命纪念馆”精品红色游径。[③] 未来应进一步加强不可移动革命文物资源整合，统筹革命文物活化利用和红色旅游（研学）融合发展，更加深入地探索保护利用机制创新，更好地发挥其宣传教育和资政育人的独特功能，扩大革命文物的影响力。

---

① 《国家文物局印发〈关于报送革命文物名录的通知〉》，http：//www. ncha. gov. cn/art/2018/10/18/art_ 722_ 152209. html。

② 李祺瑶：《北京打造三大红色文化主题片区》，《北京日报》2023 年 11 月 4 日，第 1 版。

③ 李祺瑶：《北京打造三大红色文化主题片区》，《北京日报》2023 年 11 月 4 日，第 1 版。

（二）数字科技进一步赋能建筑文化，“数智筑梦”未来已来

改革开放40多年来，建筑领域发生多次飞跃性转变，大多与信息技术和数字技术的发展息息相关。如今数字科技正成为科技进步的新引擎，物联网、大数据、云计算、人工智能（AI）等新一代数字科技正推动产业的数字化和智能化发展，最终将推动实现生产要素和运营流程的全方位改造和升级。建筑行业也在数字科技赋能之下呈现网络化、数据化、智能化、智慧化特征，建筑设计、建造施工、建筑文化遗产保护等多个领域正在发生深刻变化，建筑业的数字化洪流已势不可挡，数字建筑发展正处于快速起步阶段。中国信息通信研究院牵头编写的《数字建筑发展白皮书（2022年）》指出，数字建筑是新一代信息技术、先进制造理念与建筑业全链条全周期全要素间深度融合的产物，是提升建造水平和建筑品质、助推建筑业转型升级的重要引擎。下面我们主要基于建筑文化发展视角，从三个方面考察数字科技对建筑发展的影响。

一是数字科技将进一步赋能建筑设计创新。以三维设计、参数化设计、建筑信息模型（BIM）、数字孪生等技术为代表的数字科技为建筑行业的设计创新提供了新驱动力。凭借一系列新的技术手段，全新的建筑形式被创造出来，在满足现代社会对人性化设计的更高要求的同时，也引领了建筑领域的新美学风潮。[①] 数字科技在当代建筑设计全过程中开始应用，北京有许多优秀的当代建筑作品就是数字化设计的产物。例如，凤凰国际传媒中心、北京大兴国际机场、北京环球影城主题公园、北京银河SOHO、北京丽泽SOHO等。北京市建筑设计研究院（BIAD）邵韦平团队设计的凤凰国际传媒中心，率先对数字化设计和数字化建造进行了大胆探索和应用，是国内首个全面应用数字信息技术的工程，其“莫比乌斯环”的形体被舞动的钢结构梁和自然的鳞片肌理所包裹，如同凤凰羽翼。北京银河

① 北京工业设计促进中心编《设计产业蓝皮书：中国设计产业发展报告（2019~2020）》，社会科学文献出版社，2020，第182~183页。

SOHO 和北京丽泽 SOHO 流体般的弧线设计转化成灵动、蜿蜒的建筑形体与空间结构，兼顾了美学、力学和功能性要求，没有参数化设计和 BIM 三维技术等数字技术的辅助是难以实现的。北京环球影城主题公园项目运用 BIM360 云平台，采用全过程 BIM 正向设计，全球 38 家分包单位在同一模型上合作设计无缝衔接。当代建筑设计基于计算机辅助技术（CAD）早已实现从传统的二维向三维的跨越，多维“数智融合”（HAD）设计图景将成为发展趋势，让建筑领域的数字设计过程更智能化，也助力不断探索设计创新的各种可能性。

二是数字科技将进一步赋能建筑智能建造。智能建造是信息化、智能化与工程建造过程高度融合的创新建造方式，智能建造技术包括 BIM 技术、物联网技术、3D 打印技术、人工智能技术、云计算技术和大数据技术等。[①] 广义上看，建筑智能建造指的是房屋建造或环境建设的全过程、各专业中利用数字技术实现建造目标，它包括智能设计、智能生产、智能施工和智能运维各个环节。与建筑文化发展密切相关的主要是智能设计与智能施工。智能施工有助于改变建筑业粗放式、劳动密集型发展模式，使施工过程更安全、施工质量更高。总的来看，目前我国智能建造还处于起步和较低水平阶段。为提升我国建筑业智能建造发展水平，2020 年 7 月，《关于推动智能建造与建筑工业化协同发展的指导意见》提出，要围绕建筑业高质量发展总体目标，以数字化、智能化升级为动力，创新突破相关核心技术，加大智能建造在工程建设各环节的应用力度，促进建筑业与信息产业等业态融合，推动智能建造和建筑工业化协同发展。2022 年 11 月，住房和城乡建设部将北京市等 24 个城市列为智能建造试点城市。2023 年 3 月，北京市住房和城乡建设委员会印发《北京市智能建造试点城市工作方案》，提出到 2025 年末，北京将打造 5 家以上智能建造领军企业，建立 3 个以上智能建造创新中心，建立 2 个以上智能建造产业基地，

① 刘占省、刘诗楠、赵玉红、杜修力：《智能建造技术发展现状与未来趋势》，《建筑技术》2019 年第 7 期，第 772 页。

重点建设张家湾设计小镇智能建造创新实践基地，打造通州、丰台智能建造产业集群，逐步实现建筑业企业数字化转型。2023 年 6 月，为更好推进北京市智能建造与新型建筑工业化协同发展工作，北京市住房和城乡建设委员会等部门联合制定了《北京市推动智能建造与新型建筑工业化协同发展的实施方案》。未来以智能建造为抓手的建筑业数字化会快速迈向一个全新的发展阶段，北京在建筑领域拥有诸多行业领军企业，在智能建造方面也应走在全国前列。

三是数字科技将进一步赋能建筑文化遗产保护。数字化技术为建筑遗产保护提供了新的视角和新的方式。一方面数字化技术可以与传统文物建筑保护技术相结合，赋能文物建筑修复、保护和研究工作，对于加强建筑文化遗产保护、研究及利用有着重要意义。另一方面数字科技可以赋能建筑遗产数字化展示利用。例如，北京中轴线申遗进程中，腾讯集团累计投入 1 亿元，以“技术资源投入+公益捐赠”的方式全程参与，助力北京中轴线文化遗产保护，先后上线了“云上中轴”小程序、北京中轴线官网，推出“了不起的中轴线　我们一起来守护”互动游戏、中轴数字声音邮筒、“我和北京中轴线合个影”H5 小游戏、4D“时空舱”等多个数字产品。2022 年 8 月，北京市西城区文化和旅游局携手北京河图组织实施的“万象中轴”数字文化体验项目，利用线下物理空间叠加虚拟数字内容的历史场景，为游客带来数字化、沉浸式的体验，主要包括“预见中轴—数字文化探访线”和“再现中轴—数字时空博物馆”两个功能模块。此外，北京故宫“发现 · 养心殿”、鼓楼“时间的故事”、圆明园、法海寺等文物建筑的数字展览也各具特色，取得了很大的社会反响。总体上看，北京文物建筑和历史建筑数字资源和数字化展示还呈零星应用状态，未来随着数字科技的进一步赋能建筑遗产文化资源保护展示的数字化水平将全面提升，传播边界和渠道将进一步拓展，北京历史文化遗产保护也会呈现更多可能性。

（三）建筑文化发展进一步迈向绿色化、低碳化

党的二十大报告提出，“推动经济社会发展绿色化、低碳化是实现高质

量发展的关键环节”[①]。建筑业是推进经济社会全面绿色化、低碳化转型的重点领域，北京在建筑业绿色低碳发展方面一直走在全国前列。北京市住房和城乡建设委员会发布的《北京住房和城乡建设发展白皮书（2022）》指出，北京深入推进建筑业全产业链绿色低碳发展，加快发展绿色建筑、装配式建筑、超低能耗建筑，高星级绿色建筑加快发展，新建装配式建筑占比达四成，在全国率先将居住建筑节能率由75%提升至80%以上，节能住宅和节能民用建筑比重居全国首位。[②] 搜狐城市、中国城市科学研究会、中国建筑科学研究院有限公司研究团队发布的《2022中国城市绿色建筑发展竞争力指数报告》显示，在42座重点城市中，绿色建筑发展竞争力指数排名前10的城市分别是北京、深圳、苏州、上海、南京、广州、杭州、天津、长沙和无锡。支撑北京登顶榜单的，是其两大一级指数（高质量发展指数、协同创新指数）排名领跑，以及低碳成就指数入围前5的优异表现。[③] 有关北京建筑业绿色发展的基本情况，本报告已在前面有所阐述，下面主要针对绿色建筑文化发展趋势加以补充说明，不涉及绿色建材、绿色施工及运行和管理等方面议题。

一是绿色建筑的外延进一步扩展，从单体建筑扩展到中观层级的城市街区和宏观层级的城市系统。在绿色、低碳成为转型期中国城市战略选择的背景下，绿色建筑发展将从主要偏重单体绿色建筑扩展到绿色生态住宅小区、绿色街区，再到绿色城区、绿色城市和低碳城市。住宅小区是城市社区的基本单元，建设绿色生态的宜居家园要从住宅小区着手。绿色生态住宅小区是在全寿命周期内节约资源、保护环境、减少污染，为人们提供健康、适用、舒适的居住环境，最大限度地实现人与自然和谐共生的、具备一定建设规模的高品质住宅小区。绿色街区是绿色建筑理念在城市中观层级的延伸，通过

① 习近平：《高举中国特色社会主义伟大旗帜　为全面建设社会主义现代化国家而团结奋斗——在中国共产党第二十次全国代表大会上的报告》，人民出版社，2022，第50页。

② 北京市住房和城乡建设委员会：《北京住房和城乡建设发展白皮书（2022）》，http：//zjw. beijing. gov. cn/bjjs/xxgk/zwdt/325891199/2022080511144750893. pdf。

③ 《2022中国城市绿色建筑发展竞争力指数报告（全文）》，https：//www. sohu. com/a/622099603_ 120179484。

加强街区范围内的区域统筹与设施共建共享，在微观的绿色建筑、绿色生态住宅小区和宏观城市之间搭建“绿色桥梁”。绿色城市是一个复杂的巨系统，绿色城市建设具有高度系统性和协调性，它不仅包括自然生态环境方面的特征（如绿色的人居环境、区域生态安全等），还包括繁荣的绿色经济、丰富的物质文化生活等方面的绿色愿景，推动建筑系统绿色低碳升级、促进绿色建筑发展只是绿色城市建设的重要一维。绿色建筑的未来发展需要进一步实现从绿色建筑到绿色城市的转型，由点到线、由线到面全面推进。北京城市副中心绿色低碳发展的探索，为推动北京从绿色建筑发展转型为绿色城市提供了很好的示范。①

二是绿色建筑的内涵逐步融入海绵城市、韧性设计和健康建筑等内容。随着建筑行业转型升级，绿色建筑的内涵也会发生变化。2019 年版《绿色建筑评价标准》（GB 50378—2019）中绿色建筑的定义已不再局限于原来的“四节一环保”（节能、节地、节水、节材和环境保护），而是指具有安全耐久、健康舒适、生活便利、资源节约、环境宜居等绿色性能的高质量建筑。从国家标准中绿色建筑界定的迭代可以发现，新一代绿色建筑的内涵已经融入了海绵城市、城市韧性和健康建筑等内容。实际上，绿色建筑并不仅仅指某一流行的建筑类型，它本质上是一种基本的设计思路及价值取向，这种思路与价值取向可以引入任何一种类型的建筑中。② 其中，所谓海绵城市，主要指城市能够像海绵一样，在适应环境变化和应对自然灾害等方面具有良好的弹性，下雨时吸水、蓄水、渗水、净水，需要时将蓄存的水释放并加以利

---

① 中共中央、国务院批复的《北京城市副中心控制性详细规划（街区层面）（2016 年—2035 年）》明确提出，积极推广绿色建筑，要求城市副中心新建建筑全部执行二星级以上绿色建筑标准，并提出到 2035 年三星级绿色建筑占新建建筑比例达到 50%以上的目标。北京城市副中心在规划设计之初就将绿色城市发展理念定位在较高水平并一直予以实践，明确将北京城市副中心建设成为“用地高效、生态发展”“设施安全、韧性发展”“技术适宜、低碳发展”“体系完善、畅通发展”“产业生态、精明发展”“多元包容、和谐发展”的美好之城，使副中心在建筑绿色发展上走在了全国前列，为国家绿色发展示范区创建打下了很好的基础。

② 中华人民共和国住房和城乡建设部编《海绵城市建设技术指南——低影响开发雨水系统构建（试行）》，中国建筑工业出版社，2015。

用。所谓城市韧性，则主要指由城市经济、社会、制度、生态、基础设施等环境系统组成的高度复杂耦合系统，在应对各种自然和人为灾害等干扰时所展现出的城市系统当前和未来时期的适应、恢复和学习能力。[①] 无论是海绵城市，还是城市韧性或韧性城市，这些相互联系的城市发展概念的提出，都与生态环境保护和可持续发展有关，与绿色建筑的最终目标一样，强调的都是城市建设和发展能够与自然相协调。绿色建筑的内涵融入海绵城市、城市韧性的理念并与之有机结合，将成为北京深化绿色建筑内涵要素的重要内容。关于健康建筑，2021 年 11 月中国建筑科学研究院有限公司牵头主编的《健康建筑评价标准》（T/ASC 02—2021）指出，健康建筑是指在满足建筑功能的基础上，提供更加健康的环境、设施和服务，促进使用者的生理健康、心理健康和社会健康，实现健康性能提升的建筑。绿色建筑的着重点在建筑本身，强调的是建筑本身可提高能源利用效率、节约资源和环保，而健康建筑的着重点不在建筑而在居住在建筑中的人，旨在促进建筑使用者更健康，在此意义上有学者认为健康建筑是绿色建筑在健康方面的升级版。[②] 未来绿色建筑发展与健康建筑理念的进一步融合是大势所趋，这是增加使用者获得感，践行以人民为中心发展思想，建设绿色宜居城市的必然要求。

三是建筑绿色发展赋能新一轮北京城市更新，绿色建筑发展由“新建”向“新建与既有改造并重”过渡。作为一种对城市建成区内空间形态和城市功能持续完善和优化调整的活动，北京城市更新已成为城市治理新的行动方向，与保障民生需求、空间有机更新、城市安全韧性增强和加快建设和谐宜居城市日益融合，内涵不断拓展。北京是全国第一批城市更新试点城市之一，也是全国首个减量发展的城市，新一轮城市更新需要努力探索适合首都特点的更新之路，回应首都高质量发展和高品质生活的系统问题。北京的城市更新是在求取经济发展与环境保护、文化传承和城市发展等多项平衡关系中的政策方案，在此背景下，以高品质绿色建筑建设、城市生态绿地和廊道

① 赵瑞东、方创琳、刘海猛：《城市韧性研究进展与展望》，《地理科学进展》2020 年第 10 期，第 1719~1720 页。

② 骆晓昀：《从建筑到健筑》，《新华月报》2022 年第 3 期，第 143 页。

系统完善、既有建筑节能绿色化改造为重要内容的建筑绿色发展，成为北京城市更新的重要抓手。2023 年 3 月 1 日起施行的《北京市城市更新条例》将落实绿色发展要求，开展既有建筑节能绿色改造，提升建筑能效水平，发挥绿色建筑集约发展效应，打造绿色生态城市，作为开展城市更新活动应遵循的基本要求。以往我们发展绿色建筑，强调以新增新建绿色建筑项目为主要目标，对既有建筑的节能改造、绿色化更新不够重视。北京设定的“十四五”时期民用建筑发展规划目标，主要针对的是新建居住建筑和新建公共建筑。城市发展进入城市更新阶段的一个突出特征是由大规模增量建设转为存量提质改造，对于城市住宅和公共建筑而言，主要不是“有没有”，而是“好不好”，其中就包括是否绿色低碳，应通过城市更新加大节能绿色化改造力度，让更多的建筑更绿色。近年来国外城市更新的总体趋势是走向绿色城市更新。所谓绿色城市更新，主要指为了营造绿色城市，促进城市中人与自然和谐共生，把城市存量空间中不符合绿色发展理念与需要的部分进行有计划、有目标的改建，以提升城市的资源环境承载和利用能力，改善人居环境。① 未来北京结合绿色城市更新治理的建筑绿色发展路径将成为一个基本着力点。

四　北京建筑文化发展面临的主要问题与对策建议

（一）北京建筑文化发展面临的主要问题

从整体上看，迈向首都高质量发展新阶段的北京建筑文化发展，还面临以下问题、困难和挑战。

1. 历史文化名城保护与建筑文化遗产保护协同发展需要加强

北京作为历史文化名城，以建筑遗产为重要构成的历史文化资源能够充

① 姚迈新：《绿色城市更新：内涵、目标及问题治理》，《陕西行政学院学报》2022 年第 2 期，第 53 页。

分展示城市魅力和文化软实力。在城市更新进程中，建筑遗产与城市风貌的关系大体呈现两种形态。第一种形态是建筑遗产资源日益呈现出“孤岛化”或“盆景化”现象。第二种形态是注重城市规划对历史文化名城整体保护的控制作用，通过规划途径较好地处理老城与新城、保护与更新的关系，保留老城历史轴线、街巷格局、历史地段、传统街区、山水格局原有的空间场所特征，城市在保持基本文脉的基础上有机更新。显然，第二种形态是历史文化名城建筑遗产保护应该努力的方向。

历史文化名城保护与建筑文化遗产保护协同发展表现在两个方面。一是在建筑遗产保护实践层面以建筑文化遗产保护带动历史文化名城保护，北京在此方面成效显著。二是将建筑文化遗产保护嵌入整个历史文化名城治理体系，从分散保护走向整体保护。《北京城市总体规划（2016 年—2035 年）》在保护的空间层次上回应时代要求，提出了老城、中心城区、市域和京津冀四个空间层次的历史文化名城整体保护体系，北京已构建了片状保护与线状、带状保护相结合的“一轴、两区、三带”整体保护模式。但总体上看，仍然较多重视文物建筑或某些重要类型建筑遗产的保护与再利用，较少重视从城市规划、城市设计和文化规划的整体视角探索建筑遗产的保护与再利用问题，因此，未来在将建筑遗产保护与传承历史文脉、维护城市整体风貌和营造城市公共空间有机融合方面还要下功夫。

2. 文物建筑价值挖掘和活化利用需要深化推动

文物建筑文化价值的发掘研究和阐释不够。与北京建筑文物资源的丰富多样和巨大潜能相比，在文物建筑系统性研究、整体性文化阐释和创造性转化方面仍存在不足，对文物建筑内涵和价值的研究挖掘不够深入，对文物人文价值的挖掘阐释还不够，基于世界、亚洲、中华文明史和文化史研究视角的梳理归纳还不够。例如，2022 年 10 月 1 日开始施行的《北京中轴线文化遗产保护条例》第 5 条规定了政府促进中轴线遗产内涵挖掘、价值传播的职责，第 21 条规定了鼓励保护对象相关保护责任人开展遗产价值挖掘、阐释和传播展示的内容。但从实际调查发现，相关部门对遗产价值内涵的挖掘仍显不足，部分保护管理单位侧重于旅游管理，在价值阐释方面较为薄弱，权威准确介绍中轴线构成和遗产价值的读物不多，不利于深化和提高公众对中轴线建筑遗产的认知。

文物建筑活化利用还需要推动。不少文物建筑腾退修缮后处于长期空置状态，未能有效发挥历史遗存应有的价值，也造成对历史文化资源的浪费；“保护不易、活化更难”的问题依然突出，文物建筑活化利用方法还需要创新，文物活起来的办法不多，活化路径和产品趋向同质化，将文物建筑元素融入文创设计的好创意、好产品不多，缺乏激发文化意象的文创产品；文物建筑活化利用方面鼓励市场主体参与的机制还不完善，文物建筑保护利用社会力量引入不够；文物建筑的利用与民众生活联结度不高，使其在文化传承、社会教育、社区文化认同等方面发挥的作用不够；科技支撑方面，文物建筑资源数字化应用力度有待进一步加大，缺乏系统的数字化档案和可利用的项目库。

3. 历史建筑保护更新面临特殊困难与挑战①

北京历史建筑保护更新所面临的问题与北京现存历史建筑的总体特点紧密相关。

一是传统合院建筑数量多，修缮成本高。北京自元代营建大都城开始，由四合院民居所构建的传统胡同街巷格局，历经明、清及民国时期数百年沿袭，发展成为最具北京地域特色的民居建筑类型，承载了丰富的历史传统与人文景观。合院式建筑作为北京特色的传统建筑形态，占已公布历史建筑的49%。② 北京现存合院式建筑多为明、清至民国时期的砖木结构建筑，其结构特性使该类历史建筑的修缮成本高于普通建筑，且修缮难度大，对工匠、材料、工艺都有特殊要求。此外，在传统四合院腾退空间的改造提升过程中，一些新锐建筑师参与对传统风貌有决定作用的建筑主体改造，四合院腾退空间成为建筑师实现个人理想的试验田，这导致传统胡同四合院的第五立面（屋顶风貌）发生变化，这些变化是否是北京老城整体保护所需要的，

① 参考辛萍、叶楠、赵幸、郭晨曦《北京市历史建筑保护更新路径初探》，《世界建筑》2022年第8期。

② 李泽伟：《北京推进历史建筑挂牌保护》，《北京青年报》2022年3月29日，第A5版。

有待验证。

二是居住小区再利用率低，民生改善难平衡。北京市历史建筑中居住小区占比近 1/3，多为新中国成立初期建成的部委大院、职工住宅、外交公寓、高校职工宿舍等。由于建筑老旧，内部设施老化严重，存在安全隐患，民生改善诉求较为迫切，亟须更新改造。同时，此类历史建筑仍旧作为单位用房和居住小区，历史建筑的保护更新面临建筑保护与办公用房改造、民生改善很难平衡的问题，尤其是如何较好地解决历史建筑保护与民生改善的矛盾，成为难题与挑战。

三是产权复杂，实施难度较大。北京市历史建筑产权复杂多样，涉及区属直管公房、市属直管公房、单位自管产、私房、宗教产、军产、其他产（如港澳台产、涉外产、非宅住人、非宅办公、代管产、社团产、经租产、标准租等），也存在多种产权建筑混杂于一个院落的情况，或被多家管理使用单位使用。产权不清或产权复杂的历史建筑保护遇到问题时，各单位间往往推诿扯皮，使得院落修缮、利用协调工作难度加大，保护工作难以顺利开展。

四是腾退、修缮资金不足。腾退成本高、腾退和修缮资金不足的问题是历史建筑保护的瓶颈。北京历史文化街区更新和历史建筑保护资金的来源比较单一，主要依靠财政资金，且投入巨大，对社会资本的引入不足，可持续性投入机制不健全。

4. 本土建筑师设计的体现民族文化和北京地域特色的优秀当代建筑不多

近几十年来，面对全球化冲击，包括北京在内的中国城市建筑文化在融入世界潮流的同时，一度出现过于追求视觉吸引力、本土建筑文化被弱化的现象。习近平总书记在 2015 年中央城市工作会议上列举了我国城市发展存在的主要问题，其中包括“一些城市建筑贪大、媚洋、求怪等乱象丛生，一些奇形怪状建筑拔地而起，个别城市甚至成了外国设计师‘奇思妙想’的试验场”[①]。中国工程院院士程泰宁将类似现象看成中国建筑界跨文化失

① 《习近平关于城市工作论述摘编》，中央文献出版社，2023，第 29 页。

语和建筑失根问题，历史已经告诉我们，跨文化对话是中国现代建筑文化发展的必由之路。[①] 显然，抛弃中国几千年来形成的优秀传统建筑文化，对西方建筑师那些主义、流派、风格采取不加区分和消化的“拿来主义”态度，或任意对其外在形式进行简单模仿和抄袭，是断然没有出路的。体现时代潮流的主流建筑文化不应为西方所垄断，有着数千年历史的中国建筑文化是一种根植于本土地域的独特文化资源，它与世界其他建筑文化优势互补，并在世界建筑文化的多元格局中扮演重要的角色。

改革开放以来，越来越多的当代建筑在北京拔地而起，各种标新立异的设计被大胆运用。全球知名的建筑与设计网站 Dezeen 于 2022 年评选出北京十大当代建筑，分别是国家大剧院（设计：保罗·安德鲁，2007 年）、国家体育场（鸟巢）（设计：赫尔佐格、德梅隆，2008 年）、中央电视台总部大楼（设计：OMA，2012 年）、北京银河 SOHO（设计：扎哈·哈迪德建筑师事务所，2012 年）、凤凰国际传媒中心（设计：北京市建筑设计研究院，2016 年）、朝阳公园广场（设计：MAD 建筑事务所马岩松，2017 年）、嘉德艺术中心（设计：奥雷·舍人，2018 年）、北京丽泽 SOHO（设计：扎哈·哈迪德建筑师事务所，2019 年）、中信大厦（中国尊）（设计：Kohn Pedersen Fox，2019 年）和北京大兴国际机场（设计：扎哈·哈迪德建筑师事务所，2019 年）。[②] 这十大北京当代建筑中，由中国建筑师主持设计的只有两项，即凤凰国际传媒中心和朝阳公园广场，同时能够显著体现中国元素和北京文化特色的建筑也不够多。因此，如何处理好国际化和本土化的关系，使民族传统与当代建筑有机结合，使优秀的传统建筑文化不仅停留在博物馆或特定展示场所，而是能够在当代建筑中得以传承，或者与当代建筑发生积极的关系，成为中国建筑界和北京当代建筑发展必须直面的重要问题。

---

① 《程泰宁：中国建筑找出路，为什么要先反思西方的“现代性”?》，https：//www. guancha. cn/chengtaining/2022_ 10_ 06_ 660831. shtml。

② Ten of Beijing's most Significant Contemporary Buildings，https：//www. dezeen. com/2022/03/15/beijing-buildings-architecture-china/.

（二）推进北京建筑文化高质量发展的对策建议[①]

1. 加强文物建筑保护、阐释和利用方面的建议

进一步加强对文物建筑核心价值的发掘研究和文化阐释工作。其一，多层次、全方位、持续性挖掘文物建筑的文化价值和精神内涵，注重从通史的角度认识北京老城建筑遗产的独特价值。对重点文物建筑价值内涵的挖掘，尤其要重视从世界、亚洲、中华文明史和文化史的研究视角切入，梳理归纳出其独特的历史文化价值。其二，加强对文物建筑资源梳理，提取内在文化基因，建设北京文物建筑的文化基因库，探索构建允许知识检索、关联挖掘、可视化呈现的文物建筑知识图谱系统。其三，针对建筑遗址考古成果文化阐释工作滞后的短板，组建跨学科团队，系统开展琉璃河遗址考古新发现、金中都城遗址等考古成果的文化阐释专题研究。

深化推进文物活化利用路径，探索分层分类管理工作机制，积累更多可复制、可推广的经验。其一，2022 年 12 月北京市文物局发布了《北京市文物建筑合理利用导则（试行）》（征求意见稿），公开征集意见，下一步应积极落实该导则，完善文物活化利用的相关配套政策，建立文物资源可利用项目库，规范文物利用决策流程，重点是要研究解决文物不合理占用问题的可行政策，明确不同条件下的可选路径，总结北京市文物建筑活化利用项目的经验与不足，探索通过产权市场推动社会力量参与文物建筑活化利用的可复制、可推广路径。其二，在文物建筑活化利用方面进一步打开思路、开拓创新，充分发挥文物建筑的使用价值和社会价值，推广北京古建音乐季、白塔文化周、公众考古季等特色文化活动经验，通过定期举办特色文化活动，推动历史文化资源融入市民生活，让民众在日常生活中与文物有更多互动，在日用而不觉中接受文化熏陶。其三，加强文物建筑活化利用项目的可持续管理和运营保障。

积极大胆拓展社会参与路径。其一，建议探索和研究试点区级文物建

---

① 推进绿色化、低碳化北京建筑文化发展的建议参见本书相关专题报告。

筑、未定级文物建筑和历史建筑认养制度，争取更多社会资金和人力投入文物保护事业。北京建筑遗产数量众多，社会认养是缓解保护压力的一种可行方式。其二，加强对街道和社区组织居民开展遗产保护利用活动的支持和指导，促进文物与社区的联动，创新宣传形式，让社区群众走近文物、了解文物、喜爱文物，鼓励其积极参与文物保护。其三，增强全社会支持和参与文物建筑保护的意识，创新文博志愿者机制，设立文博志愿者特色主题驿站，以各种重要纪念日、节假日、重大时事为契机举办活动，吸引更多优秀志愿者参与文博志愿服务工作。

增强科技赋能文物保护利用的实效。加强文物部门与科研部门的供需对接，鼓励文博单位创设更多应用场景引入科技要素支持文物保护，建设综合性科学研究实验平台。推进数字化展示工程，运用三维模型、全景展示等新技术新方法，展示文物本体元素及其丰富内涵，传承文化遗产，讲好中国故事。

2. 加强历史文化名城及历史建筑保护更新和活化利用方面的建议

构建历史建筑全生命周期保护管理体系。为了全面、有效落实历史建筑保护要求，有必要统筹考虑历史建筑保护、利用、传承各方面要求，建立覆盖普查、认定、挂牌、建档、日常保养、维护修缮、迁移、拆除、原址复建、应急抢险、装修改造、功能活化、监督检查、公众科普等的全生命周期保护管理体系，针对实际操作中遇到的问题，明确各环节工作要求，并加强相应技术标准、管理规定和政策保障，形成清晰的历史建筑保护利用工作指引，为各相关管理部门、相关利益方指明工作方向，系统保护、利用和传承好历史建筑。①

丰富历史建筑的宣传和展示手段。建筑文化遗产腾退修复后，需要通过多元化展示手段让老百姓特别是年轻人认识其文化价值，提升公众的兴趣和认知度。《北京历史文化名城保护条例》对展示利用方面的规定主要针对

① 辛萍、叶楠、赵幸、郭晨曦：《北京市历史建筑保护更新路径初探》，《世界建筑》2022 年第 8 期，第 32~37 页。

“三条文化带”和革命史迹，对老城整体性保护与历史建筑的展示没有规定。“文化探访路”方式加主题性展示是一个比较好的策略，但关键是要落实，还要推动文创产业和旅游机构通过开发丰富多彩的历史文化遗产衍生产品，构建文化与经济之间的良性互促关系。同时，应重视发挥影像、口述、实物等公共性记忆手段和社区档案的民间文化传承作用，保存好市井记忆和草根记忆，多视角传承和宣传北京历史文化基因。对一些具有较为重要教育价值的建筑遗产，可通过博物馆与文化旅游相结合的综合开发模式，打造主题线路，强化革命纪念建筑的教育功能。

创新历史建筑活化利用措施。活化利用是历史文化名城保护工作的重要组成部分，是对历史资源的有效保护方法。不能改变原貌是对文物建筑保护非常重要的要求，但是历史文化名城更新保护涉及大量历史建筑，历史建筑的保护方式和文物建筑有所不同，允许在一定的法律规范的规定下有一定程度的改变和更新，应在先保护后利用的原则下，为保障民生和活化利用预留空间，切实增强当地居民的获得感，否则不利于将来有效利用。目前在活化保护方面，对于历史建筑的适应性再利用缺乏具体规定，可通过出台《北京历史建筑合理利用案例阐释》等方式，引导历史建筑合理利用。应促进历史文化街区和历史建筑走渐进更新之路，在渐进更新中为不再用作原来用途的历史建筑寻找既能传承历史文脉，又能适应现代生活的合适用途，为历史文化名城的永续发展注入活力。

探索建立多渠道保护资金来源体系。总体上看，历史街区和历史建筑保护资金的基本来源可分为三类：一是政府公共资金；二是社会公益资金；三是企业和民间资金。相较于政府公共资金，社会公益资金的来源渠道更广，如一些国家和地区彩票业收入是历史建筑保护的重要资金来源。在一些发达国家和地区的遗产保护法规中，向保护对象提供资金援助是重要的规定内容之一，以为遗产保护公共资金提供长效稳定的法律保障。建议出台相关政策，完善政府引导和监管措施，积极带动和引导市场资金参与历史建筑保护，通过资金补偿机制提升私有业主保护历史建筑的积极性。同时，鼓励对历史建筑开展多种形式的利用，分类处理不同历史街区和历史建筑保护项

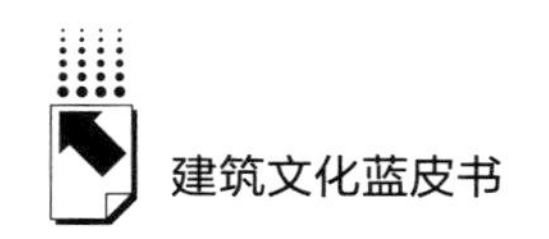

目。在公共资金的使用层面，借鉴国外一些国家的成功经验，明确区分面向历史建筑修缮工程的“实施性补助”和面向历史建筑调查、建档、挂牌和科学研究的“规划性补助”，确保公共资金投入有明确的使用去向。同时，可增加用于鼓励具有公益性活化利用属性“利用性补助”。

3. 加强数字科技赋能北京建筑文化发展的建议

加强数字科技赋能文物建筑和历史建筑保护利用。通过支持北京文博行业数字化平台发展，培育人工智能、云计算、大数据等在建筑遗产保护领域创新应用的土壤，推进数字科技与建筑文化融合。注重利用数字化手段，开展文物建筑和历史建筑保存状况评估，收集建筑遗产本体和其周边的数据，建立数字化建筑遗产档案数据库及动态管理台账，掌握文物建筑和历史建筑使用动态。应用数字测绘、三维激光扫描、三维建模、虚拟现实场景等数字技术的数字化展示，能够达到仅靠文字、图片展示难以达到的传播效果，是未来建筑遗产展示和传播的新趋势。但总体上看，目前数字化展示建筑遗产仍主要应用在一些重要文物建筑的保护，如中轴线建筑遗产，应用范围还有待进一步扩展，应着力全面提升建筑文化资源保护展示的数字化水平。

加强数字科技赋能建筑业数字化转型。当前全球建筑业正在经历一场数字化和智慧化变革，云计算、大数据、人工智能、物联网等新兴数字科技，正在让建筑这个传统行业焕发新的活力。但是相较其他行业，我国建筑业仍是数字化应用程度很低的行业之一，建筑业数字化转型有待进一步推进。《数字建筑发展白皮书（2022 年）》提出，从未来发展看，我国数字建筑发展虽已取得一定成效，但总体仍处于发展初期，存在诸多痛点亟待攻克。建议加快推进数字建筑技术攻关、应用推广、生态完善、人才培养等，营造数字建筑良好发展环境。[①] 本报告偏重文化视角的建筑发展，故而主要从宏观视角提出建议。一是数字化转型是一项系统工程，应确立系统推进思维和全局性数字化理念，推进建筑发展在战略制定、规划设计、施工建造、材

---

① 中国信息通信研究院：《数字建筑发展白皮书（2022 年）》，https：//pdf. dfcfw. com/pdf/H3_ AP202204151559427841_ 1. pdf。

料和技术更新、组织和管理变革、人才保障等环节的数字化，构建涵盖数字化治理、组织机制、管理文化等的数字化治理体系。二是重视推进建筑业数字化与绿色化协同发展。中央网络安全和信息化委员会印发的《“十四五”国家信息化规划》提出，“深入推进绿色智慧生态文明建设，推动数字化与绿色化协同发展”，“以数字化引领绿色化，以绿色化带动数字化”。实际上，当前建筑业发展的一个显著特点是绿色化、工业化和数字化（智能化）三者互相影响、互相推动，尤其是“双碳”目标的提出，为三者的融合发展提供了更大的动力和新的机遇。例如，建筑施工企业可通过大力研发模块化集成建筑、碳因子数据库、碳中和云平台、智慧化工地，助力建筑业低碳发展。尤其对于建筑业减碳而言，碳中和云平台是极其重要的技术保障，有助于施工企业量化碳数据，有效管理施工期碳足迹，用大数据分析建筑项目碳排放。可见，数字化是提高建筑企业碳排放监测管理精准性的有力支撑。北京建筑业数字化与绿色化协同发展仍然任重道远，需要从政策重心切换角度，在数字化与绿色化协同发展方面出台更多激励和保障政策，以充分发挥数字化在赋能建筑行业绿色发展方面的潜力。

4. 推动优秀传统建筑文化有机融入当代北京建筑设计

中国传统建筑文化和城市规划思想是独具东方特色的文化遗产，有其特殊的艺术魅力和建筑智慧，当代建筑和城市设计应当充分吸收和借鉴传统建筑文化的优秀部分，使之更好地为中国式城市现代化和首都城市高质量发展服务。习近平总书记指出：“中国建筑自古以来在世界上就具有重大影响，同欧洲建筑、伊斯兰建筑并称为世界三大建筑体系。相对于另外两大体系，中国建筑历史更加悠久、体系更加完整、更加注重自然和生活。时至今日，我国古代城市建设思想仍然具有重要借鉴意义。”[①] 2017 年 1 月，中共中央办公厅、国务院办公厅发布的《关于实施中华优秀传统文化传承发展工程的意见》提出，“挖掘整理传统建筑文化，鼓励建筑设计继承创新”。当代

① 《习近平关于城市工作论述摘编》，中央文献出版社，2023，第 108 页。

北京建筑设计尤其是公共建筑设计，应加强对优秀传统建筑文化的传承，使当代建筑既体现时代特征又融入传统建筑文化元素，体现北京建筑设计的艺术性、民族性和地域性。

优秀传统建筑文化在当代北京建筑设计中的有机融入，并不是一件简单的可以一蹴而就的事情，需要在以下几方面形成共识并迎接挑战。一是正确继承传统建筑文化，不能只注重它的物质性表象，不是对前人的形式、风格和原型进行简单模仿、拼贴与借用，而是认知与体悟其内在的精神信仰、审美意境和对空间的特殊认知，应从哲学视野中把握传统建筑文化的精神特质，不断深化对传统建筑文化的规律性认识。2012 年 2 月，中国建筑师王澍荣获“建筑学界诺贝尔奖”——普利兹克建筑奖，他的建筑设计成功之处便是具有扎根本土传统，以传统文化精神的现代转化为内核并面向未来的人文特质。二是在如何继承并创新传统建筑文化的问题上，积极面对挑战并寻求应对之道，要准确提炼并叙述传统建筑文化中具有现代价值的人文特质和创造核心。在此基础上用恰当的方式将传统建筑的精华，创造性地转化为支持北京当代建筑实践的文化资源，通过优秀的建筑创新延续北京城市文脉，向世界展现北京当代建筑的风采。

遗产保护篇

Heritage Protection

B.2 北京20世纪建筑遗产保护与利用研究报告

金 磊　苗 淼　金维忻*

摘　要： 古都北京之所以今天依然辉煌，不仅因为其城市形制建构在无与伦比的传统文明之上，更在于它随时代而变，拥有体现中华民族现代文明的现当代建筑遗产。本报告挖掘并整理中国20世纪建筑遗产北京代表项目，不仅研究了其建筑遗产类型与时空分布，还介绍了20世纪建筑遗产不同于常规遗产建筑的内涵与核心价值；不仅从联合国教科文组织《世界遗产名录》国际视野，强调中国北京的20世纪建筑遗产研究的重大现实意义，还回望1999年北京UIA大会《北京宣言》的遗产价值，串联起应充分

* 金磊，高级工程师（教授级），中国文物学会20世纪建筑遗产委员会副会长、秘书长，中国建筑学会建筑评论学术委员会副理事长，主要研究方向为城市灾害学、城市文化与20世纪建筑遗产保护与传播；苗淼，中国文物学会20世纪建筑遗产委员会执行副秘书长、办公室主任，主要研究方向为中国20世纪建筑遗产传播与活化利用；金维忻，中国文物学会20世纪建筑遗产委员会策展总监、策展部主任，主要研究方向为城市文化与中外20世纪建筑遗产的艺术与展览传播。

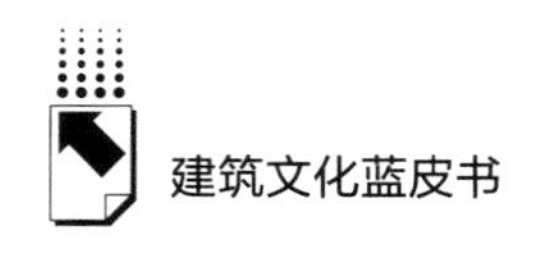

关注的、在北京将继续产生影响力的可持续性建筑遗产意义。此外，报告还聚焦对北京20世纪建筑遗产做出贡献的第一代、第二代、第三代建筑师谱系，在展示建筑巨匠创作史的同时，讲述中国几代建筑学人对北京20世纪建筑遗产的贡献。

关键词： 20世纪建筑遗产　中国建筑师　文化传承　设计自信　北京

一　20世纪建筑遗产综述

20世纪建筑遗产主要指1900~1999年历时百年的建筑作品及其思想与人物，百年史纲、百年科技、百年事件、百年文化都有建筑作品与建筑巨匠的身影。全球目前关注20世纪建筑遗产的学术组织主要有三个：国际古迹遗址理事会（ICOMOS）下设的20世纪遗产科学委员会（ISC20C）、致力于现代建筑遗产鉴定与保护的国际现代建筑文献与保护组织（DOCOMOMO）、致力于推进遗产跨界与共享的ICOMOS共享遗产委员会。

（一）三大宪章及相关保护文件

20世纪全球有针对现代建筑发展的三大宪章。[①] 其一，1933年《雅典宪章》，它强调建筑学决定着城市的命运，关系到城市的福祉与形象，要促进城市的现代化发展，从而推动和谐、稳固的建筑杰作的诞生。其二，《马丘比丘宪章》，1977年12月12日在马丘比丘山通过。在论及文物和历史遗产的保存和保护时强调，“一切有价值的说明社会和民族特性的文物必须保护起来……保护与恢复要同城市建设过程相结合，以保证这些文物具有经济意义并继续具有生命力……在考虑再生和更新历史地区过程中，应把高设计

① 联合国教科文组织世界遗产中心等主编《国际文化遗产保护文件选编》，文物出版社，2007。

质量的当代建筑物包括在内”。其三，由吴良镛院士主持完成的《北京宪章》，于 1999 年 6 月在北京通过。《北京宪章》深刻阐明，20 世纪既是伟大而进步的时代，又是患难与迷惘并存的时代，它以大规模工业技术与艺术创新造就了丰富的建筑作品，但也有建筑环境不尽如人意、人类对自然和文化遗产的破坏危及自身的问题——大自然的报复、混乱的城市化、技术“双刃剑”与建筑魂的失色。基于此，《北京宪章》提出“一法得道，变法万千”的广义建筑学，倡导根植于地方文化的多层次技术建构、建筑文化和而不同的 21 世纪全社会建筑学策略。

值得注意的是，在三大宪章的引领下，国际国内有一系列有价值的针对 20 世纪遗产保护的文件陆续出台，如 2005 年联合国教科文组织《会安草案——亚洲最佳保护范例》，它认为真实的文化遗产历经时间和社区的变迁而持续传承，尽管会发生演变，但却保留了赋予其真实性的基本特征。2007 年 6 月，城市文化国际研讨会在北京召开，通过了《城市文化北京宣言》，在住房和城乡建设部、文化部、国家文物局邀请下，有千余位国际城市市长、规划师、建筑师、文化学者参加会议，研讨了全球化时代下文化转型、文化保护、当代城市建设等问题，并达成关于《城市文化北京宣言》的五点共识。

(1) 中国传统的天人合一理念，尊重自然、道法自然的思想，是世界文化瑰宝，这是城市文化应反映的生态文明特征。

(2) 深入科学地研究、塑造充满人文关怀的城市空间，城市要充分反映市民的利益追求。

(3) 建设形神兼备、浑然一体的城市，实现城市建设形式与城市文化内涵的完美结合，这应成为城市文化建设的要求与目标。

(4) 有传承的创新是塑造城市特色的重要途径，拒绝雷同，反对有损于传统、有碍于生活的荒诞媚俗。城市规划和建设离不开城市的个性特色。

(5) 现代化不仅需要商贸城市、工业城市，更需要文化城市，城市文化建设担当着继承传统与开拓创新的重任。

(二)《世界遗产名录》与国际大师的20世纪遗产项目

1981 年 4 月，国际古迹遗址理事会对竣工不足十年的悉尼歌剧院无法证明其自身杰出价值的“申遗”结果予以研讨，引发国际社会对 20 世纪遗产的关注，世界遗产委员会委托国际古迹遗址理事会起草《当代建筑评估指南》，相关工作于 1986 年完成，主要包括近现代建筑遗产的定义和如何运用公约标准评述 20 世纪遗产等方面的内容，在 2007 年 6 月第 31 届世界遗产大会上，悉尼歌剧院入选《世界遗产名录》。当时比较强调 25 年的建成时限。2001 年 2 月，在芬兰赫尔辛基举办的以“危险的联系：保护城市中心的战后现代主义作品”为主题的会议强调，“必须从现在就做出决定，因为一些建筑正在面临被拆除或大面积翻新的风险”。2006 年 4 月，国际古迹遗址理事会等在莫斯科召开主题为“濒危遗产：20 世纪建筑和世界遗产保护”国际会议，并形成了旨在保护 20 世纪遗产的《莫斯科宣言》，呼吁需采取必要行动，开展系统性历史性调研，推出出版物，提高公众意识，对 20 世纪遗产保护开展建设性的工作。此次会议建议尽快将俄罗斯 20 世纪最出色的建筑列入俄罗斯国家遗产名录，如金兹伯格设计的“纳康芬公寓楼”、梅尔尼科夫设计的“鲁萨科夫工人俱乐部”和“卡丘克和布里维特尼克工厂俱乐部”、尼克诺耶夫设计的“公社公寓”等。

全球 20 世纪最重要的主将级建筑师柯布西耶、格罗皮乌斯、密斯·凡·德·罗、赖特等，不仅作品分别入选《世界遗产名录》，而且他们本身也既是建筑师又是工程师，在他们的创作生涯中艺术与技术很难剥离开来。整个建筑史，建筑艺术与技术的进步如影随形。柯布西耶在其著作《走向新建筑》中倡言，建筑师要向工程师学习，尤其要学会那种理性且精确的美。

赖特（1867~1959 年）深受东方哲学影响，坚持现代主义特性，他富含哲理地说，“每一位伟大的建筑师都是，而且必须是一位伟大的诗人，他必须是他所处时代的有创见的解释者”；格罗皮乌斯（1883~1969 年）作为现代主义建筑学派的奠基者，倡言“现代建筑不是老树上的分枝，而是根上长出来的新株"，这体现了日新月异的遗产观；密斯·凡·德·罗（1886~1969年）的言论与他的作品一样简洁明晰，他说"技术根植于过去、控制今天、展望未来，凡是技术达到最充分发挥的地方，它必然就达到建筑艺术的境地"；柯布西耶（1887~1965年）反对不顾时代发展而死守古典教条的人，但同时认为任何创新都离不开前人的积累与教训，"历史是我永远的导师之一，并将永远是我的领路人"；阿尔托（1898~1976年）认为悠久的传统文化对今人的创作是素材之宝库，他说"老的东西不会再生，但也不会消失，曾有过的东西总是以新的形式再次出现"；尼迈耶（1907~2012年）作为受柯布西耶影响较大的最有代表性的20世纪拉美建筑师，他说"一个建筑师必须不断创造，不断刷新原有水准"。[①] 以下为四位建筑大师20世纪遗产"贡献"示例。[②]

美国建筑大师赖特在2019年第43届世界遗产大会上，有团结教堂（伊利诺伊州，1906~1909年）、罗比之家（伊利诺伊州，1910年）、流水别墅（宾夕法尼亚州，1936~1939年）、古根汉姆博物馆（纽约，1956~1959年）等8个项目入选《世界遗产名录》。他在72载设计生涯中设计了400个建筑，尤以纽约的古根汉姆博物馆和宾夕法尼亚州的流水别墅令世界建筑界赞誉。建筑大师柯布西耶在2016年第40届世界遗产大会上，有涉及7个国家的17项作品入选《世界遗产名录》，这些作品"无不反映出20世纪现代运动为满足社会需求，在探索革新建筑技术上取得的成果，这批天才创意的杰作见证了全球范围的建筑实践的国际化"。德国建筑师格罗皮乌斯出生在柏林，1911年，他设计了莱纳河畔阿尔菲尔德的法古斯工厂，巨大而明净的玻璃打破了室内外原本严格的分界，光线可自由穿过玻璃墙，使建筑与大自然相融，该作品凭借简洁的建筑语汇成为现代工业建筑的样本。法古斯工厂在2011年第35届世界遗产大会上入选《世界遗产名录》。百年后的"申遗"成功，说明在文脉支撑的环境下，艺术性的设计之道是成功可行的。

① 金磊：《〈世界遗产名录〉20世纪建筑遗产项目研究与借鉴》，《建筑》2020年第1期。

② 参考中国文物学会20世纪建筑遗产委员会主编《20世纪建筑遗产导读》，五洲传播出版社，2023。

德国建筑师密斯·凡·德·罗设计的德国布尔诺的图根哈特别墅（1928~1938年）于2001年入选《世界遗产名录》，尤应关注的是在这座精致别墅中所见证的随时代变迁的重要“事件”：身为犹太人的图根哈特夫妇1930年搬入别墅，1938年为躲避纳粹逃亡瑞士，别墅被盖世太保没收，1945年第二次世界大战结束后别墅成了苏军士兵的马厩，致使瑰宝般的家具成了燃料，后又成为当地舞蹈学校和儿童护理院，直到20世纪80年代才恢复原有样貌。它不仅是布尔诺老城最美景观之一，也是具有遗产意义的别墅建筑。

（三）中外20世纪建筑遗产推介标准

1. “申遗”成功的关键是合乎标准

2009年法国首次以“勒·柯布西耶建筑与城市作品”（The Architectural and Urban Work of Le Corbusier）的名义提交“申遗”文件，共申报了他曾经设计过的8种类型中的7种建筑类型（当时未“申报”公共建筑）。22个提名遗产作品分布在三大洲的6个国家。文件共从八大方面归纳了柯布西耶的成就，如其作品改变了全世界建筑和城市的形态，因作品跨国境使他在全球有影响力，他被认为是20世纪现代建筑奠基人之一，其作品以独特的方式为更多的人提供宜人的住宅，他是第一位将时间作为第四维度引入空间设计的建筑师……虽然柯布西耶的22项作品符合部分世界遗产标准，但其价值阐述遭到咨询机构ICOMOS的否定，指出其真实性、完整性不足，未获通过。

从城镇层面看，2018年第42届世界遗产大会上意大利皮埃蒙特地区“20世纪工业城市伊夫雷亚”入选《世界遗产名录》。这里曾是打字机、机械计算机和办公电脑制造商Olivetti的试验场。MoMA建筑与设计部高级策展人Paola Antonelli评价“这座城市如此美好，是人工伊甸园”。IBM那句著名箴言“好设计就是好生意”的灵感也来自Olivetti打字机，可见其工业城市的遗产价值不仅在于创造生产力之工具，还在于塑造着20世纪遗产的新形态。

2015年第39届世界遗产大会也有20世纪建筑作品入选，典型项目如汉堡仓库城“智利之家”。仓库城和康托尔豪斯区是相邻的汉堡中心城区，于1885~1927年在一组狭窄的海岛上建成。ICOMOS认为它代表了当时欧洲最大的港口仓库区，是国际化贸易的标志。康托尔豪斯区完善于20世纪20~40年代，拥有6栋办公楼，为港口各项商务活动提供服务，属欧洲最早的办公建筑区。1924年建成的“智利之家”，共10层，由近500万块深色的奥尔登堡砖砌成，整体呈“船形”，无论用砖还是建筑形式都是20世纪初建筑艺术的典型代表。

2.《中国20世纪建筑遗产认定标准（试行稿）》要点解读

《中国20世纪建筑遗产认定标准（试行稿）》（以下简称“认定标准”）是在联合国教科文组织《实施保护世界文化与自然遗产公约的操作指南》、国家文物局《关于加强20世纪建筑遗产保护工作的通知》、国际古迹遗址理事会20世纪遗产科学委员会《关于20世纪建筑遗产保护办法的马德里文件2011》及《中华人民共和国文物保护法》等法规及文献基础上完成的，于2014年8月试行并于2021年8月修订。[①] 认定标准由中国文物学会20世纪建筑遗产委员会编制。认定标准申明，只要满足以下条件之一即可被认定，简述如下。

（1）在近现代中国城市建设史上具有重要地位，是重大历史事件的见证，是体现中国城市精神的代表性作品。

（2）能反映近现代中国历史且与重要事件相对应的建筑遗迹与纪念建筑，是城市空间历史性文化景观的记忆载体，同时，也要兼顾不太重要时期的历史见证作品，以体现建筑遗产的完整性。

（3）反映城市历史文脉，具有时代特征、地域文化综合价值的创新型设计作品。

（4）对城市规划与景观设计诸方面产生过重大影响，是技术进步

① 北京市建筑设计研究院有限公司、中国文物学会20世纪建筑遗产委员会、中国建筑学会建筑师分会编著《中国20世纪建筑遗产项目名录》（第二卷），天津大学出版社，2022。

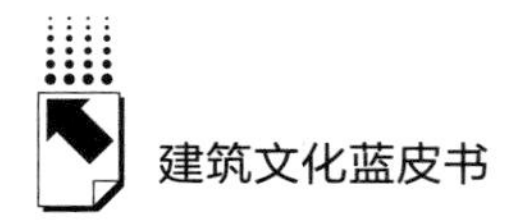

与设计精湛的代表作，具有建筑类型、建筑样式、建筑材料、建筑环境、建筑人文乃至施工工艺等方面的特色及研究价值的建筑物或构筑物。

（5）在中国产业发展史上有重要地位的作坊、商铺、厂房、港口及仓库等。

（6）中国著名建筑师的代表性作品、国外著名建筑师在华的代表性作品，包括20世纪建筑设计思想与方法在中国的创作实践的杰作，或有异国建筑风格特点的优秀项目。

（7）体现“人民的建筑”设计理念的优秀住宅和居住区设计，完整的建筑群，尤其应保护新中国经典居住区的建筑作品。

（8）为体现20世纪建筑遗产概念的广泛性，认定项目不仅包括单体建筑，也包括公共空间规划、综合体及各类园区，20世纪建筑遗产认定除了建筑外部与内部装饰外，还包括与建筑同时产生并共同支撑创作文化内涵的有时代特色的室内陈设、家具设计等。

（9）为鼓励建筑创作，凡获得国家设计与科研优秀奖，并且具备上述条款中至少一项的作品。

（四）20世纪国内外建筑研究主要论著

威廉·J. R. 柯蒂斯所著《20世纪世界建筑史》于1982年出版，1984年获英国建筑史学家协会奖章，1997年该书第三版获美国建筑师协会国际建筑图书奖，该书中文版于2011年12月由中国建筑工业出版社出版。作者柯蒂斯于1985年获国际建筑评论协会评论奖，1999年获美国国家荣誉协会建筑与联合艺术金奖。《星期日泰晤士报》对《20世纪世界建筑史》的评价是“迄今所有的对于20世纪建筑所做的最好指引”。另一本堪称20世纪国际建筑经典文献的是由德国建筑史学家乌尔里希·康拉德斯编写的《20世纪建筑项目与宣言》（由麻省理工学院出版社出版），至1994年已再版13次。

建筑学家梁思成是开拓北京 20 世纪建筑遗产研究的先驱。1956 年中国科学院建筑历史与理论研究室成立，梁思成任主任，主要研究 1840～1949 年北京建筑。该研究室用一年时间对北京近代各类型建筑做了调研，拍摄了数千幅照片，测绘了若干图纸。中国建筑设计研究院建筑历史研究所傅熹年院士领衔编纂的《北京近代建筑》一书，是对北京近百年建筑珍贵历史文献的结集整合。① 该书作为历史资料，让世人了解近百年内的北京；作为历史档案，它为北京城市规划和历史建筑遗产保护工作提供依据与借鉴；作为学术资料，它为深入研究北京和中国近代建筑史提供基本史料。书中建筑涉及北京的官署和办公楼、北洋军阀时期国会建筑、北京旧使馆区、旧北京的中资银行、北京近代建筑中的商店、北京基督教建筑、天主教堂及其附属建筑等。傅熹年院士在附录中强调，“从建筑史角度看，半殖民地半封建时代是北京发展史上的一个不可回避的阶段，除一些表示建筑发展的例证外，某些不尽如人意的建筑物和令人感到遗憾的风格也同样是这一时期的历史印记，它们共同反映了那个时代的整体风貌”。

张复合教授在其著作《北京近代建筑史》中说，“本书第一次从样式研究角度出发，以 19 世纪末至 20 世纪 30 年代的公共建筑为主要对象，探求洋风时期、自立时期、动荡时期三大潮流，四种建筑样式——西洋楼式、洋风、传统复兴式和传统主义新建筑的演变”。该书所展示的研究成果，尤其是北京城市改造的案例对认知 20 世纪建筑遗产的发展有很大价值。在这些改造案例中，暂不提改造正阳门瓮城和展修京都环城铁路计划，但梁思成“导师”朱启钤的贡献应大书一笔。1914 年，由内务部长朱启钤倡议，并获袁世凯总统支持，“京都市政公所”正式成立，朱启钤兼任市政督办，颁布了一系列城市建设的规章。事实上早在“京都市政公所”之前，朱启钤就从事了两大北京市政工程：一是开辟社稷坛为中央公园；二是改建正阳门城垣。规划城南的“香厂新市区”是朱启钤的又一壮举。② 历史上香厂地区指

① 中国建筑设计院建筑历史研究所编《北京近代建筑》，中国建筑工业出版社，2008。

② 中国文物学会 20 世纪建筑遗产委员会编《朱启钤与北京》，朱延琦口述，浙江摄影出版社，2024。

“南抵先农坛，北至虎坊桥大街，西达虎坊路，东尽留学路”的地段。修建市民基础设施是“香厂新市区”规划的关键，主要建筑有仁民医院、新世界商场、东方饭店。此外，素有“南有商务，北有京华”美誉的外形酷似轮船的京华印书局（位于虎坊桥十字路口），由中国近代史上第一批赴牛津、剑桥求学的留学生傅佰锐（1875～1926年）设计。该建筑平面呈三角形，地上四层，采用钢筋混凝土框架结构，1918年动工，1920年竣工，至今内部还保存北京唯一的木质导轨电梯。

二　北京20世纪建筑遗产项目及分类

（一）建筑遗产项目

2004年3月，建设部公布了《关于加强对城市优秀近现代建筑规划保护工作的指导意见》，明确了优秀近现代建筑的概念、保护方法、保护原则等内容，随后《北京城市总体规划（2004年—2020年）》将优秀近现代建筑保护的内容正式列入北京市文物建筑保护体系中。2007年末，北京市规划委员会组织编制了《北京优秀近现代建筑保护名录（第一批）》，该名录内包括71处188栋优秀近现代建筑。2014年中国文物学会20世纪建筑遗产委员会成立，在中国文物学会、中国建筑学会支持下，自2016年至2023年2月共计推介公布了7批697个中国20世纪建筑遗产项目，其中北京有项目124个，居全国第一（见表1）。

表1　北京市7批中国20世纪建筑遗产项目

序号	项目名称	批次
1	人民大会堂	第1批
2	民族文化宫	
3	人民英雄纪念碑	
4	中国美术馆	
5	北京火车站	

续表

序号	项目名称	批次
6	清华大学早期建筑	第1批
7	北京展览馆	
8	北京饭店	
9	中国革命历史博物馆*	
10	北京协和医学院及附属医院	
11	清华大学图书馆	
12	北京友谊宾馆	
13	香山饭店	
14	未名湖燕园建筑群	
15	北京和平宾馆	
16	毛主席纪念堂	
17	北京大学红楼	
18	北京电报大楼	
19	北京“四部一会”办公楼	
20	钓鱼台国宾馆	
21	首都剧场	
22	北京天文馆及改建工程	
23	国家奥林匹克体育中心	
24	北京市百货大楼	
25	北京工人体育场	
26	天安门观礼台	
27	建设部办公楼	
28	北京菊儿胡同新四合院	
29	北京儿童医院	
30	首都体育馆	
31	清华大学1~3号宿舍楼	
32	北京自然博物馆	
33	中国国际展览中心2~5号馆	
34	北京大学图书馆	
35	中国人民革命军事博物馆	第2批
36	故宫博物院宝蕴楼	
37	全国农业展览馆	
38	北平图书馆旧址	
39	民族饭店	

续表

序号	项目名称	批次
40	北京工人体育馆	第2批
41	石景山钢铁厂	
42	北京国会旧址	
43	798近现代建筑群	
44	百万庄住宅区	
45	北京大学地质学馆旧址	
46	东交民巷使馆建筑群	
47	京师女子师范学堂	
48	京张铁路南口段至八达岭段	
49	首都国际机场航站楼群(20世纪50年代、80年代、90年代)	
50	宣武门天主堂	
51	北京体育馆	第3批
52	北京长途电话大楼	
53	国家图书馆总馆南区	
54	北京人民剧场	
55	北京国际饭店	
56	北京友谊医院	
57	北京大学女生宿舍	
58	中央广播大厦	
59	炎黄艺术馆	
60	北京林业大学近现代建筑群	
61	外语教学与研究出版社办公楼	
62	北京航空航天大学近现代建筑群	
63	北京外国语大学近现代建筑群	
64	中国农业大学近现代建筑群	
65	北京科技大学近现代建筑群	
66	中央民族大学近现代建筑群	
67	北京理工大学近现代建筑群	
68	建国门外外交公寓	第4批
69	中国儿童艺术剧院	
70	前门饭店	
71	中共中央党校礼堂	
72	全国政协礼堂(旧楼)	

续表

序号	项目名称	批次
73	幸福村小区	第4批
74	北京矿业学院	
75	中国石油大学(老校区)	
76	中国地质大学(老校区)	
77	故宫博物院延禧宫建筑群	
78	北京劳动保护展览馆	
79	潞河中学	
80	北京福绥境大楼	
81	辅仁大学本部旧址	
82	台阶式花园住宅	
83	北京医学院	
84	原中央美术学院陈列馆	
85	中国科学院办公楼	
86	首都宾馆	
87	中国政法大学近现代建筑群	
88	国际大厦	
89	京华印书局	第5批
90	北京新侨饭店(老楼)	
91	清陆军部和海军部旧址	
92	中国钢铁工业协会办公楼(原冶金部办公楼)	
93	全国供销合作总社办公楼	
94	清华大学9003精密仪器大楼	
95	北京市委党校教学楼	
96	香山双清别墅	第6批
97	北京自来水厂近现代建筑群	
98	人民日报社(1980年后旧址)	
99	北京积水潭医院(老楼)	
100	文化部办公楼(旧址)	
101	北京昆仑饭店	
102	国民政府财政部印刷局旧址	
103	北京市第二十五中学教学楼(原育英中学和贝满女中旧址)	
104	中法大学旧址	
105	建国饭店	
106	北京国际俱乐部(旧址)	

续表

序号	项目名称	批次
107	北京方庄居住区	第6批
108	中日青年交流中心	
109	长城饭店	
110	梁思成先生设计墓园及纪念碑等（梁启超墓、林徽因墓、任弼时墓、王国维纪念碑等）	第7批
111	国家植物园北园展览温室（含历史建筑）	
112	北京恩济里住宅小区	
113	新疆维吾尔自治区驻京办事处	
114	北京同仁医院（老楼）	
115	北京中山公园	
116	北京大学百周年纪念讲堂	
117	北京电影制片厂近现代建筑群	
118	首都国际机场T3航站楼	
119	北京焦化厂历史建筑	
120	北京鲁迅故居及鲁迅纪念馆	
121	北京北潞春住宅小区	
122	中国人民银行总行办公楼	
123	中国科学院图书馆	
124	中国现代文学馆（新馆）	

注：1969年9月，中国历史博物馆和中国革命博物馆合并，称中国革命历史博物馆；1983年初，分设为中国历史博物馆和中国革命博物馆；2003年2月，在中国历史博物馆和中国革命博物馆两馆基础上正式组建中国国家博物馆。

（二）建筑遗产分类

1. 公共建筑

毛主席纪念堂，始建于1976年11月，1977年9月9日举行落成典礼并对外开放。其主体建筑为柱廊形正方体，南北正面镶嵌着镌刻“毛主席纪念堂”6个金色大字的汉白玉匾额，44根方形花岗岩石柱环抱外廊。2016年成为首批中国20世纪建筑遗产。虽然仅用了6个月建成，但现今建筑仍保存完整，气势依然雄伟挺拔，庄严肃穆，具有独特的民族风格。

全国政协礼堂（旧楼），1954年经周恩来总理指示开始筹建，1955

年由北京市建筑设计院赵冬日、姚丽生设计并于1956年竣工，是全国政协的会议召开场所和常委会的办公场所。其风格庄严、典雅、大方，内部厅堂华丽，门额高悬中国人民政治协商会议会徽，是新中国最重要的标志性建筑之一，尽显庄严宏伟、朴素典雅的民族风格和现代化建筑的非凡气派。

民族文化宫，是一座具有博物馆性质的民族风情展览馆，民族文化宫建筑风格独特，极具民族特色。1999年国际建筑师协会第20届世界建筑师大会上，民族文化宫被推选为20世纪中国建筑艺术精品之一。

国家奥林匹克体育中心，建筑立面造型与结构设计紧密配合，结构是斜拉双曲面组合网壳，利用钢筋佐塔筒斜拉索拉住屋脊处的立体行架，两侧网壳采用斜放四角锥，下部立面的处理手法简洁明快，浅色的喷涂墙面和深色门窗框、蓝灰色反射玻璃形成大面积的虚实对比。

此外，还有2018年第3批中国20世纪建筑遗产项目中的北京林业大学近现代建筑群、北京航空航天大学近现代建筑群、北京外国语大学近现代建筑群、中国农业大学近现代建筑群、北京科技大学近现代建筑群、中央民族大学近现代建筑群、北京理工大学近现代建筑群，2019年第4批中国20世纪建筑遗产项目中的故宫博物院延禧宫建筑群、中国石油大学（老校区）、中国地质大学（老校区）、北京医学院、中国政法大学近现代建筑群。

2. 住区建筑

从欧美建筑史看，早在19世纪初，公共建筑设计就列入建筑师的专门领域，但直到19世纪末，社会性住房作为一种设计任务才得到重视。据《中国现代城市住宅（1840—2000）》，社会性住房立法，英国是在1890年，法国是在1894年，荷兰是在1901年，意大利是在1919年，捷克斯洛伐克是在20世纪30年代，瑞典的“人人住房”福利国家建设始于20世纪40年代。国际建筑大师柯布西耶因其设计天赋及独具匠心的设计，其涉及7个国家的17项作品于2016年被列入《世界遗产名录》，重要的是在这些作品中，近80%为住宅建筑。

自20世纪50年代初便倾力从事住宅设计研究的清华大学吕俊华教授

在其领衔编著的《中国现代城市住宅（1840—2000）》中分析了中国近代城市住宅发展脉络。此外，中国建筑学会、中国勘察设计协会为鼓励住宅设计，其年度大奖中住宅设计相关作品的获奖比重在增加。之所以说分析中国城市住宅设计史是传承与创新相结合的活动，不仅是因为“居住、工作、游息与交通”是现代城市设计最基本的分类，而且居住作为城市的第一活动早在1933年的《雅典宪章》中就予以明示，1999年国际建筑师协会第20届世界建筑师大会上吴良镛院士起草的《北京宪章》也强调，住宅问题是社会问题的表现形式之一，也是建筑师应履行的重大职责之所在。1976年《温哥华人居宣言》强调建筑师要担负起与住宅相关的64项建议任务。

以下初步归纳新中国北京住宅类型。①

连排平房和单元楼。新中国成立初期，住宅需求量激增。当时受资金、建材、技术和施工等诸多条件的限制，新建住宅基本上是砖木结构单层建筑，连排成片，平面设计，有一室户、一室半户、二室户几种布局，每户除了居室，还有3~5平方米的辅助面积。这个时期，也建造了为数不多的两层花园式住宅和三层住宅，如复兴门外的邻里住宅。1953年开始学习苏联大单元设计，在三里河、百万庄设计建造了20万平方米的住宅，在西直门、和平里各设计建造了2400间和5000间住宅。

邻里与街坊。1953年，随着苏联援建项目的实施，同时引进了以街坊为主体的工人生活区。如北京东郊棉纺厂生活区、酒仙桥生活区。这样的生活区由若干周边式的街坊组成，每个街坊占地1~2公顷，住宅沿四周道路边线布置，围合成一个个内部庭园，布局强调轴线和对称。托儿所、幼儿园设在街坊内部，商场等公共服务设施临大街布置，方便职工下班时顺便使用。这样的生活区与旧街区相比，其突出的不同之处在于住宅围合的内部庭园较为宽敞，有较多的绿化空间，且不受外界干扰。但因追求图面形式，忽

① 赵景昭主编《住宅设计50年——北京市建筑设计研究院住宅作品选》，中国建筑工业出版社，1999。

视了部分住宅的日照通风，同时，也没有很好结合原有的自然环境。同期建造的有百万庄住宅区，占地约 19 公顷，其中心是一块约 2 公顷的公共绿地，周围由六个住宅街坊和一组花园或住宅组成。1955 年提出的“成街成坊”的建设原则在街坊的基础上有所前进。某些住宅区考虑了街坊与街道的关系，提高了建筑层数和密度，注意到了节约用地，如永安路附近的一片住宅。

住宅更新。1978 年十一届三中全会召开，北京的城市面貌发生了新变化。从 1978 年开始，北京市的住宅设计和小区规划工作经历了一个更新观念、改革创新的过程。在实践中以科技为先导，以市场需求为动力，试点引路，点面结合，不断探索大力推进住宅设计质量和水平的提高，标志性的住宅技术体现在建筑抗震、建筑防火、建筑节能、墙体改革、厨卫改革、门窗更新、采暖通风等方面，也涌现了大量住宅设计优秀方案。

案例一：方庄居住区规划设计。方庄位于北京城东南，占地 147.8 公顷，总建筑面积约 200 万平方米，曾是北京市最大的住宅开发区，由芳古园、芳城园、芳群园、芳星园组成。芳古园、芳城园两个小区北临南二环，与龙潭湖隔路相望，芳古园有文化体育中心和较大的花园绿地，芳城园位于二环路南端。在这里第一次进行了高层高密度的设计，两组高层连塔弯曲围合，形成高楼、绿地大花园的格局，为居民创造了就近休憩、交往的宽绿色空间，也为北京城东南塑造了一组现代、挺拔的建筑景观。

案例二：亚运村规划和公寓设计。为迎接第十一届亚运会，于 1986 年开始组织了奥林匹克体育中心、亚运场馆和亚运村的规划设计，其中亚运村的规划把握了统一中求变化的原则。尽管亚运村包括酒店、写字楼、会议中心康乐宫、运动员公寓等，但在规划上做到了功能布局合理，公寓设计不拘一格，以塔式、短板、折板、跃廊等多种多样的大规模体系住宅形成变化丰富的组团或开放序列。在建筑造型群体组合、色彩运用、造园艺术上给人以全新的感受，不仅满足了亚运会期间的使用功能需求，也为会后的使用创造了良好的条件。

案例三：北京菊儿胡同新四合院。它采用建立在“有机更新”理论上的小规模改造原则，发动社区参与危改和组织居民住房合作社，是城市危房改造和居民住房体制改革的成功尝试，传承且发扬了北京传统文化中不可分割的住宅文化，得到国际学术界的重视，1992 年获“亚洲建筑师协会设计金奖”，在 1993 年世界人居日获得“1992 年世界人居奖”，2016 年成为首批中国 20 世纪建筑遗产。

3. 工业建筑

工业遗产记录了经济社会发展的时代特征与风貌，在时代变迁中它发挥了独特的作用。如今能否唤醒沉睡的记忆，让工业遗产为城市更新服务、为文化创意产业服务是一个重要的课题。1949 年以来，北京工业经济发展迅速，“一五”期间（1952～1957 年）就完成了从消费城市向生产城市的转变，到 20 世纪 70 年代中后期，第二产业已占北京市国民经济总量的 71.1%。到 20 世纪末期，在“退二进三”政策驱动下，以服务业、文化创意产业为代表的第三产业产值超过第二产业，标志着北京已全面迈向后工业化时代。[①] 早在 2009 年北京市规划委员会、北京市工业促进局、北京市文物局就共同颁布《北京市工业遗产保护与再利用工作导则》，共 19 条，其强调的遗产保护重点：1949 年前民族工业企业，官商合营及中外遗存；“一五”及“二五”期间工业企业；1966 年后的有影响力企业；改革开放后具有代表性的企业。

在第 1 批至第 7 批北京的中国 20 世纪建筑遗产项目中，推介的工业遗产有：北京火车站（第 1 批）、石景山钢铁厂（第 2 批）、798 近现代建筑群（第 2 批）、京张铁路南口段至八达岭段（第 2 批）、首都国际机场航站楼群（20 世纪 50 年代、80 年代、90 年代）（第 2 批）、北京长途电话大楼（第 3 批）、中央广播大厦（第 3 批）、京华印书局（第 5 批）、北京自来水厂近现代建筑群（第 6 批）、首都国际机场 T3 航站楼（第 7 批）、北京焦化厂历史建筑（第 7 批）。

案例一：京华印书局“船楼”。其是北京印刷业最早的工厂，是早期钢

① 刘伯英：《中国工业建筑遗产研究综述》，《新建筑》2012 年第 2 期。

筋混凝土建筑。北京近现代工业始于1879年。京华印书局这座“古老的船楼”，也是较早的北京工业建筑，不仅是难得的公共城市景观，也是北京近代稀缺的城市文化资源，众多文化名人的书籍在此印刷，享有“南有商务，北有京华”的美誉，2003年被推介为第5批中国20世纪建筑遗产项目。

案例二：京张铁路及沿线遗产。就历史人文与科技创新价值看，京张铁路百年遗产价值远未被充分挖掘。从建设中华民族现代文明讲，京张铁路的构筑物及建筑物都是中国近代史、中国铁路发展史、中华民族自力更生史的见证，总工程师詹天佑更是我国杰出的爱国工程师，被誉为“中国铁路之父”。从科学与艺术价值看，它的技术突破、艺术成就都留存在车站、桥梁、隧道等遗存中；就生态文明价值讲，铁路穿稻田、林地与河流，塑造了不同的环境生态；就文化旅游讲，“慢游京张铁路”，也许是不同于快速“高铁”的新名片。但从遗产保护现状看，不仅站房、机车厂等建筑遗存损毁严重，线性遗产相关站点资源也未被激活，如西直门车站位于封闭的院场中，普通游客无法参观；新清华园站由于线路改造而空置；青龙桥站虽有展览室及詹天佑纪念像，但大门紧锁；宣化站等与南口站一样，只有买票乘车才可进入；张家口站则处于废弃状态，无标识说明，已湮没在张家口市的老旧居民区中。归结其保护传承“再利用”的思路，至少有如下三方面。一是需根据京张铁路沿线遗产本体不同情况和所处环境，制定保护传承方案；二是需构建京张铁路遗产文化带（与长城、西山、大运河）大遗产群，构建整体的文旅保护展示体系；三是将传统京张铁路遗产资源挖掘和现代科技手段相结合，进行多维度、多载体的体验式展示等。

三　走近中国20世纪建筑巨匠

20世纪建筑遗产是物质功能需求的产物，也是精神文化需求的产物，也许建筑所能满足的物质功能需求会随时间推移及建筑物的老化而减弱，但建筑文化的特质会随历史的沉淀而愈加凸显，这不仅是文化之力，更是建筑师的贡献之力，“人如其城，城如其人”。20世纪建筑遗产的历史至少可以展现三个维度之变：其一，国与国之间发展之对比的变化；其二，文明与文化中心的转移与变化；其三，科技进步与生存环境之变。被西方社会誉为“20世纪最伟大的历史学家”的汤因比（1889～1975年），在考察了世界上26个社会文明后预言，中国文明将为未来世界转型和21世纪人类社会提供文化宝藏和思想资源。事实上，这也启示我们在用与世界对话的姿态讲述中国20世纪建筑历史与贡献时，中国建筑师的作用与业绩必须得到彰显。继《中国四代建筑师》① 等著作后，2005年建筑学编审杨永生与刘叙志、林洙共同创作了《建筑五宗师》②，此五宗师都是中国20世纪开创建筑教育与设计研究的先贤，包括吕彦直（1894～1929年）、刘敦桢（1897～1968年）、童寯（1900～1983年）、梁思成（1901～1972年）、杨廷宝（1901～1982年），他们是20世纪经典建筑作品的设计者，也是用现代方法研究和传承中国建筑思想的教育家。对于他们的成就，可用奠基、谱系、贡献、比较、接力予以价值归纳。

- 奠基：中国几代建筑师的北京实践，承上启下、中西交错、新老并存，科技与文化的发展推动新建筑体系与框架的创立；
- 谱系：中国几代建筑师（含部分工程师）的非凡成就（作品、著述）与精彩人生串联起20世纪初迄今的北京建筑师集体；
- 贡献：既有经典的几代建筑师的重要项目展示了中国建筑设计科技进步的重要“节点”，人们跟随建筑师与工程师成长的脚步不但可进入建造现场，更可从傲然而立的地标、城市身份标识及精神象征中，感悟当年设计者的不凡；
- 比较：在同一时间年表上，既对比外国著名建筑师的职业行为及所思，也对比中外建筑师在几乎同时代的北京作品与思想，可发

① 杨永生：《中国四代建筑师》，中国建筑工业出版社，2002。
② 杨永生、刘叙杰、林洙：《建筑五宗师》，百花文艺出版社，2005。

现中国几代建筑师的特殊价值，增强中国建筑文化的自信；

- 接力：正如梁思成所述，“建筑，不只是建筑，我们换一句话说，可以是‘文化记录’，是历史”。中国几代建筑师接力，谱写百年北京建筑经典篇章。

杨永生在《中国四代建筑师》一书中评述了第一代建筑师的贡献，同时也指出他们的困惑：中国建筑界凭借第一代建筑师的才华和学贯中西的素养及他们爱国与敬业精神，完全可以在设计与理论上有重大突破，遗憾的是，由于身处特殊历史时期，他们中不少人遗憾地退出设计与研究舞台。在论及他们的历史功绩时，杨永生归纳了三方面：他们除发扬传统文化外，还设计了现代主义风格的建筑；他们对中外古代及近现代建筑做出开拓性设计研究；他们不仅是学贯中西的四代建筑师中学养最深厚的英杰，更培养了第二代、第三代建筑师，且开创了中国高等建筑教育。

为北京近现代城市发展做出贡献的第一代建筑师主要有：沈琪、贝寿同、华南圭、庄俊、沈理源、吕彦直、关颂声、汪申伯、朱彬、杨锡镠、梁思成、杨廷宝、林徽因、过元熙、王华彬等。①

华南圭，1904 年留学法国修土木工程（含建筑专业），是法国公益工程大学的第一个中国留学生。1911 年归国后历任交通部技正、京汉铁路总工程师、天津工商学院院长和北平特别市工务局局长等职，还创办交通传习所（北京交通大学前身）土木科（1913 年），创办天津工商学院建筑系（1937 年）。20 世纪 50 年代初任北京都市计划委员会总工程师。著书约 30 部，其中建筑建材类著作有《房屋工程》（初版 1919 年、1920 年）、《建筑材料撮要》（1919 年）、《铁筋混凝土》（1925 年）等。还发表了《房屋工程之铁筋混凝土》（1917 年）、《中西建筑式之贯通》（1928 年）等数篇文章。协

① 中国建筑学会建筑师分会、中国文物学会 20 世纪建筑遗产委员会：《中国第一代建筑师的北京实践》，2021 年。

助朱启钤（1872~1964 年）设计北京中山公园（1915 年始），负责园内建筑和整体规划。其在北京的建筑作品还有无量大人胡同 18~20 号别墅（自宅，1914 年）、北京协和胡同 6 号西式住宅小楼（1915 年）等。①

杨锡镠，1921 年毕业于南洋大学土木工程系（上海交通大学的前身），1924~1929 年在黄元吉开办的凯泰建筑公司任建筑师，1925 年在南京中山陵设计方案竞赛中获三等奖，1926 年在广州中山纪念堂设计方案竞赛中获二等奖，1930 年在上海开办杨锡镠建筑师事务所，并任《中国建筑》杂志发行人，1934 年任上海《申报》建筑专刊主编，1949 年后当选中国建筑学会第一届至第四届理事会理事，1954 年后任北京市建筑设计研究院总建筑师。1949 年后主要设计作品有北京陶然亭游泳场、北京太阳宫体育馆、北京工人体育馆、北京工人体育场、中国科学院物理研究所、北京展览馆剧场（改造）等。在谈到中国第一代建筑师的建筑作品时，中国科学院院士郑时龄教授在《上海近代建筑风格》中曾指出：近代建筑主要是由外国人设计的历史是误读。他在梳理史料时发现，1910~1920 年，上海 21.8%的事务所由中国工程师所掌控。到 20 世纪 30 年代，51%的中国人成立了自己的事务所，外国人独立经营的事务所比例降至 44%，这种情况在上海尤为显著，他尤其认为杨锡镠在中西结合的设计上与外国建筑师相比毫不逊色。如有“东方第一乐府”之美誉的百乐门舞厅，1931 年开工，1932 年建成，共投资 70 万两现银，建筑外观采用美国近代前卫的 Art Deco 装饰艺术建筑风格，舞池内独特的弹簧地板是其最大特点，这种跳舞时能晃动的地板，使舞者更具激情，新颖的设计当时轰动了全中国。②

为北京近现代城市发展做出贡献的第二代建筑师主要有：张镈、华揽洪、林乐义、陈登鳌、贝聿铭、欧阳骖、关肇邺等。

张镈，1934 年毕业于中央大学建筑系，1990 年被评为首批全国工程勘

① 华新民编《华南圭选集——一位土木工程师跨越百年的热忱》，同济大学出版社，2022。

② 北京市建筑设计研究院有限公司编《五十年代“八大总”》，天津大学出版社，2019。

察设计大师。其主持设计了人民大会堂（与赵冬日合作）、民族文化宫、北京友谊宾馆、北京自然博物馆、北京饭店（东楼）、民族饭店等。

关于张镈 60 多年的创作生涯，马国馨院士有诗一首“总师建院五十年，吃堑长智肺腑言，师承杨梁研古例，博采中西制今篇，‘民族’挺立成伟业，‘人大’巍峨聚英贤，一代大师乘鹤去，长留念记在人间”。北京市建筑设计研究院曾这样归纳张镈先生的建筑学术成就：建筑界享有盛誉的张镈大师生前主持并指导设计了百余项重大工程，其主持参与工程数量之多、实践之丰富、艺术造诣之深、设计水平之高均堪称建筑师的楷模。北京市原常务副市长张百发在交谈时也说：人们只要看一眼他在天安门广场、长安街留下的作品，就会顿时感到他是一位不平凡的建筑设计大师。①

1993 年 8 月至 1994 年 6 月首都建筑艺术委员会组织的“群众喜爱的具有民族风格的新建筑”评选取得巨大成功，获奖的 50 座建筑是从 148 个候选项目中产生的，共有来自社会各界人士的选票 13 万张。这是一次与电影“百花奖”相似的评选，这是一次有意义的“民意测验”。张镈设计的民族文化宫列第一名，他和赵冬日共同设计的人民大会堂荣列第二名，这绝非偶然，足以反映出一代大师的深厚功力。此外，民族文化宫曾被英国出版的《世界建筑史》列为新中国第一宫；1999 年，又在第 20 届世界建筑师大会上被评选为当代中国建筑艺术精品之一。②

华揽洪，1912 年 9 月 16 日生于北京，毕业于巴黎土木工程学院和法国国立美术学院，获得国家建筑师和土木工程师双重文凭，1937~1951 年在法国执业，1951~1954 年任北京市都市计划委员会第二总建筑师，1955 年以后任北京市建筑设计院总建筑师。其主持设计项目有北京儿童医院、幸福村小区等。③

---

① 北京市规划委员会、北京城市规划学会主编《北京十大建筑设计》，天津大学出版社，2001。

② 杨永生主编《张镈：我的建筑创作道路》，天津大学出版社，1994。

③ 华新民：《怀念我的父亲——建筑师华揽洪》，《北京青年报》2012 年 12 月 25 日。

以下选自华揽洪之女华新民撰写的回忆华揽洪的文章《怀念我的父亲——建筑师华揽洪》。

> 1952年，在都委会，北京市政府请父亲设计一所大型的有600张病床的儿童医院，选址在复兴门外的一片田野上，即今天的南礼士路。这所医院的院长将是著名儿科专家诸福棠。父亲先一个人做了草图，后来做初步方案时，政府又派来了几位帮手，其中最得力的是年轻有为的建筑师傅义通和一位儿科医生。在整个设计的过程中，父亲与诸福棠一直保持着沟通，随时交换意见，同时也倾听外科医生、化验员、护士和厨师等的想法。两年后儿童医院建成，实用、体贴：病房全部朝南，背阴部分作为治疗、配餐及处置室等，且每个病房都设有游戏室；为营造明快鲜亮的气氛，儿童病房的天花板和墙壁为黄色，为保护婴儿的眼睛，婴儿病房为绿色……而在建筑立面上，他使用了与北京古城呼应的青砖做墙壁，做了传统格饰的栏板，在山墙部位错落开窗，把檐部稍做角部起翘使之产生中国建筑飞檐的神韵，还与下部开窗的比例配合；为避免在市区内暴露烟囱和损害整体格局，巧妙地把烟囱包在水塔里面，使用上则两个功能并存。整所医院古朴简洁，透过比例与尺度及各种细节彰显出其美好。多年之后，这所儿童医院被英国著名的《弗莱彻建筑史》第十九版收录，作为一部现代主义在中国的经典之作。

林乐义，1916年出生，1937年毕业于上海沪江大学，曾任建设部建筑设计院总建筑师、顾问总建筑师。林乐义先生毕生努力给中国乃至世界留下丰富的建筑作品，受世人所敬重，其中首都剧场、北京电报大楼、青岛一号工程、北京国际饭店4项作品荣获中国建筑学会建筑创作奖，在世界建筑界最具权威的建筑通史英国《弗莱彻建筑史》庆祝出版百周年的第20版中收录了林乐义先生设计的首都剧场、北京电报大楼、北京国际饭店3项作品。林乐义先生的学术成就还表现在建筑论著与建筑教育方面，他参与主编的《建筑设计资料集》已成为中国建筑师的案头工具书。他强调的设计思想是：风格是上层建筑，它是在一定的社会经济基础上发展起来的，它是社会经济基础的产物和反映。①

陈登鳌，1916年出生，1937年毕业于上海沪江大学，曾任建设部建筑设计院顾问总建筑师，1990年被评为全国工程勘察设计大师。新中国成立初期与中央军委机关有关的几个主要建筑项目都由陈登鳌先生主持设计，包括军委北京三座门礼堂（1951~1952年）、军委北京西郊军训部大楼（1952~1953年）、军委北京地安门机关宿舍大楼（1953~1954年）、军委北京北海办公大楼（1953~1955年）。其主持设计的主要建筑作品还包括：中央军委景山机关宿舍大楼、洛阳三厂住宅区第一期工程、北京火车站（与南京工学院合作，获建工部1962年优秀设计工程奖）、几内亚共和国国家大会堂、北京市住宅设计方案（1979年获设计竞赛新设想奖）。②

贝聿铭，1917年出生，先后在麻省理工学院和哈佛大学学习建筑，1979年获得美国建筑学会金奖，1983年第五届普利兹克奖得主，1986年美国总统里根颁予其自由奖章。1979年，改革开放刚刚起步的中国政府邀请贝聿铭设计香山饭店。贝聿铭根据自己的一贯想法——“越是民族的，越是世界的”，走访了北京、南京、扬州、苏州、承德等地，最终设计出一个构筑一系列不规则院落的方案，使香山饭店与周围的水光山色、参天古树融为一体，成为具有浓郁中国风格的建筑。贝聿铭在接受采访时说：“中国的建筑不能重返旧式的做法。庙宇和宫殿的时代不仅在经济上使建筑师们可望不可及，而且在思想上不能为建筑师们所接受。我希望尽自己的浅薄之力报答生育我的那种文化，并能尽量帮助建筑师们找到新方式……”③

欧阳骖，1922年出生，1946年毕业于北京大学工学院建筑系，北京市建筑设计研究院教授级高级工程师。其主持完成的经典项目有：北京六一幼

---

① 中国建筑设计研究院有限公司主编《重读经典——向前辈建筑师致敬》，中国建筑工业出版社，2022。

② 北京市建筑设计研究院有限公司、中国文物学会20世纪建筑遗产委员会主编《中国20世纪建筑遗产大典》（北京卷），天津大学出版社，2018。

③ 中国文物学会20世纪建筑遗产委员会编著《中国20世纪建筑遗产项目名录》（第一卷），天津大学出版社，2016。

儿园、北京积水潭医院、北京八大处佛牙舍利塔、中国人民革命军事博物馆、北京工人体育场、北京三里屯使馆区规划及设计、中央广播事业局广播剧场、中央电视台洗印车间、中央人民广播电台（部分）、中央广播事业局8号和14号发射台、中央广播事业局咸阳发射台、东北农垦大学规划、海南岛热雨院规划、北京大兴团河行宫修复规划方案等。

以下为欧阳骖之女欧阳完颜撰写的回忆欧阳骖的文章（节选）。[①]

> 我曾听父亲讲过，1949年初，党中央进驻北京城前是住在香山双清别墅办公的。我父亲说当时需要他们技术人员设计中央需要的图纸，所以他们也在香山办公。父亲说从他的绘图办公窗向外看，常常可以看到毛主席在外散步的身影。父亲每讲到这时，脸上总是有种自豪的喜悦感。由于香山几次修整，现在已看不到原来父亲画图的房子了。听父亲说，当时三里屯使馆区建成后，在那里召开的一次酒会上，父亲作为设计者被邀请出席了酒会。父亲兴奋地端着酒杯走着看着自己设计建成的每个房间。当他推开一间房门时，看见敬爱的周恩来总理在里面，总理的平易近人让他永生难忘。

关肇邺，1929年出生，1952年毕业于清华大学建筑系，清华大学教授，中国工程院院士，全国工程勘察设计大师。其主持设计项目主要有清华大学图书馆新馆、北京大学图书馆等。[②] 1982年他在设计清华大学图书馆新馆时就倡导“尊重历史、尊重环境、为今人服务、为先贤增辉”，在空间、尺度、色彩和风格上保持了清华园原有的建筑特色，既富有历史的延续性，又不拘泥于原有的建筑形式，透出时代气息。关肇邺引用杨廷宝教授曾说过的话，“在完整的建筑群中新建和扩建，有时并不一定要表现你设计的那个个

---

① 北京市建筑设计研究院有限公司、中国文物学会20世纪建筑遗产委员会主编《中国20世纪建筑遗产大典》（北京卷），天津大学出版社，2018。

② 《首届梁思成建筑奖获奖者关肇邺院士及主要代表作品》，http：//www.chinaasc.org.cn/news/127757.html。

体，而要着眼于群体的协调”。关肇邺完成了杨廷宝1931年扩建清华图书馆项目，其设计不仅使清华大学图书馆新馆成为清华园和谐整体中有时代感的一员，更成为对建筑学家杨廷宝最好的纪念。

四　结语与建言

本报告以历史为轴，梳理古都北京现代建筑的发展脉络，尽览20世纪建筑遗产的缤纷之美。观天下以行大道，是中国文物学会20世纪建筑遗产委员会在20世纪建筑遗产理论与实践沃土上耕耘不止的理由，也体现了为中国式现代化北京城市建设，构建自主知识体系、提供中国方案的设计责任。[①] 北京是联合国教科文组织框架下的“设计之都”，需要一个面向国际的北京现代建筑文化推介规划。

从发展动力上，要找到北京现代建筑设计的制高点。

从价值牵引力上，确定目标值，从提升北京现代建筑及设计大师国际化影响力出发，宜从地方立法角度将《20世纪建筑遗产保护条例》纳入北京城市高品质发展的立法体系之中。

其一，要在现有对历史建筑保护基础上注入《世界遗产名录》中的20世纪建筑遗产的理念、项目与方法。有组织、有针对性地展开中外建筑现当代遗产属性与价值的研究，为全面提升北京在世界建筑师协会中的地位奠定基础。

其二，要在《北京历史文化名城保护条例》的基础上，研究《北京20世纪建筑遗产项目保护条例》，做到与《北京历史文化名城保护条例》相协同。

其三，北京的20世纪建筑遗产，尤其是新中国建筑遗产（含工业遗产）是北京历史文化名城及历史建筑的重要组成部分，不仅需要挂牌保护

① 关肇邺、吴耀东主编《20世纪世界建筑精品1000件》（第九卷），吴耀东等译，生活·读书·新知三联书店，2020。

及修缮更新，更要按国际准则，积极将同一类型的建筑遗产申报全国重点文物保护单位，如“国庆十大工程”的北京火车站已是第 8 批全国重点文物保护单位，应考虑将“国庆十大工程”及历届北京十大建筑的项目，整体打包申请全国重点文物保护单位。其意义不仅在于使“北京十大工程”有整体遗产身份，更在于推动古都北京建筑现代化。

其四，北京应率先讲好中国几代建筑师的“故事”。从全国 20 世纪建筑遗产项目推介与传播看，讲述入选项目的多，但讲述建筑师故事及人生创作历程的少，课题组曾调研过在京高校建筑学研究生，不知“国庆十大工程”由谁设计的为数不少，这从一个侧面反映了建筑师教育的问题，不少建筑学子的视野有待扩展。据此，要专项研究并设计完整的中国北京几代建筑师教育教学规划，为推出北京建筑面向世界的“2029 计划”而竭尽全力。

B.3

北京历史文化街区建筑遗产保护利用研究报告

——以东四历史文化街区为例

齐 莹　张秋妍*

摘　要： 本报告通过对东四历史文化街区这一典型历史文化街区中的历史建筑进行遗产梳理、价值挖掘、空间评价，指出现阶段北京历史文化街区保护利用中存在的主要问题，如文化挖掘和历史研究欠缺，建筑空间保护和利用形式单一、政府财政依赖性强，街区人文传承后续乏力，社区有机联系削弱、情感凝聚力不足等。对此提出保护利用的策略建议：在研究层面，整合文化资源搭建数字化平台，收集、展示及研究并行；在建筑层面，进行老旧院落修复提升的试点实践并形成技术规程；在运维层面，加强云端文旅建设，文化 IP 线上销售、遗产认领等多举措并行；在策划层面，激发文旅活力，打造主题游览线路；在社区层面，推动历史文化街区业主委员会参与公共空间整治提升。

关键词： 历史文化街区　建筑遗产　东四历史文化街区

* 齐莹，博士，北京建筑大学建筑与城市规划学院历史建筑保护系主任，副教授，北京建筑文化研究基地副主任，主要研究方向为建筑遗产保护；张秋妍，北京建筑大学建筑与城市规划学院硕士研究生，主要研究方向为建筑遗产保护。

一 引言

我国是文物大国，北京更是拥有大量令人瞩目的建筑遗产。北京市现存33片历史文化街区，大约占老城核心区的1/3，北京的世界文化遗产及各级文保建筑大都坐落在这些区域。尽管这些具有文保身份的建筑已经得到较为全面保护，但由于北京历史文化街区规模庞大，历史文化积淀深厚，还有很多历史建筑及遗产尚未得到充分的研究以致于无法得到有效保护利用。本报告以东四历史文化街区为例，就其建筑遗产保护利用现状进行分析，进而分析其面临的主要问题并就后续保护利用提出策略。

二 北京历史文化街区保护利用现状概述

（一）相关概念与范畴

1. 历史文化街区

1986年我国公布第2批历史文化名城时首次提出历史文化保护区概念，规定“一些文物古迹比较集中，或能较完整地体现某一历史时期的传统风貌和民族地方特色的街区、建筑群、小镇、村寨等，可根据其历史、科学、艺术价值，公布为历史文化保护区”。2002年《中华人民共和国文物保护法》修订后正式提出历史文化街区称谓，“保存文物特别丰富并且具有重大历史价值或者革命意义的城镇、街道、村庄，并由省、自治区、直辖市人民政府核定公布为历史文化街区、村镇，并报国务院备案”①。

北京老城内共公布3批33片历史文化街区（见表1），分别是第1批南长街、北长街、西华门大街、南池子、北池子、东华门大街、文津街、景山

① 《中华人民共和国文物保护法》第14条。

前街、景山东街、景山西街、陟山门街、景山后街、地安门内大街、五四大街、什刹海地区、南锣鼓巷、国子监—雍和宫地区、阜成门内大街、西四北头条至八条、东四北三条至八条、东交民巷、大栅栏、东琉璃厂、西琉璃厂、鲜鱼口；第2批皇城、北锣鼓巷、张自忠南路、张自忠北路、法源寺；第3批新太仓、东四南、南闹市口。

表1　北京老城内历史文化街区

单位：公顷

编号	批次	名称	范围	规模
1	第1批	南长街	南至西长安街，北至西华门大街	30.38
2		北长街	位于皇城历史文化街区内，紫禁城西侧，西华门外	
3		西华门大街	东至故宫西华门，西至中南海西苑门	
4		南池子	东起磁器库胡同，西至南池子大街，北起东华门大街，南临缎库胡同	75.33
5		北池子	东以东黄城根南街为界，西以筒子河为界，北至五四大街，南邻东华门大街，与南池子相连	
6		东华门大街	东至东安门，西至故宫东华门	
7		文津街	东至北长街，西至府右街	100.44
8		景山前街	位于故宫紫禁城筒子河与皇家园林景山之间	
9		景山东街	位于景山公园东侧	
10		景山西街	北起景山后街，南至景山前街	
11		陟山门街	东至景山西街，西至北海公园东门	
12		景山后街	东起景山东街，西至景山西街，全长482米	
13		地安门内大街	南至景山后街，北至地安门路口，全长550米	
14		五四大街	东起东四西大街，西至景山前街，全长740米	
15		什刹海地区	旧鼓楼大街以东，草厂胡同以西，北二环以南，鼓楼东大街以北	298.4
16		南锣鼓巷	东至交道口南大街，西至地安门外大街，南至平安大街，北至鼓楼东大街	84
17		国子监—雍和宫地区	东起东直门北小街西侧的育树胡同、炮局头条、后永康胡同、东城煤炭一厂、华侨饭店用地东边界，西至安定门内大街，北起北二环东路，南至北新桥三条、方家胡同	62.39

续表

编号	批次	名称	范围	规模
18	第1批	阜成门内大街	东起西四南、北大街，西至阜成门二环路，北到西四北头条、大茶叶胡同及东弓匠胡同、西弓匠胡同，南以羊肉胡同、太平桥大街、大麻线胡同、锦什坊街及民康胡同为界	70.38
19		西四北头条至八条	西起赵登禹路，东至西四北大街，南起阜成门内大街，北至平安里西大街	35
20		东四北三条至八条	东四北大街以东，朝阳门北小街以西，东四十条以南，朝阳门内大街以北	54.4
21		东交民巷	东接崇文门内大街，西至天安门广场东侧，南临前门东大街，北面东长安街	62.24
22		大栅栏	西起南新华街，东至珠宝市街，南至珠市口大街，北至前门西大街	115
23		东琉璃厂	西至西城区的南北柳巷，东至西城区的延寿街	
24		西琉璃厂		
25		鲜鱼口	东至草场十条，西至前门大街，南至薛家湾胡同、得丰西巷、小席胡同、大席胡同，北至经西打磨厂、长巷四条路	20.12
26	第2批	皇城	东至南北河沿一线，西至西黄城根一线，南起长安街，北到平安大街	683
27		北锣鼓巷	东至安定门内大街，西至什刹海保护区东界，南至鼓楼东大街，北至车辇店、净土胡同	46
28		张自忠南路	东至东四北大街，西至美术馆后街，南至钱粮胡同，北至张自忠路	62.81
29		张自忠北路	东至东四北大街，西至交道口南大街，南至张自忠路，北至香饵胡同	42.11
30		法源寺	东至菜市口大街，西至教子胡同，南至南横西街，北至法源寺后街	21.5
31	第3批	新太仓	东至东直门内南小街，西至东四北大街，南至东四十条，北至东直门内大街	56.88
32		东四南	西起东四南大街，东至朝内南小街，南至金宝街，北至朝阳门内大街	72.98
33		南闹市口	东至宣武门内大街，西至闹市口大街，南至宣武门西大街，北至文昌胡同、东铁匠胡同、教育街	61.2

资料来源：根据《北京旧城25片历史文化保护区保护规划》与北京市各区人民政府网站资料整理。

北京市老城内的33片历史文化街区，总面积约2055公顷，约占老城总面积（约6260公顷）的33%。与伦敦、巴黎、阿姆斯特丹等欧洲城市相比，北京历史文化街区所占面积比例较小。这些历史文化街区集中展现了古都营建历史与传统胡同、四合院风貌，是城市价值的一部分。同时北京作为首都有着国际交往中心的身份，定位为全国政治、文化、国际交往、科技创新中心。其历史文化街区的保护工作不仅要针对各片街区现状特点，制定保护政策，更要结合时代目标推进更新建设，提升区域生活品质，做好历史文化和现代生活的融合。

2. 建筑遗产/北京优秀历史建筑

《历史文化名城名镇名村保护条例》中，历史建筑是指经城市、县人民政府确定公布的具有一定保护价值，能够反映历史风貌和地方特色，未公布为文物保护单位，也未登记为不可移动文物的建筑物、构筑物。

住建系统发布的《历史文化街区划定和历史建筑确定标准（参考）》将历史建筑定义为未公布为文物保护单位，也未登记为不可移动文物的居住、公共、工业、农业等各类建筑物、构筑物，并具备如下条件之一，即突出的历史文化价值、较高的建筑艺术特征、一定的科学文化价值、其他价值特色。

北京市规划和自然资源委员会在《北京历史文化街区风貌保护与更新设计导则》中将历史建筑分为挂牌保护院落、优秀近现代建筑、工业遗产等6类。在由北京市规划和自然资源委员会发布的《认识身边的历史建筑》科普书籍中，历史建筑分为合院式建筑、近现代公共建筑、工业遗产、居住小区和其他建筑等5类（见表2）。前者是基于建筑历史文化价值的分类，根据建筑现状、保护价值等条件确定历史建筑的具体分类。后者是从历史建筑保护角度出发，认为历史建筑保护是历史文化名城保护体系中不可或缺的环节。不同类型的历史建筑维护和修缮的重点各有差异，因此依据建筑形式、历史使用功能、建筑年代等对历史建筑进行分类保护。

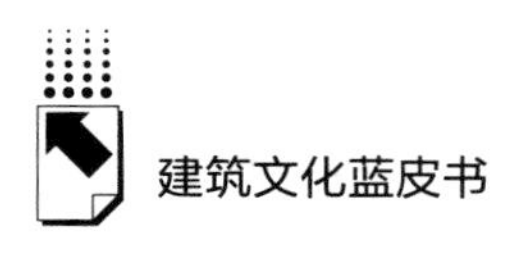

表 2　历史建筑分类

分类		具体定义
《北京历史文化街区风貌保护与更新设计导则》	挂牌保护院落	现状条件较好、格局基本完整、建筑风格尚存、形成一定规模、具有保护价值的建筑(院落),由区级政府挂牌保护
	优秀近现代建筑	19 世纪中期至 20 世纪 70 年代中期建造,现状遗存保存较为完整,能够反映北京近现代城市发展历史,具有较高历史、艺术和科学价值的建筑物(群)、构筑物(群)和历史遗迹,已列入《北京优秀近现代建筑保护名录》
	工业遗产	与重要历史事件、革命运动、著名人物(居住或工作地)或著名(珍贵)物品相关,具有一定纪念意义的建筑物或构筑物,包括名人旧居、会馆等,但未列为不可移动文物
	有纪念意义的建筑	与重要历史事件、革命运动、著名人物(居住或工作地)或著名(珍贵)物品相关,具有一定纪念意义的建筑或构筑物,包括名人旧居、会馆等,但未列为不可移动文物
	其他具有保护价值的传统四合院建筑(院落)	现状条件与挂牌保护院落相同或近似的传统四合院风格建筑(院落),但尚未挂牌保护
	其他具有保护价值的近现代建筑(院落)	已建成 50 年或 50 年以上,现状条件与优秀近现代建筑、工业遗产等相同或近似的近现代风格建筑(院落),但尚未列入名录。建成未满 50 年但具有特别的历史、科学、艺术价值或具有非常重要纪念意义、教育意义的也可列入
《认识身边的历史建筑》	合院式建筑	清代至民国时期,四面房屋围合成独立院落,多为中式传统风格。建筑功能多为居住,民族特色民居、名人旧(故)居、教职工合院住宅、民国住宅、传统村落民居等,少量会馆、寺庙、商业等
	近现代公共建筑	1840 年以后的公共建筑,风格包括苏式、西方现代主义、文艺复兴、新古典主义等多样风格。建筑功能包括办公、文化、教育、医疗、体育等,建筑保护类型包括优秀近现代建筑、各时期十大建筑、20 世纪建筑遗产等重要建筑
	工业遗产	建于 1949~1979 年,工业发展进程中形成的具有较高经济社会、历史文化、科学技术、建筑艺术价值的建(构)筑物及设备、产品、工艺流程等。多为工业厂房、煤矿、水库、水电站等

续表

分类		具体定义
《认识身边的历史建筑》	居住小区	建于1949~1979年或者1980年后的成片居住小区，包括部委大院、职工住宅、外交公寓、教职工宿舍等。保留有较好的城市肌理，多为运用邻里社区理念规划的最早期的居住小区，体现了当时最先进的建设水平，是见证首都城市规划思想变迁的重要实物
	其他建筑	指合院式建筑、近现代公共建筑、工业遗产、居住小区以外的其他建筑，包括古桥、酒窖、门楼等

资料来源：根据《北京历史文化街区风貌保护与更新设计导则》《认识身边的历史建筑》整理。

3. 北京历史文化街区建筑遗产

北京历史文化街区内部建筑遗产类型多样，共同反映了古代及近现代北京居民丰富的生活场景。基于北京文物地图网站①记录及团队现场踏勘调研，北京历史文化街区建筑遗产类型主要有居住、商业、衙署、王府等，共计10种类型（见表3），涉及日常生活、文化礼制等各个方面。

表3　北京历史文化街区建筑遗产类型

类型	示例
居住	崇礼住宅（全国重点文物保护单位但状态差），绵宜宅，礼士胡同129号，史家胡同51号、53号、55号
商业	钱市胡同炉房银号建筑群
衙署	造币厂、段祺瑞执政府旧址、镶红旗满洲都统衙门
王府	和敬公主府、克勤郡王府、醇亲王府
宗教建筑	广化寺、福佑寺
祭祀建筑	贤良祠、旌勇祠
园林	鉴园、棍贝子府花园
教育建筑	平民中学
名人故居	欧阳予倩故居
近现代历史建筑	为宝书局、湖南会馆、浏阳会馆

资料来源：根据北京文物地图网站资料及课题组现场踏勘调研资料整理。

① https://maptable.com/s/p/cnzodzkujocg.

通过对北京文物地图网站数据整理，以什刹海地区为代表的17片历史文化街区内历史建筑共计328栋（见表4），其中11片街区历史建筑数量高于15栋，6片街区数量高于20栋，2片街区数量高于40栋。历史建筑主要分布于历史文化街区内部，少量分散在街区外。在建筑分布位置上，北京旧城东北方向历史文化街区内较多。

表4　北京部分历史文化街区内历史建筑数量

单位：栋

编号	名称	数量	编号	名称	数量
1	东琉璃厂	1	10	东四南	17
2	法源寺	3	11	国子监—雍和宫地区	20
3	阜成门内大街	5	12	新太仓	22
4	西四北头条至八条	11	13	什刹海地区	23
5	南闹市口	14	14	皇城	26
6	张自忠南路	15	15	鲜鱼口	29
7	大栅栏	17	16	南锣鼓巷	44
8	张自忠北路	17	17	东四北三条至八条	47
9	北锣鼓巷	17			

资料来源：根据北京文物地图网站资料整理。

（二）相关研究及保护利用工作进展

1. 相关研究工作进展

自《北京城市总体规划（2016年—2035年）》《首都功能核心区控制性详细规划（街区层面）（2018年—2035年）》等保护文件颁布以来，北京关于历史文化街区保护的诸多细化政策文件也随之出台，研究成果也接续涌现。表5为近年来国内与北京历史文化街区相关的政策文件、专业论著、规划项目成果。

表 5　国内与北京历史文化街区相关的政策文件、专业论著、规划项目成果

类别	名称	年份
政策文件	《北京历史文化名城保护条例》	2021
	《北京市城乡规划条例》	2021
	《北京市城市设计管理办法(试行)》	2020
	《首都功能核心区控制性详细规划(街区层面)(2018 年—2035 年)》	2020
	《北京历史文化街区风貌保护与更新设计导则》	2019
专业论著	《院落社会:北京历史文化街区的生活空间衍化与再生》	2022
	《生根发芽——北京东四南历史文化街区责任规划师实践》	2020
	《东四·历史文化街区的记忆》	2019
规划项目成果	《南锣鼓巷历史文化街区机动车停车规划》	2018~2019
	《历史文化保护区智能监测与管理系统研究与示范项目》	2017
	《基于街区诊断的大栅栏地区城市更新模式研究》	2018

资料来源：中国知网、北京市规划和自然资源委员会网站、北京市人民政府网站。

在中国知网以“历史文化街区”为关键词精确搜索，2019~2023 年相关文献共计约 3040 篇，其中包含 2023 年预测文献数 850 篇，硕士、博士学位论文 652 篇（见图 1）。

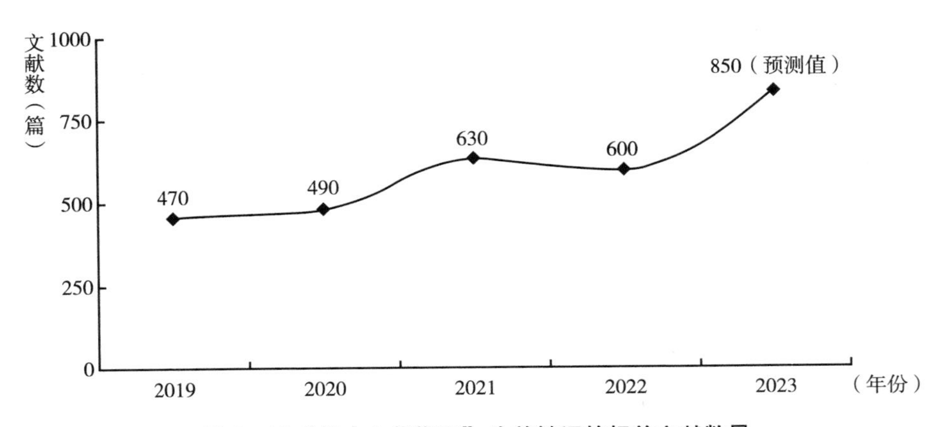

图 1　以“历史文化街区”为关键词的相关文献数量

2. 保护利用工作进展

对2019~2023年北京市历史文化街区内开展的相关工作进行梳理发现，近年来历史文化街区调研、普查、整治工作稳步推进（见表6）。项目主持单位包括政府、高校、街道官方等，目标以整治提升为主，聚焦街区风貌、交通主干道绿化等。

表6 2019~2023年北京历史文化街区开展的调研、普查、整治工作

年份	工作名称	主持单位
2019	什刹海街道四大片区整治(德内大街、新街口东街、鼓楼西大街、什刹海景区)	西城区人民政府
2020	平安大街(东城段)环境整治提升	东城区城市综合管理委员会、东城区园林绿化局、东四街道办事处、交道口街道办事处
	北京市西城区历史建筑普查与认定	西城区人民政府
2021	德内大街街道整治	北京建筑大学
	西四北大街道路整治	北京建筑大学
2022	北京市文化和旅游局搭建历史建筑资源数据库	北京市文化和旅游局
	西城区探访研究菜市口西片区城市更新案例	西城区人民政府
	地安门大街街道整治	西城区政府、天恒集团、北京建筑大学
2023	隆福寺历史文化街区升级改造(保护)专题调研	东城区文化和旅游局、东城区文化旅游推广中心、首都师范大学

资料来源：根据北京市各区人民政府网站资料整理。

此外，近年来针对历史文化街区保护，北京也涌现出了诸多优秀典型实践项目案例（见表7）。项目实施地点分散于东城区、西城区多个历史文化街区，实施范围较广，从街道层面至院落内部均有涉及。大多围绕风貌整治、品质提升两个主题展开，根据项目前期价值评估实施“申请式腾退”，结合院落现状、居民意愿进行改善。在保护利用过程中较为高频采用的是共生院、微治理、环境整治这几类措施。

表 7 北京历史文化街区优秀典型实践项目案例

历史文化街区项目	区划	范围/面积	保护利用内容	设计单位	年份
南锣鼓巷(雨儿胡同、帽儿胡同、福祥胡同、蓑衣胡同)项目	东城区	南锣鼓巷地区 4 条胡同共有院落 118 个,其中雨儿胡同 38 个,其他 3 条胡同合计 80 个	提出“共生院”理念。考证院落历史演变过程,保护胡同院落传统规制格局,聚焦院落这一基本单元,探索“共生院”模式	北京建筑设计研究院吴晨工作室	2019
崇雍大街街区更新与综合整治提升	东城区	崇雍大街	城市设计系统施治、保护与展示历史风貌、改善人居环境品质等	中国城市规划设计研究院、中规院(北京)规划设计有限公司、北京房修一建筑工程有限公司	2018~2021
景山街道保护更新与人居环境改善	东城区	景山街道	黄化门街 35 号院环境提升,兆君盛菜市场改造,角楼九号文化旅社改造,景山街巷立面整治	北京清华同衡规划设计研究院	2020
东城美丽院落微整治	东城区	景山、交道口、安定门等 7 个街道 44 个院落	“一院一策”,对院内公共空间微治理,解决堆物堆料问题,增加便民设施和绿化等	东城区人民政府	2020
北京白塔寺西线——青塔胡同整治	西城区	北京白塔寺周边地区	公共空间改造提升,公共空间的营造,充分展示社区凝聚力及地方文化等	清华大学建筑学院、北京清华同衡规划设计研究院	2018~2019
大栅栏历史街区保护修缮——杨梅竹斜街项目、观音寺片区项目	西城区	北起耀武胡同,南至大栅栏西街,西起延寿街、桐梓胡同,东至杨威胡同、煤市街。建筑面积约 75920 平方米。观音寺项目占地为 15.4 公顷	空间腾退,分类分级进行建筑改造,实施在地文化织补,从共生院到共生街区发展升级	北京大栅栏投资有限责任公司、北京大栅栏安创置业有限公司	2010~2020

续表

历史文化街区项目	区划	范围/面积	保护利用内容	设计单位	年份
地安门外大街复兴计划	西城区	地安门外大街	外立面改造,第五立面整治,业态提升运营优化,万宁桥周边环境整治,点亮中轴线,推进林荫计划及绿化景观提升等工作,恢复中轴线景观视廊	北京市建筑设计研究院、北京建工建筑设计研究院有限公司、北京市城市规划设计研究院	2018~2021
钟鼓楼俯瞰街区综合治理提升	西城区	钟鼓楼俯瞰视角下紧邻历史文化街区	统筹街区更新、文化织补、民生提质、社区营造等多项工作,改善钟鼓楼俯瞰景观,历史文化街区的治理由街入院	清华大学建筑设计研究院有限公司、北京市城市规划设计研究院	2021~2022
菜市口西片区申请式改善工程	西城区	东至枫桦豪景小区,北至广安门内大街,西至教子胡同,南至法源寺后街,范围约6.5公顷	“申请式退租”和“申请式改善”试点,提出了“住宿+X”的产业定位,以居住业态为主,结合宿居人群的需求,打造菜市口西片区以居住为主要功能的多元共生社区	和事建筑设计咨询(北京)有限公司	2019
西安门大街整治提升	西城区	西安门大街	拆除违建129处3800平方米,推进环境整治、交通治理、业态调整,改善建筑立面风貌,完善住宅居住功能	北京建工建筑设计研究院有限公司	2021

续表

历史文化街区项目	区划	范围/面积	保护利用内容	设计单位	年份
鼓楼西大街整理与复兴计划与稳静街区公共空间提升工程	西城区	鼓楼西大街，全长约1.7公里	实施街区整理与复兴三年计划，设置对外开放复兴展区，提出稳静街区公共空间提升理念，形成独特景观样态	北京市建筑设计研究院、北京创新景观园林设计有限责任公司	2017～2021
法源寺历史文化街区更新改造	西城区	南至南横西街，北至法源寺后街，东至菜市口南大街，西至法源里、伊斯兰教协会。总占地面积约16.16公顷	基于分类分级原则处理既有建筑，推行小规模、织补式有机更新和微改造更新方式，对街区进行提升改造	意厦国际规划设计（北京）有限公司	2019

资料来源：根据《北京历史文化名城保护优秀案例汇编集（2013年—2022年）》及北京市各区人民政府网站资料整理。

三　东四历史文化街区建筑遗产保护利用现状概述

（一）街区概况

东四三条至八条历史文化街区位于北京市东城区，东至朝阳北小街，西起东四北大街，南至朝阳门内大街，北至东四十条。街区保护范围面积65.7公顷，核心范围面积48.8公顷。街区包括东四三条、东四四条、东四五条、东四六条、东四七条、东四八条6条东西向胡同；月光胡同、月牙胡同、流水巷胡同、南板桥胡同、石桥胡同、育芳胡同、德华里胡同等7条南北向胡同。

东四历史文化街区成形于元代，至今已有700多年的历史。作为元代以来以居住功能为主的历史文化街区，内部拥有成片风貌良好的四合院建筑，是展现北京传统胡同、四合院风貌的典型区域。依托街区悠久的历史与优越的地理位置，街区历史建筑文化内涵丰富，人文底蕴深厚，建筑空间与文化风韵交相辉映，历史文脉与传统风貌相互映衬，成为北京老城最具古都传统历史风貌特色的区域之一。

据北京市规划和自然资源委员会网站数据，东四历史文化街区有全国重点文物保护单位 2 处、北京市市级文物保护单位 1 处、区级文物保护单位 5 处、尚未核定公布为文物保护单位的不可移动文物 10 处。同时，街区内有历史建筑 5 栋、古树名木 98 株、名人旧居 20 处、宗教建筑 5 处、其他有历史文化意义的场所 16 处，亦发现 362 处有价值的各类形制门楼和 54 处含影壁、照壁、垂花门、假山、上马石等有价值构筑物的院落。此外，街区内亦拥有国家级非物质文化遗产 1 项——“盛锡福皮帽制作技艺”，区级非物质文化遗产 2 项——“面人汤面人制作技艺”“明清习俗之家训格言”。①

（二）建筑遗产现状与价值分布

1. 民居类：存量庞大产权复杂，历史肌理有待厘清

东四历史文化街区内民居类院落多为大杂院，在原有院落肌理上增加许多自建房，这影响了其原有的历史肌理，而且房屋产权归属复杂，涉及公房、私房等且有特殊的子女继承规定。

北京东四历史文化街区建筑遗产情况如表 8 所示。

表 8　北京东四历史文化街区建筑遗产情况

地址门牌	历史名称	保护等级	现状
东四六条 63、65 号	崇礼住宅	国家级	民居
朝阳门内大街 137 号	孚王府	国家级	办公
朝阳门内大街 213 号	大慈延福宫建筑遗存	市级	办公

① 廖正昕、赵幸、贾君莹、石闻：《规划解读：发扬工匠精神　传承历史文化——东四街区保护经验》，https：//ghzrzyw. beijing. gov. cn/zhengwuxinxi/zxzt/wsghs/2021dyj/d8j/202103/t20210317_2309850. html。

续表

地址门牌	历史名称	保护等级	现状
朝阳门内大街头条 203 号建筑群	朝阳门内大街头条 203 号建筑群	区级	复合功能
东四四条 5 号	绵宜宅	区级	民居
东四五条 55 号	东四五条 55 号	区级	在售
东四六条 55 号	沙千里故居	区级	民居
东四八条 71 号	叶圣陶故居	区级	民居
东四二条 11 号	东四二条 11 号	普查登记	民居
东四三条 35 号	车郡王府	普查登记	民居/商铺
东四三条 77 号	东四三条 77 号	普查登记	民居
东四四条 3 号	东四四条 3 号	普查登记	民居
东四四条 83 号	宝泉局东作厂旧址	普查登记	民居/驿站
东四四条 86 号	东四四条 86 号近代建筑	普查登记	民居
东四七条 79 号	东四七条 79 号	普查登记	民居
东四八条 61 号	东四八条 61 号	普查登记	民居
东四八条 111 号	东四八条 111 号	普查登记	民居
东四九条 69 号	贝子奕谟府遗存	普查登记	部分拆除
东四三条 29、31、33 号	万国道德会旧址	有价值建筑	民居
东四四条 72 号	东四四条 72 号	有价值建筑	招待所
东四四条 77 号	东四四条 77 号	有价值建筑	办公
东四四条 81 号	东四四条 81 号	有价值建筑	民居
东四四条 85 号	廖沫沙旧居	有价值建筑	单位宿舍
东四六条 44 号	徐世昌故居	有价值建筑	民居/学校
育芳胡同 5 号	徐世昌故居	有价值建筑	民居
东四七条 61 号	东四七条 61 号	有价值建筑	民居

资料来源：根据《北京东四历史文化街区：非“文保”类历史建筑的保护与再利用》及北京市东城区图书馆网站资料整理。

位于东城区东四三条 35 号的车郡王府为典型的民居类建筑遗产。车郡王府是北京 15 座蒙古王府之一，为蒙古土谢图汗部扎萨克多罗郡王的府邸。建筑等级高、保存状况较好，具有较高的历史价值，是研究清代王府建筑规制的重要实物遗存，《清史稿》中有关于扎萨克多罗郡王世袭的记载（见图 2）。

表五十　藩部世表二

喀爾喀土謝圖汗部扎薩克多羅郡王。		
西第什哩	土謝圖汗察琿多爾濟弟。康熙三十年，封扎薩克多	品級。
丹津多爾濟	西第什哩次子。康熙四十五年，襲扎薩克多羅	年，卒。
桑齋多爾濟	丹津多爾濟孫。乾隆三年，襲扎薩克多羅郡王。	
雲丹多爾濟	桑齋多爾濟長子。乾隆四十四年，襲扎薩克多	
多爾濟拉布坦	雲丹多爾濟子。道光八年，襲。十九年，卒。	
那遜巴圖	多爾濟拉布坦子。道光十九年，襲。三十年，卒。	
鄂特薩爾巴咱爾	那遜巴圖子。道光三十年，襲。光緒二	
車林巴布	鄂特薩爾巴咱爾子。光緒二十一年十一月，襲。	

图 2　扎萨克多罗郡王世袭

资料来源：《清史稿》。

民国后期车郡王府被多次变卖，时任北平市市长的周大文曾租住于此。解放战争时期此地成为当时中央对外文化联络局的办工场地。1954 年周恩来总理在正殿会见越南领导人及其代表团。后续车郡王府曾作为文化部宿舍，廖沫沙、谢德萍、王志平等文化名人都曾在这里居住过。[①] 2013 年 1 月，登记为车郡王府建筑遗存。

格局演变方面，《乾隆京城全图》中车郡王府的建筑格局为四进院落，共分为两路。四合院大门为广亮大门，位于院落东南角。第一进院内有倒座房九间及大门一侧门房。东路轴线上为第二、第三、第四进院。第二进院有正房 5 间，东西厢房各 3 间，正房东西两侧房屋为四开间。通过游廊进入第三进院，第三进院有正房 5 间，东西耳房 2 间，两侧厢房 3 间。第四进院与西路相连通，西侧一路为侧房（见图 3）。

如今车郡王府内仍保留有垂花门、雀替、挂落等，但由于车郡王府自民

① 于文彦、戴俭：《北京东四历史文化街区：非“文保”类历史建筑的保护与再利用》，《北京规划建设》2014 年第 6 期。

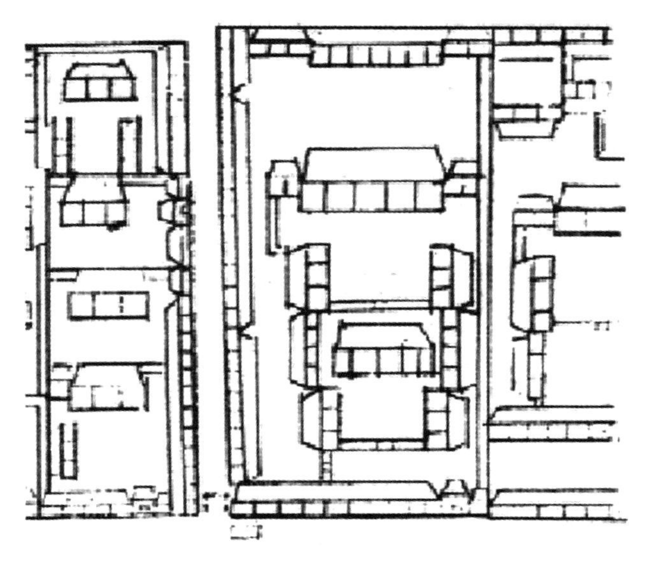

图 3　车郡王府清代格局

资料来源：李春青、柴纪阳《北京清代蒙古车林巴布郡王府建筑研究》，《古建园林技术》2018 年第 1 期。

国后期便被多次变卖，院落归属及居住人员变化较多，并在 20 世纪 70 年代成为大杂院，现今王府内有诸多加建房屋，影响了府邸原有清晰的空间布局。车郡王府内主体格局仍为东西两路，东路主轴线贯穿四进院落。大门入口即为八字影壁，倒座、正房格局仍在，但建筑前侧有扩建、改造之处，遮挡了原有传统建筑立面。同时西路第二、第三进院与第一进院内情况大致相同都经过居民部分改造，或屋前扩建或更换现代窗户。第四进院的后罩房已经被拆除，改建为现代平顶砖房（见图 4）。

2. 衙署办公类：历史格局残缺割裂，规模不显

东四历史文化街区的政府衙署以宝泉局东作厂最为宏大，宝泉局为明清时期钱币铸造厂的名称，共有东、西、南、北四厂。其中宝泉局东作厂位于北京市东城区东四四条 83 号。在《乾隆京城全图》中宝泉局整体为方形院落，院落东南角为两进官厅，其余空间分散布置小房。后期院落经过改建，但官厅位置未动（见图 5）。

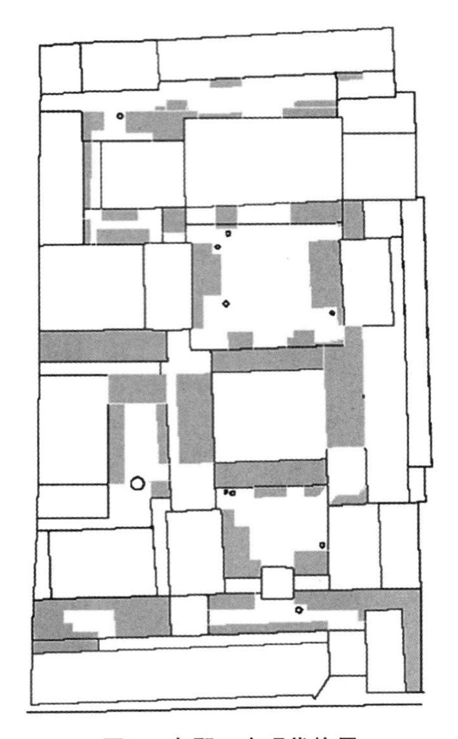

图 4　车郡王府现代格局

资料来源：北京东四历史片区保护更新项目城市设计课题组成员调研绘制。

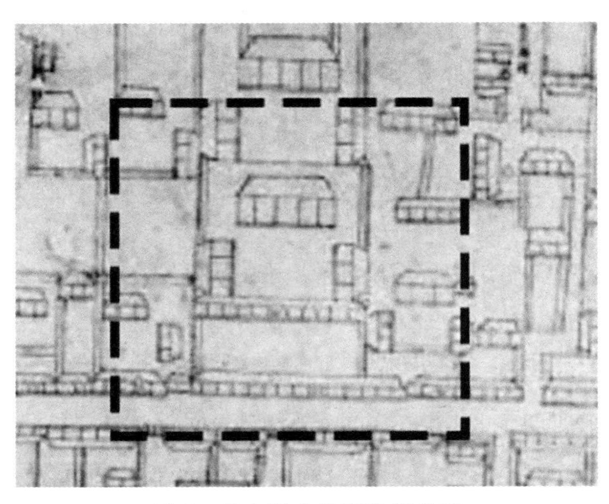

图 5　宝泉局东作厂清代格局

资料来源：《乾隆京城全图》。

宝泉局现有大门3间，大门内有一字影壁（见图6）。第一进院的大门西侧是一排13间倒座房，前有廊，为五檩后封檐硬山合瓦式建筑，前檐改为现代立面。第一进院正房硬山屋顶过垄脊合瓦带前后廊，面阔13间，明间改为过厅。第二进院正房硬山屋顶过垄脊合瓦带前后廊，面阔13间，明间改为过厅，东西两侧厢房各5间。第三进院正房硬山屋顶过垄脊合瓦带前后廊，已改为现代立面。西侧院落正房4座，第一进院北房为六开间其余皆为七开间，目前改为现代立面。在调研过程中发现院落内私搭乱建现象严重，传统建筑两侧次间多向外扩建平顶房屋，遮盖了原有立面，院落内的围合小院也对原有空间格局造成了破坏。

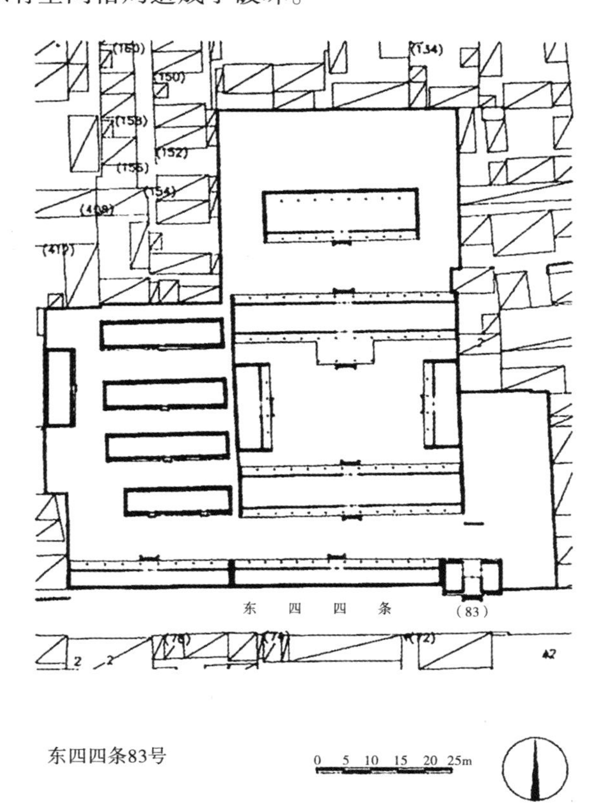

图6　宝泉局东作厂现代格局

资料来源：《城市记忆——北京四合院普查成果与保护》编委会、北京市古代建筑研究所编《城市记忆——北京四合院普查成果与保护》（第一卷），北京出版集团公司、北京美术摄影出版社，2013。

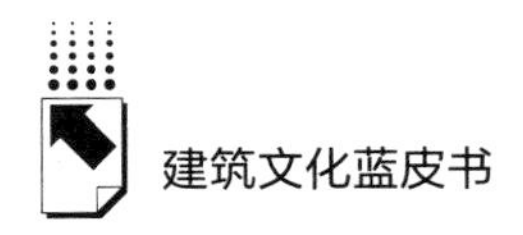

3. 商业服务类：品牌流失，地标商业后续乏力

老字号恒昌瑞记位于东四四条 86 号，建于清晚期。民国时期此处为洋货行与照相馆。该建筑整体为两层，坐北朝南。沿街建筑面阔 3 间，进深 4 间，为砖木结构，少见地采用了青砖红砖组合的砌筑方式临街面有红栏绿柱相配。一层明间为蛮子门，两侧有砖雕匾额、对联。匾额刻有“恒昌瑞记、照相馆、光起万物、洋货”字样，对联内容为“镜里人是一是二，笛中意至妙至神”。

东四地区自元代起便是北京三大商业中心之一。东四北大街老字号店铺鳞次栉比，恒昌瑞记便是在这种商业环境推动下开设的时髦洋行，也是诸多东四老品牌中颇有名气的一处地标。但随着时代发展，街区商业气氛削弱，恒昌瑞记也逐渐转作民居杂院。唯其青红砖组合、洋式与传统兼备的外观还暗示着这里曾经的创新与繁华。在近年东四历史文化街区一系列风貌整治活动中，杂院的改建部分已全部拆除。政府组织技术人员对恒昌瑞记建筑沿街立面、门窗、楹联进行清洗、修复，还原了建筑真实的历史风貌。但业态上，仍仅作为居民建筑初建时的商业氛围只能通过牌匾、楹联上的洋货、照相馆等字样得以一窥，其历史价值尚未得以充分地呈现（见图 7、图 8）。

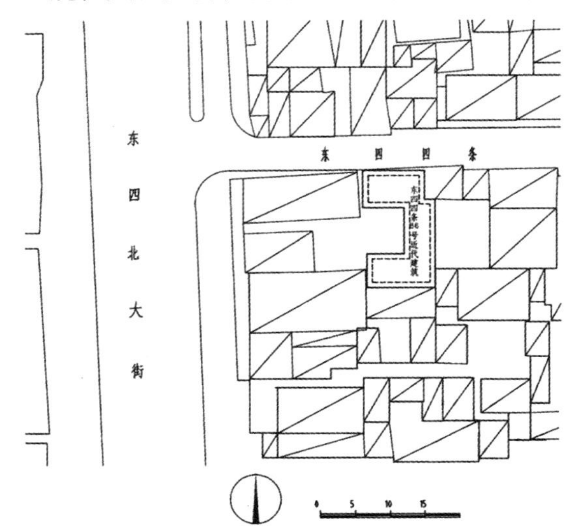

图 7　恒昌瑞记平面格局

资料来源：东城区图书馆网站 https：//www. bjdclib. cn，转引自王世仁主编《东华图志：北京东城史迹录》，天津古籍出版社，2005。

图 8　恒昌瑞记修复前后风貌

资料来源：北京市东城区人民政府网站。

（三）与物质遗产共生的非物质信息

1. 名人 IP 与文化传承

东四历史文化街区的发展与历史名人息息相关，在不同的历史发展阶段皆有名人居住于此，丰富了街区的人文资源。通过历史梳理，街区名人涉及清代官员、近代军阀、政界人士、文化名人等（见表 9）。清代东四历史文化街区地理位置靠近皇城，加之受满汉分城政策影响，街区有许多清代皇室子弟与高级官员的宅邸。发展至民国时期，街区内部保留了诸多风貌完好、形制较高的院落，吸引了不少政界、军界名人搬入街区。街区成了这一时期历史文化的重要见证。到了解放战争后期，独特的历史氛围使街区成了文化名人的聚集地，以叶圣陶、侯宝林等为代表的文化名人都曾在此地居住，为街区增添了文化氛围。

表 9　北京东四历史文化街区名人整理

领域	名称	居住地点	名人事迹
清代官员	福康安	东四二条 10 号	富察氏，清满洲镶黄旗人。清高宗孝贤皇后之侄，大学士傅恒之子
	松筠	东四二条 5 号	蒙古正蓝旗人，清朝大臣，两次出任伊犁将军
	赫舍里氏英家	东四三条	清朝时最重要及拥有最大权力的家族之一

续表

领域	名称	居住地点	名人事迹
清代官员	爱新觉罗·绵宜	东四四条1、3、5号	康熙帝玄烨的裔孙，永琅之子，道光帝本家。曾任内阁学士、户部左侍郎兼管三库事务、礼部侍郎、署刑部右侍郎
	裕谦	东四五条3号	蒙古镶黄旗人。一等诚勇公班第曾孙。鸦片战争时，裕谦守卫定海，壮烈殉国，追赠太子太保，谥靖节
	崇礼	东四六条63、65号	正白旗汉军人，姓姜佳氏。先后任清漪园苑丞、内务府大臣等职
	海兰察	东四七条61号	鄂温克族人，隶属满洲镶黄旗，清乾隆时期名将
	爱新觉罗·奕谟	东四九条69号	惠端亲王绵愉第六子
近代军阀	徐世昌	东四五条	曾担任末代皇帝溥仪的“帝师”，后被选举为第二任中华民国(北洋政府)大总统
	阎锡山	东四七条79号	民国时期重要政治、军事人物，晋系军阀首领，中华民国陆军一级上将
	段祺瑞	仓南胡同5号	民国时期皖系军阀首领，号称“北洋之虎”，孙中山“护法运动”的主要讨伐对象
	杨宇霆	朝内大街137号	北洋军阀执政时期奉系军阀首领之一
文化名人	钱钟书、杨绛等	东四头条	文学大家
	叶圣陶	东四八条71号	现代作家、教育家、文学出版家和社会活动家
	侯宝林	东四头条19号	满族，天津人，中国相声大师，表演艺术家
	孟小冬	东四三条65号	京剧老生余叔岩的弟子，余派优秀传人之一
	廖沫沙	东四四条85号	著名作家、杂文家。代表作有《鹿马传》《分阴集》《廖沫沙杂文集》等
	朱启钤	东四八条111号	政治家、实业家、古建筑学家、工艺美术家、爱国人士、北洋政府代理国务总理
政界人士	郭则沄	东四二条10号	号啸麓，福建侯官县(今属福州市)人。清末民初政治人物
其他	沙千里	东四六条55号	青年时期就要求进步，追求真理，探索救国救民的道路。他深受五四运动的影响，积极从事进步活动，曾主编《青年之友》，宣传反帝爱国思想

资料来源：根据北京市东城区图书馆网站资料整理。

2. 民俗生活及传说典故

东四历史文化街区内拥有国家级非物质文化遗产 1 项（盛锡福皮帽制作技艺）、区级非物质文化遗产 2 项（面人汤面人制作技艺及明清习俗之家训格言）。其中皮帽与面人与北京传统生活习俗中有关，而家训格言与百姓家风息息相关。

在传说典故方面，街区的月牙胡同有与兔爷相关的故事记载。月牙胡同北起东四六条，南至东四五条。月牙胡同在明代已有记载，属思诚坊。传说典故中月牙胡同附近有一座香火旺盛的娘娘庙，庙内供奉子孙娘娘。因娘娘庙十分灵应，名声广传，人们便称此娘娘庙为月光娘娘庙，结合庙宇名字人们认为庙宇灵验的原因是月亮中的玉兔在此显灵，并相传玉兔是在向药师如来学道过程中得道升天成了月光娘娘，定期下凡为人们办善事，因此衍生出八月十五祭拜兔爷的习俗。2022 年街道在东四博物馆举办了中秋游园会相关宣传活动，邀请兔爷制作传承人之一讲述兔爷的故事，并展出部分兔爷作品。

（四）价值谱系

1. 社会文化价值："元代骨架—明代路网—清代建筑—近代文化" 的历史层积

东四历史文化街区自元代开始规划，都城在营建之初受《考工记》中理想都城范本影响，依照经纬道路划分居民区，形成了东四历史文化街区最初的街坊轮廓与胡同肌理，是中国古代城市营造理念的重要体现及传承载体。如今东四历史文化街区仍保留着元代街巷肌理，有风貌完好的四合院院落、严整的胡同路网，是北京传统四合院风貌展示的样本区域。街区历史建筑资源丰富、类型多样，从民居宅院到王府宅邸，从衙署建筑到商业场所，展现了丰富多样的中国古代城市生活场景，对于研究明清王府文化极具价值。

2. 建筑及艺术价值：四合院空间类型标本库

东四历史文化街区成形于元代，是典型的以传统经典大四合院为主的居住型街区，是研究历史文化街区街巷生长模式的典型案例。与北京其他历史文化街区相比，此街区风貌最好、规格最高、类型最全，从一进至多重，从单路至多跨，全面展现了传统四合院的空间布局及其建筑形制，有助于研究北方传统木结构建筑技艺，是北京传统胡同、四合院风貌的样本区域，也是胡同文化的重要载体。东四历史文化街区的发展与历史、人文等诸多因素息息相关，此片区历史建筑资源丰富、类型多样，包括王府建筑、官员宅邸、衙署建筑、商业建筑等，体现了从民居建筑到皇家府邸不同阶级建筑的规制。在建筑艺术方面，青砖灰瓦、绿树成荫的街区风貌展现了独特古都风韵。院落内保存良好的砖雕、彩画及沿街形态丰富的门楼、门墩等都具有独特的艺术价值。

3. 人文历史价值：官员士绅集聚，士大夫文化深厚

由于历史政策与靠近皇城的优越地理位置条件，在清代东四历史文化街区有诸多较高等级官员居住于此，如伊犁将军松筠、福康安、海兰察以及在第一次鸦片战争中坚守镇海以身殉国的裕谦将军等，为东四历史文化街区增添了历史厚重感。发展至民国时期，以徐世昌、段祺瑞等为代表的多位政界名人搬入街区。解放战争后期，东四历史文化街区凭借历史的深厚积淀成了叶圣陶、杨绛等文学大家的居住地，这为街区增添了浓郁的文化氛围，同时也使街区成为解放战争后期文艺人才的汇集地。东四历史文化街区的发展与时代演化、人文条件密不可分，街区依靠优越位置、深厚的历史底蕴吸引了众多文化巨匠，也凭借其丰厚的人文底蕴与文化内涵，成为中国古代及近代历史发展的实物见证与重要场所。

4. 空间及情感价值：近代文艺人才汇集地、灵感地

东四历史文化街区不仅是过往历史的载体，更是近代文艺汇聚地。20世纪50年代生产资料公有制改造后，部分院落作为单位员工宿舍使用。在这一时期，东四历史文化街区内的四合院院落成了许多文化单位安置员工的场所，包括四条85号文化部、七条八一电影制片厂、十二条中国青年报社等。此类多领域的知识群体自身具备较高的文化知识素养，使其有能力叙述出有价值的街区历史。东四历史文化街区内不仅建筑本身承载着物质空间的

历史、文化价值，居民们包括诸多文艺名人的生产、生活记忆也为此地增加了文艺光环。街区周边景象以及片区内的文化景观资源属于片区居民情感记忆的一部分，凝聚着居住者幼时生活场景，承载着市民对北京老城的文化情感。

四　北京历史文化街区保护利用中存在的主要问题

（一）文化挖掘和历史研究欠缺

在文化挖掘方面，东四历史文化街区为进一步推动街区保护曾在片区内开展了多种文化宣传、居民互动活动。例如，将东四四条 77 号四合院改为东四胡同博物馆，对老北京文化进行展示并举行相应社区活动；聘请匠人为社区儿童介绍传统四合院营造技艺，编撰有关东四记忆的书籍等。而在实地调研中发现，博物馆的展陈内容更偏向于老北京传统文化方面，欠缺对东四历史文化街区内独特的历史建筑资源与人文底蕴的深度挖掘与讲述。在展示中仅标明历史建筑位置或对其中的文保单位进行简单介绍，未涉及建筑的历史文脉、价值阐述等。而对这类文化资源的研究、阐述更有助于突出街区特色，凝聚居民价值共识，加快推进历史文化街区保护工作，是保护阶段中极为重要的一环。

在历史研究方面，通过东城区人民政府网站可查询到东四历史文化街区内拥有 1 项国家级非物质文化遗产（盛锡福皮帽制作技艺）和 2 项区级非物质文化遗产［分别为面人（面人汤）制作技艺、明清习俗之家训格言］。但在实际街区文化宣传活动中仍以“报春”“家书、家风”这类有关老北京习俗的泛化活动为主，在网络上可查询到的与东四历史文化街区非遗保护有关的新闻也较少。

（二）建筑空间保护和利用形式单一、政府财政依赖性强

近年来北京内城各历史片区针对内城发展滞后的情况开展了一系列的整

治活动：从“封墙堵洞”到“十有十无”，从“街道整治”进展到“保护复兴”。针对东四历史文化街区，2000年东四三条至八条历史文化街区保护相关规划提出“静胡同”街区发展定位，以传统门楼为主题进行修复。后续对胡同环境、交通情况进行整体改善，安装门楼壁灯提升居民生活品质等。以上诸多街区改造、保护措施皆由政府出资组织，街道召集志愿者进行后续维护。整体而言，街区整体保护改造工作对政府财政依赖性强。

（三）街区人文传承后续乏力

东四历史文化街区不仅是清代官员宅邸的样本区域，还是解放战争后期文艺人才的聚集地，街区具有深厚的历史底蕴与文化资源。在实地调研过程中发现，与这些人文历史相关的建筑大多已沦为大杂院，院落内人员混杂、产权不明，历史建筑原有的文化痕迹与氛围也多已消失。而在街区人群的记忆传承方面，由于历史文化街区的生活品质与新建筑相差较大，许多老一辈居民后代已搬出街区，街区人口以外地务工租房人群和老一辈居民为主。外来人群对街区历史的了解程度与了解的主动性远低于土生土长的社区居民。以人群记忆为载体的人文历史传承也出现中断问题。在政府层面，东四街道组织社区居民编撰了《东四·历史文化街区的记忆》《东四名人胜迹》等有关东四历史文化街区人文历史的书籍，在一定程度上有助于人文传承。但此类传承活动对政府力量较为依赖，活动举办频次较低，后续街区的文化传承仍存在问题。

（四）社区有机联系削弱、情感凝聚力不足

2020年第七次全国人口普查数据显示，东城区常住人口为708829人，60岁及以上人口为187528人，占26.4%，其中65岁及以上人口为129249人，约占18.2%。[①] 传统历史文化街区中人口老龄化问题尤为突出。为追求更便捷、舒适的居住环境，街区老一辈居民子女大多选择迁出街区居住。而

① 《北京市东城区第七次全国人口普查公报》。

空余房屋因优越的地理位置、较为低廉的租金被租给外地务工人员作为居所。外地务工人员缺乏与街区的情感联系，和周围住户很少交流，使街区凝聚力进一步减退。

在对街区居民意愿的调查中发现，多位仍在街区内居住的老年居民表达了想要搬入楼房或对现有传统建筑进一步改造的意愿。无论是搬走还是改造，在原因中最频繁被提及的是受经济条件限制以及等待拆迁，而最少涉及或往往最后被提及的是对街区的情感留恋。随着生活条件差距的变大，居民对老街区的情感也受到影响，加之街区人口结构的改变等多方面因素造成了传统街区原有的深厚居民情谊有所减弱。

五　北京历史文化街区保护利用的策略建议

（一）研究层面：整合文化资源搭建数字化平台，收集、展示及研究并行

通过前置研究，进行遗产价值评估，梳理出街区内关键遗产节点，进而进行系统的活化规划。第一步的重点在于进行节点信息采集、数字复原，在物质空间无法满足开放条件的情况下进行线上展示。线上博物馆建设与线下空间改造同步展开，线上孪生展示。借助网络吸引年轻人的关注，由此推动后续实地活动的开展。

（二）建筑层面：进行老旧院落修复提升的试点实践并形成技术规程

结合后续腾退政策，针对建筑遗产现状进行修缮维护。与普通新建建筑工程相比，这类项目涉及传统风貌及现代技术等多个方面。在东四历史文化街区的现有实践中，四合院保护传统工艺做法已经非常成熟，但是在融合现代规范及空调管线的隐蔽工程等环节仍有诸多技术标准上的漏洞。

这部分工作涉及传统建筑工艺运用、现代建筑施工组织、室内装修施

工、景观设计等多个环节，尚未形成系统。在此地区可以选取代表性项目，进行传统四合院改造与现代化改善试点，为街区居民自发改造并推动老旧院落风貌改善提供样本。

（三）运维层面：加强云端文旅建设，文化 IP 线上销售、遗产认领等多举措并行

在街区层面，需要进行整体的盘活，除了技术设施的规划建设外，重点在于探索历史空间运营新模式，线下工程开展周期漫长且有滞后性，可同步展开线上运维，如提炼特色 IP，进行线上 IP 推广及文创商业化建设；针对节点空间的不同文化背景及人文特色，进行遗产认养等内容策划，以较少的资金投入，获取尽可能多的社会关注。

（四）策划层面：激发文旅活力，打造主题游览线路

在文旅策划方向，以路径而非片区的形式进行重要节点空间的腾退并进行针灸式改造，在最小干预前提下开展文旅建设；陆续完善官绅府邸建筑主题、民国风云名家主题、京味民俗主题等多条游览路径；引导社会资本就各路线主题特点在区域空置院落内开展相应的活动，重塑典型商业建筑的历史场景。

（五）社区层面：推动历史文化街区业主委员会参与公共空间整治提升

国际社会近年来日益强调不同主体参与保护环节的重要性。东四历史文化街区现存居民老龄人口众多，整体受教育水平较高、自住比例高。从居民第一视角对街区故事进行阐述将进一步丰富历史文化街区的价值构成。在街区功能场所打造上，除了常见的社区食堂、菜场，有必要建立口述史采集站和街区记忆馆，在搭建交互平台的过程中带动老龄人口参与到街区保护活动中，唤起居住人口的情感记忆，增强街区凝聚力。

从传统的民居街区、皇室官员府邸再至各界名人聚集地，东四历史文

化街区的变迁与北京文化中的士大夫文化紧密相关，街区不仅是传统四合院物质空间的汇集地，更是政治风云文化演变的见证。以东四历史文化街区为代表，北京各个历史文化街区都有其独特的资源禀赋及人文价值，对其差异性的深入研究是对北京建筑文化遗产进行保护利用的前提。数字化技术不仅可以在研究和复原环节提供技术支持，在历史文化街区的运维、宣传，以及长期的提升策划中，都有很大的运用空间，将推动历史文化街区保护利用进入新阶段。

B.4
北京老城四合院保护和利用研究报告

赵长海*

摘　要： 2017年，以新版城市总体规划的发布为标志，北京老城四合院保护和利用进入了新的历史阶段。本报告在充分了解北京老城四合院保护和利用情况的基础上，结合长期的理论研究和工作实践，初步总结了5年以来北京老城四合院保护和利用的成功经验，粗略归纳了北京老城四合院保护和利用过程中出现的问题，针对5年以来北京老城四合院保护和利用过程中出现的思想认识不足、制度保障不到位、理论研究不完善、组织实施不顺畅等问题，在详细分析问题产生原因的基础上，尝试提出了开展北京老城四合院理论体系再研究、构建完善的相关人才培养体系、制定科学合理的腾退空间利用规划等建议。

关键词： 北京四合院　北京老城保护　城市更新

一　绪论

（一）研究背景

1. 北京老城保护顶层设计相继出台，四合院保护和利用进入新阶段

2017年发布实施的《北京城市总体规划（2016年—2035年）》（简称

---

* 赵长海，北京金恒丰城市更新资产运营管理有限公司规划设计主管，高级工程师、一级注册建筑师，主要研究方向为北京四合院、北京老城保护和城市更新。

“新版城市总体规划”）和2020年发布实施的《首都功能核心区控制性详细规划（街区层面）（2018年—2035年）》（简称“核心区控制性规划”）是北京老城保护和城市更新的顶层设计，顶层设计要求“老城不能再拆了”，明确将在原有的33片历史文化保护区基础上逐渐扩容，四合院的保护和利用自此进入了新的阶段，确保北京四合院不成片区消失不再是保护重点，保护和利用关注点转移至如何实现历史文化保护区的扩容，如何更好延续四合院的传统风貌，如何实现“老胡同，现代生活”。

2. 北京老城城市更新模式转换，四合院保护和利用展现新特点

在北京老城保护的上一个周期，针对四合院施行的是以解危排险或棚户区改造为实施路径的拆旧建新的增量更新模式。

2017年是北京四合院保护和利用具有里程碑意义的一年，这一年发布的《北京城市总体规划（2016年—2035年）》明确北京老城内不再拆除平房四合院，以危改立项的正在实施的拆迁腾退项目全部按下了停止键，经过2019年菜西试点项目的探索，此类危改遗留项目陆续转变为以恢复性修建为路径的老城保护和城市更新项目，与历史文化保护区实施的腾退项目类似。

在存量更新、减量发展背景下，以申请式退租、申请式改善、恢复性修建和城市资产运营为实施路径的老城保护和城市更新模式正在逐渐成熟。北京老城城市更新新旧模式已经完成转换，四合院保护利用展现出存量四合院得到系统的保护、批量腾退的四合院得到有效利用的新特点。

（二）研究目的

1. 了解北京老城四合院保护和利用情况

自2017年《北京城市总体规划（2016年—2035年）》发布以来，北京老城通过申请式退租，腾退了大量的四合院；2019~2022年，已完成核心区平房（院落）申请式退租（换租）签约5100余户；据《北京市城市更新行动计划（2021—2025年）》，至2025年北京计划腾退和修缮平房居民10000户，约有25万平方米的平房四合院将通过腾退后得到保护和利用，本次研究重点将针对已经完成腾退的四合院。

2. 总结北京老城四合院保护和利用经验

在北京老城总体保护的背景下，大量四合院得以保存，这些保存下来的四合院如何加以保护和利用，特别是退租腾退的四合院的风貌如何延续，腾退的资产如何利用，2017 年以来，北京老城进行了积极的探索，本报告将对近年来北京老城四合院的保护利用经验加以梳理总结，以将四合院保护利用好的经验加以推广，实现成果共享。

3. 分析北京老城四合院保护和利用存在的问题

2017 年以来，北京老城四合院保护利用在通过试点获得丰富的成功经验的同时，也仍存在非常多的问题，比如恢复性修建过程中四合院地域特色的消失，利用过程中新的自建房的产生等问题，本报告试图分析此类问题产生的根源，并针对具体问题提出解决路径，以不断优化北京老城四合院保护利用模式。

4. 提出北京老城四合院保护和利用的建议

笔者通过对北京老城四合院保护和利用的长期研究，特别是 2017 年以来对北京老城保护和城市更新项目的深度参与，积累了一些解决四合院保护和利用的经验，通过本次系统总结，为北京老城四合院保护和利用提出一些建议。

（三）研究方法

1. 调查统计法

通过对北京老城内保护和利用四合院数量、四合院腾退情况、四合院业态情况的调查和统计，系统了解北京老城四合院保护和利用情况，总结保护和利用经验，分析保护和利用过程中存在的问题并提出建议。

2. 案例分析法

以 2017 年以来北京老城四合院保护更新代表性项目作为研究案例，进行追踪研究，通过系统、全面收集典型案例的资料，对典型项目保护和利用的内容进行逐项分析研究，总结出典型项目保护和利用的经验以供参考。

（四）研究范围

1. 研究对象的空间范围

北京现存四合院主要分布于老城内，老城是指明清时期北京城护城河及其遗址以内（含护城河及其遗址）的区域，其中二环路内占地面积约 62.5 平方公里。[①] 本报告的研究对象选定为北京老城内现存的四合院。

2. 研究对象的时间范围

北京老城四合院的保护和利用的延续时间长，时代特色明显。在《北京城市总体规划（2016 年—2035 年）》发布之前，北京老城四合院的保护以文物四合院的保护为主，一般四合院主要靠公房管理单位或房屋产权人进行保护；四合院的利用以居住为主。自 2017 年以来，北京四合院的保护和利用进入了新的阶段，保护力度加大，利用形式创新，具有非常高的研究价值，本报告主要研究 2017 年以来的北京老城四合院保护和利用情况。

3. 研究对象的类型界定

本报告主要研究对象分为三类：第一类为自 20 世纪中叶以来公布的 532 处文物类四合院；第二类为自 2019 年以来公布的 354 处历史建筑类四合院；第三类为一般传统四合院，是指 2017 年以来通过申请式退租等途径腾退出的上述两类之外的传统院落。

二　北京老城四合院保护和利用情况调查和分析

北京老城四合院保护和利用，以 2017 年《北京城市总体规划（2016 年—2035 年）》的发布为标志，进入了新的历史阶段，北京四合院的社会关注度逐渐提升，人们对其的价值认知在不断提高。北京四合院不仅是传统建筑的本体，也是传统文化的载体，本体的建筑风貌和承载的传统文化都是北京全国文化中心建设的重要组成部分。在保护方面，不仅要保护四合院本

① 《首都功能核心区控制性详细规划（街区层面）（2018 年—2035 年）》，https://www.beijing.gov.cn/zhengce/zhengcefagui/202008/t20200828_1992592.html。

体建筑风貌，还要保护四合院所承载的文化内涵和生活场景；在利用方面，不仅要利用四合院本体建筑空间，还要利用四合院所承载的文化价值和历史积淀。

此外，在保护方面，文物类四合院在保护政策和资金方面，都得到了充分的保障，分级保护制度逐渐建立；历史建筑类四合院的保护制度也在逐渐建立和完善；一般传统四合院在不再拆除的要求下，有了保护的基本保障。在利用方面，文物类四合院的活化利用正在积极推进，在保护中利用，在利用中保护，文物开始向公众展示，发挥文化宣传的媒介作用；历史建筑类四合院也在探索利用新的路径；一般传统四合院在推进保护性修缮和恢复性修建。

北京老城内成片的历史文化街区，在四合院保护和利用的推动下，正在逐步焕发新的生机。

（一）北京老城四合院的保护情况概述

1982 年 11 月 19 日《中华人民共和国文物保护法》审议通过，文物类四合院保护进入依法保护时代；2005 年 3 月 25 日审议通过的《北京历史文化名城保护条例》使北京老城各等级文物类四合院的保护有了制度保障；2017 年 9 月 29 日《北京城市总体规划（2016 年—2035 年）》发布后，一系列配套保障措施出台，包括修订了《北京历史文化名城保护条例》等，北京老城四合院整体保护法律法规不断健全。

北京老城四合院的保护经历了单座院落点状保护、成片保护到整体保护三个阶段。

自 1957 年 10 月 28 日北京市公布第一批文物保护单位以来，到 2022 年底，北京受文物和规划部门保护的保护单位达到 1341 处[①]，文物类四合院的保护以单座院落点状保护为特征。

1990 年 11 月 23 日北京市公布第一批 25 片历史文化保护区名单，开启了北京老城四合院成片保护的时期，至 2020 年《首都功能核心区控制性详

① 资料来源：作者以北京市文物局官网发布的数据为基础统计整理得出。

细规划（街区层面）（2018 年—2035 年）》发布之前，北京第一批、第二批历史文化保护区合计共有 40 片。其中老城内有 30 片历史文化保护区，总占地面积约 1278 公顷，占旧城总面积的 22%。①

2017 年 9 月 29 日《北京城市总体规划（2016 年—2035 年）》发布，提出保护北京特有的胡同、四合院传统建筑形态，老城内不再拆除胡同、四合院，北京老城四合院进入整体保护的新阶段。

北京老城四合院保护的详细情况如下。

1. 北京老城四合院的保护制度建设情况

（1）四合院保护总体规划。根据“老城不能再拆了”的指示，2017 年 9 月 29 日《北京城市总体规划（2016 年—2035 年）》中明确：老城内不再拆除胡同、四合院。《中共中央　国务院关于对〈北京城市总体规划（2016 年—2035 年）〉的批复》中再次强调：加强老城和“三山五园”整体保护，老城不能再拆，通过腾退、恢复性修建，做到应保尽保。这是四合院整体保护的顶层设计，意味着北京四合院数量急剧下降的情况会得到根本性改变。《北京城市总体规划（2016 年—2035 年）》在出台后得到了严格执行，北京老城以危改名义立项的拆迁项目计划全部停止，转换为老城保护更新项目，已经拆除的四合院正在试点利用恢复性修建的办法进行恢复，保存状态尚可的四合院将通过保护性修缮进行维护。

（2）四合院保护政策保障。北京老城四合院的保护，遵循分级保护的原则，分为世界文化遗产、全国重点文物保护单位、北京市重点文物保护单位、区级文物保护单位、一般不可移动文物、历史建筑、历史文化保护区内的四合院、特色平房区的四合院和其他区域内的四合院，这些院落的保护主体分别为文物部门、规划部门和城市更新实施主体。文物类四合院自《中华人民共和国文物保护法》颁布以来，各项保护相关法律法规及配套政策系统完善。历史建筑类四合院保护的相关法律法规及配套政策也逐渐完善，2019 年 11 月、2020 年 9 月、2021 年 5 月北京市分三批公布了 1056 栋

① 资料来源：《北京旧城 25 片区历史文化保护区保护规划》。

（座）历史建筑，并将历史建筑的保护纳入《北京历史文化名城保护条例》中，历史建筑的挂牌和保护图则的制定工作逐步推进。一般传统四合院数量较多，是四合院整体保护的重点和难点，相关保护法律法规及配套政策尚需构建，现阶段主要通过老城保护和城市更新项目，在这类四合院腾退后进行保护，相关保障文件包括《关于首都功能核心区平房（院落）保护性修缮和恢复性修建工作的意见》等。

（3）四合院保护技术保障。1958 年，中国民居大师王其明先生在中国著名建筑学家梁思成先生的指导下，完成了《北京四合院住宅调查分析》，开创了研究北京四合院的先河。北京四合院理论研究至今，已构建了系统的理论研究体系，积累了丰硕的理论研究成果，2017 年以来，北京四合院进入总体保护的新阶段，北京四合院理论研究也进入全面研究的新阶段。

自 1985 年北京市房地产职工大学（现北京交通运输职业学院）设立“古建筑工程专业”之后，为培养传统建筑技术人才，北京已有多所院校开设传统建筑相关专业，北京城市学院开设了中国传统建筑文化与技艺专业，北京建筑大学开设了历史建筑保护工程专业，为北京四合院的保护实践培养了大批专业人才。

2017 年以来，为落实四合院总体保护的要求，由规划部门组织编写的《北京历史文化街区风貌保护与更新设计导则》，住建部门组织编写的《北京老城保护房屋修缮技术导则（2019 版）》相继出台，北京老城四合院总体保护的技术保障体系进一步完善。

2. 北京老城四合院保护情况

经过 60 多年的理论研究和实践探索，北京四合院保护体系正在随着时代的发展和社会的要求逐步完善，世界文化遗产-全国重点文物保护单位-北京市重点文物保护单位-区级文物保护单位-一般不可移动文物-历史建筑-一般传统四合院-特色平房区的四合院和其他区域内的四合院的多级保护体系已经构建，保护措施正在逐渐完善，保护数量稳步增长，保护质量逐渐提高，保护意识有所加强。

（1）文物类四合院保护情况。根据北京市文物局网站发布的数据，北京老城内共有 79 处全国重点文物保护单位，其中具有北京传统院落风貌的文物保护单位 45 处，核心区全国重点文物保护单位合院类型统计详见表 1。

表 1　核心区全国重点文物保护单位合院类型统计

单位：处，%

	宫府类合院	邸第类合院	民居类合院	宗教类合院	会馆类合院	坛殿类合院	景观类合院	衙署类合院	合计
数量	9	2	3	24	2	2	1	2	45
占比	20	4.4	6.7	53.3	4.4	4.4	2.2	4.4	100

资料来源：以北京市文物局官网发布的数据为基础，作者调研统计后自绘。

根据北京市文物局网站发布的《核心区第一至九批北京市级文物保护单位》①，北京老城内分九批公布了 131 处市级文物保护单位，其中具有北京传统院落风貌的文物保护单位 94 处，核心区市级文物保护单位合院类型统计详见表 2。

表 2　核心区市级文物保护单位合院类型统计

单位：处，%

	宫府类合院	邸第类合院	民居类合院	宗教类合院	会馆类合院	商业类合院	衙署类合院	合计
数量	13	32	8	25	8	2	6	94
占比	13.8	34.0	8.5	26.6	8.5	2.1	6.4	100

资料来源：以北京市文物局官网发布的数据为基础，作者调研统计后自绘。

北京核心区现有区级文物保护单位 144 处，其中具有北京传统院落风貌的文物保护单位 101 处。东城内有不可移动文物 356 处，其中全国文物保护单位 35 处，北京市文物保护单位 70 处，区级文物保护单位 58 处，一般不可移动文物 193 处。西城内有不可移动文物 376 处，其中全国文物保护单位

① 《核心区第一至九批北京市级文物保护单位》，https://wwj.beijing.gov.cn/bjww/362771/hxqdyzbpbjsjwwbhdw/index.html。

43 处，北京市文物保护单位 61 处，区级文物保护单位 86 处，一般不可移动文物 186 处。

北京核心区现有区级文物保护单位（含一般不可移动文物）中，具有北京传统院落风貌的保护单位 393 处（见表 3）。

表 3　核心区区级文物保护单位合院类型统计

单位：处，%

	宫府类合院	邸第类合院	民居类合院	宗教类合院	会馆类合院	商业类合院	衙署类合院	合计
东城	10	48	21	50	34	8	7	178
西城	12	33	30	105	18	12	5	215
合计占比	5.6	20.6	13.0	39.4	13.2	5.1	3.1	100

资料来源：以北京市东城区、西城区人民政府网站发布的数据为基础，作者调研统计后自绘。

为了使文物建筑得到更好的保护，针对老城内文物因不合理占用得不到良好保护和利用的情况，老城内进行了大规模的文物腾退。东城区 356 处不可移动文物中，有 200 多处被不合理占用，在“十三五”期间，东城区推进了 47 处文物腾退，实现了会馆建筑全部腾退修缮。[①] 2016 年，西城区启动了新中国成立以来规模最大的直管公房类文物腾退工作，共计启动 52 处文物腾退。[②] 截至 2023 年 4 月，已完成 52 处 2042 户中的 1876 户腾退，总体腾退比例达 91.9%，其中完全腾退项目 32 个。[③]

（2）历史建筑类四合院保护情况。历史建筑是指经政府相关部门确定公布的具有一定保护价值，能够反映历史风貌和地方特色，未公布为文物保护单位，也未登记为不可移动文物的建筑物、构筑物。随着社会发展，将会有越来越多的四合院得到抬级保护。

根据 2016 年 2 月住房和城乡建设部“用五年左右时间，完成所有城市

① 于丽爽：《东城年内腾退修缮 11 处文物》，《北京日报》2017 年 6 月9 日。

② 李天际：《西城直管公房文物腾退比例达九成》，《北京青年报》2019 年 7 月 12 日。

③ 《从“闭门保文物”到“开门用文物”》，https：//baijiahao.baidu.com/s?id=1764950628090858547&wfr=spider&for=pc。

历史建筑确定工作”的要求，北京市开展了潜在历史建筑普查工作，完成3389栋（座）潜在历史建筑的普查工作。2017年12月，北京市被列为第一批历史建筑保护利用试点城市，2019～2021年分三批认定了1056栋（座）历史建筑，其中2019年第一批认定429栋（座），2020年第二批认定315栋（座），2021年第三批认定312栋（座），在已认定的历史建筑中，合院式建筑520栋（座）。西城区现有历史建筑339栋（座），东城区现有历史建筑316栋（座），两区现有合院式建筑354栋（座）（见表4）。

表4　东城区西城区历史建筑合院类型统计

单位：栋（座），%

批次	宫府类合院建筑	邸第类合院建筑	民居类合院建筑	宗教类合院建筑	会馆类合院建筑	商业类合院建筑	衙署类合院建筑	合计
第一批	6	23	15	2	0	4	0	50
第二批	1	57	81	6	3	0	0	148
第三批	0	62	90	1	0	1	2	156
累计占比	2.0	40.1	52.5	2.5	0.8	1.4	0.6	100

资料来源：以北京市人民政府网站发布的数据为基础，作者调研统计后自绘。

2021年《北京历史文化名城保护条例》将历史建筑纳入保护范围。依据建筑形式、历史使用功能、建筑年代等，北京对历史建筑进行分类保护。2022年8月《北京市历史建筑保护利用管理办法（试行）》（征求意见稿）发布，进一步完善了历史建筑保护政策体系，为历史建筑保护工作提供制度保障。

2022年8月北京首例历史建筑修缮项目——同兴和木器店旧址修复工程正式进入施工阶段，为历史建筑类四合院的房屋权属确认、保护实施方案审批、保护修缮建设审批等堵点探索了一条可供借鉴的实施路径。

（3）一般传统四合院保护情况。一般传统四合院是指位于北京老城内，历史格局和传统风貌尚存，能够反映历史风貌和地方特色，未公布为文物保护单位，未登记为不可移动文物，也未认定为历史建筑的传统四合院。这类四合院数量多、分布广、潜在价值高，是铺陈北京青砖灰瓦城市底色的主体，是四合院保护的重点和难点。在北京四合院整体保护的背景下，一般传统四合院的总量止跌企稳。

据统计，1750 年《乾隆京城全图》中住宅院落约 46104 处。[①] 20 世纪 80 年代北京城内有 6000 多处四合院，其中保存较完整的有 3000 多处。2016 年出版的《北京四合院志》，共收入保存较为完好的四合院 923 处。

另据统计，1933 年北平共有住房 1190536.5 间。1936 年内外城人口 107.4 万人，人均住房 1.1 间（12 平方米左右）。1948 年，全市共有住宅面积 1354 万平方米，其中平房住宅面积 1270.7 万平方米，北京老城内平房住宅面积 1156.34 万平方米。[②]

1947 年《北平市都市计划设计资料》（第 1 集）记载："城区共有街道胡同 3065 条，其中已铺修者 871 段，其中沥青路估百分之三十二，石渣路估百分之二十二，土路估百分之四十二。"[③] 1987 年出版的《实用北京街巷指南》记载四个城区有胡同 3665 条。[④] 根据北京市城市规划设计研究院对北京市城市更新对象的摸底情况，北京老城内列为城市更新对象的平房院落约 660 万平方米。

自 1949 年到 20 世纪 90 年代，北京四合院数量逐渐下降；21 世纪初期，北京四合院数量仅剩新中国成立初期的 50.7%（见表 5）；2017 年以后，北京四合院数量在总体保护的要求下止跌企稳。

表 5　北京各时期街巷胡同统计

单位：条

年份	东城区	西城区	崇文区	宣武区	合计
1949	823	939	621	690	3073
1990	577	696	342	627	2242
2003	492	469	203	395	1559

资料来源：北京市地方志编纂委员会编著《北京志·市政卷·道桥志、排水志》，北京出版社，2002；段柄仁主编《北京胡同志》，北京出版社，2007。

---

① 王鲁民、宋鸣笛：《合院住宅在北京的使用与流布——从乾隆〈京城全图〉说起》，《南方建筑》2012 年第 4 期，第 81 页。

② 北京市地方志编纂委员会编著《北京志·市政卷·房地产志》，北京出版社，2000。

③ 北平市务工局编《北平市都市计划设计资料》（第 1 集），北平市务工局，1947。

④ 王彬主编《实用北京街巷指南》，北京燕山出版社，1987。

（二）北京老城四合院的利用

新中国成立以前，北京四合院的使用用途主要为宫府、邸第、民居、衙署、寺观、店宅等，新中国成立以后，北京四合院的使用功能主要为住宅和办公，伴随着社会的发展文物四合院逐渐被腾退出来，逐渐被用于参观游览、文化展示、宗教活动开展、单位办公和教育活动开展等。伴随着核心区人口的疏解，一般传统四合院正在通过申请式退租完成腾退，四合院新的利用方向正在探索，主要是用于社区服务、商业经营、文化办公等。

在北京老城四合院的利用过程中，新的使用功能正在赋予四合院新的生机。

1. 北京老城四合院利用制度建设情况

（1）四合院利用总体规划。在《北京城市总体规划（2016 年—2035 年）》和《首都功能核心区控制性详细规划（街区层面）（2018 年—2035 年）》中，提出了“双控四降”（“双控”指控制人口规模、控制建筑密度，“四降”指降低人口密度、旅游密度、建筑密度及商业密度）的要求，北京老城四合院的主要利用方向是保障中央政务功能、服务中央单位、完善地区公共服务设施和传承展示传统文化等。在此基础之上，文物类四合院、历史建筑类四合院和一般传统四合院逐步明确各自的利用原则。2022 年 3 月，《北京市新增产业的禁止和限制目录（2022 年版）》发布，进一步明确了一般传统四合院的利用方向；2022 年 11 月，全国文物工作会议提出新时代文物工作的 22 字方针，即“保护第一、加强管理、挖掘价值、有效利用、让文物活起来”。

（2）四合院利用政策保障。在确定了总体利用规划之后，各类四合院利用保障政策也相继出台。

针对文物类四合院，2016 年 3 月国务院发布的《关于进一步加强文物工作的指导意见》要求坚持“保护为主、抢救第一、合理利用、加强管理”的工作方针，深入挖掘和系统阐发文物所蕴含的文化内涵和时代价值，切实做到在保护中发展，在发展中保护。2020 年 1 月发布的《文物建筑开放导则（试行）》要求进一步加大文物建筑开放力度。2022 年出台的《关于鼓励和支持社会力量参与文物建筑保护利用的意见》进一步明确了文物类四合院的利用方向和保障政策。对于北京市由区政府管理的文物类四合院，利用政策也在不断完善中，《北京市西城区人民政府关于促进文物建筑合理利用和开放管理的若干意见（试行）》《东城文物“活历计划”实施方案》等相继出台。

针对历史建筑类四合院，《北京市历史建筑保护利用管理办法（试行）》（征求意见稿）确定了遵循保护优先、分类管理、合理利用、共治共享的原则，提出在保护历史建筑核心价值的前提下，鼓励开放利用、适度改善民生和促进发展。历史建筑类四合院的开放利用进一步规范化。

针对一般传统四合院，《西城区疏解腾退空间资源再利用指导意见》明确了四合院利用的方向、工作制度、组织保障，还明确了联席会制度的具体实施路径。为腾空空间再利用过程中的权、管、用分离，使用功能转换等问题的破解提供了政策保障。

2. 北京老城四合院利用情况

（1）文物类四合院利用情况。自 1961 年第一批全国重点文物保护单位公布以来，针对这些文物的利用措施一直随着时代的发展而调整，截至 2023 年分八批公布的全国重点文物保护单位中，位于北京核心区具备合院特征的保护单位有 45 处，其中有 41 处用于展览展示，占比为 91. 1%（见表 6）。

表 6　核心区全国重点文物类四合院利用情况统计

单位：处，%

类别	展览展示	杂院民居	私人宅院	单位办公	教育教学	商业经营	合计
数量	41	0	0	2	1	1	45
占比	91. 1	0	0	4. 4	2. 2	2. 2	100

资料来源：以北京市文物局官网发布的数据为基础，作者调研统计后自绘。

截至 2023 年，分九批公布的北京市市级文物保护单位中，位于北京核心区具备合院特征的保护单位有 94 处，其中有 31 处用于展览展示，占比为 33. 0%；有 23 处为民居院落，占比为 24. 5%（见表 7）。

表 7　核心区市级文物类合院利用情况统计

单位：处，%

类别	展览展示	居民院落	私人宅院	单位办公	教育教学	商业经营	合计
数量	31	23	2	20	16	2	94
占比	33.0	24.5	2.1	21.3	17.0	2.1	100

资料来源：以北京市文物局官网发布的数据为基础，作者调研统计后自绘。

截至 2023 年，北京核心区有 100 处具备合院特征的区级文物院落，其中西城区 61 处，东城区 39 处（见表 8）。

表 8　核心区区级文物类四合院利用情况统计

单位：处

区域	展览展示	民居院落	私人宅院	单位办公	教育教学	商业经营	合计
西城区	11	27	1	13	7	2	61
东城区	7	19	0	5	5	3	39

资料来源：以北京市东城区、西城区人民政府网站发布的数据为基础，作者调研统计后自绘。

截至 2023 年，北京核心区有 294 处具备合院特征的一般不可移动文物类院落，其中西城区 155 处，东城区 139 处（见表 9）。

表 9　核心区一般不可移动文物类四合院利用情况统计

单位：处

区域	游览展示	民居院落	私人宅院	单位办公	教育教学	商业经营	合计
西城区	12	107	1	17	7	11	155
东城区	45	62	10	8	5	9	139

资料来源：以北京市东城区、西城区人民政府网站发布的数据为基础，作者调研统计后自绘。

（2）历史建筑类四合院利用情况。截至 2023 年，北京核心区分三批公布的历史建筑中有 354 处具备合院特征的历史建筑类院落，其中第一批 50 处，第二批 148 处，第三批 156 处，主要利用方式为用于居住的民居院落

（见表 10）。历史建筑的认定自 2019 年启动以来，保护和利用还在探索阶段，尤其是利用，还没有形成成熟的历史建筑利用模式。

表 10　核心区历史建筑类四合院利用情况统计

单位：处，%

批次	游览展示	民居院落	私人宅院	单位办公	教育教学	商业经营	合计
第一批	0	37	7	4	0	2	50
第二批	0	119	12	3	1	13	148
第三批	1	133	14	4	1	3	156
累计占比	0.3	81.6	9.3	3.1	0.6	5.1	100

资料来源：以北京市人民政府网站发布的数据为基础，作者调研统计后自绘。

（3）一般传统四合院利用情况。一般传统四合院的市场化利用探索，开始于 2013 年前后相继启动的杨梅竹斜街项目和白塔寺项目，在上述两个项目的经验基础上，结合新的总体规划，2019 年启动的菜西项目和雨儿胡同项目，代表了一般传统四合院利用的两个方向：一个方向是将腾退四合院视为城市资产进行商业运营，注重经济效益；另一个方向是将腾退四合院作为补足片区配套的资源，注重社会效益。

自 2019 年菜西项目、雨儿胡同项目启动以来，截至 2023 年 6 月已有 23 个片区展开申请式退租（换租）工作，已完成老城平房（院落）申请式退租（换租）签约 5100 余户。[①] 通过申请式退租（换租）已有约 12.5 万平方米的平房四合院得到重新利用。根据本轮城市更新老城内疏解 10000 户的计划，老城内将有 25 万平方米的平房四合院得到重新利用。[②] 按照腾退资源再利用相关规划，腾退的四合院 20%左右将用于片区配套；20%左右用于商业，补足片区配套商业，方便居民生活；60%左右用于商务，主要用于人才公寓、文化办公。

---

① 孙颖：《北京已在 20 个地区开展试退租》，《北京日报》2023 年 4 月 17 日。

② 资料来源：《北京市城市更新行动计划（2021—2025 年）》。

对于一般传统四合院的利用形式，我们对其中的精品咖啡馆进行了调研。

精品咖啡馆被认为是现代生活的标志性事物，与北京老城的胡同四合院的传统风貌和空间相结合，能够体现“老胡同，现代生活”的目标要求。2023年4月，通过对大众点评等线上平台的核心区咖啡馆进行统计，核心区咖啡馆共有469家，其中东城区有277家，西城区有192家；位于胡同四合院内的咖啡馆151家，占比为32%，其中东城区有101家，西城区有50家。精品咖啡馆一般经营面积较小，参与经营的人员少，建筑设计和装修特色明显，有着带动片区人气的作用。精品咖啡馆不需要非常大的经营面积，经营环境安静优雅，民扰和扰民的可能性比较小，其气质符合“让老城慢下来、静下来”的总体规划安排。这也与核心区平房区腾退空间的经营空间面积小，分布零散，深处居民区的特质相匹配。精品咖啡馆具有非常明显引流作用，对城市更新项目的正向宣传作用明显，有利于让更多的年轻人进入胡同中。

三　北京老城四合院保护和利用问题与挑战

（一）北京老城四合院保护问题分析

自北京老城四合院的保护进入新的阶段以来，获取了非常丰富的保护经验，也吸取了非常深刻的教训，现将北京老城保护的问题做以下总结。

1. 思想意识层面的问题和不足

（1）北京老城四合院保护的思想认识高度不够。北京全国文化中心建设是国家战略，是文化自信的重要保障。北京老城四合院是北京传统文化的重要载体，北京四合院的整体保护是北京全国文化中心建设这一国家战略的重要基础。目前，与北京老城四合院保护相关的决策主体、实施主体、设计主体、建设主体、运营主体、使用主体在北京老城四合院保护的思想认识方面的高度不够。在实践过程中对于“为什么保护四合院”的质疑，在上述主体中仍然存在。

（2）对一般传统四合院进行有效保护的共识尚未达成。针对文物类四合院、历史建筑类四合院，已构建了较为完善的保障体系，结合长期的宣传普及，各主体上述类型四合院的保护认识比较统一，认为这类四合院的保护非常必要。但一般传统四合院的整体保护政策出台时间较短，落实难度大，普遍认为一般传统四合院影响居住品质、风貌衰败，保护的价值不高，在实际保护过程中也出现保护动力不够、保护资金不足、保护技术不高等诸多问题。一般传统四合院的保护是老城整体保护的重要组成部分，但对于一般传统四合院也需要进行有效保护的共识尚未达成。

2. 制度保障层面的问题和不足

（1）监督落实和违规整顿力度不够。自 2017 年以来，为落实新版城市总体规划的部署，重新修订或新出台了一系列政策法规，其中涉及北京老城四合院保护的有《北京历史文化街区风貌保护与更新设计导则》《北京老城保护房屋修缮技术导则（2019 版）》《关于首都功能核心区平房（院落）保护性修缮和恢复性修建工作的意见》等，使北京老城四合院保护的制度保障体系逐渐完善。在执行过程中，发现对于这些文件的监督落实力度还不够，实施成果定期评价考核机制尚未建立，对于未达到政策要求标准的情况尚未建立整改措施和处罚机制。在落实过程中，出现“重流程监督，轻技术管理”，制度落地的实效性大打折扣的问题。

（2）政策法规实施路径不够清晰。北京老城四合院整体保护的制度保障体系正在逐步构建，自 20 世纪中叶以来北京市陆续公布了九批文物建筑，文物类四合院保障体系健全，保护路径清晰。相对来说，历史建筑类四合院、一般传统四合院的保障体系还比较薄弱，虽然出台了一系列的政策法规，但因为所经历的时间考验还不够，未能形成非常成熟的保护模式，已经实施的政策法规在实践环节还有一些堵点需要疏通，还有一些断点需要连接。比较典型的是针对一般传统四合院的保护，自 2017 年实施申请式退租以来，腾退出来了一定规模的一般传统四合院，但对于这些一般传统四合院在腾退完成后的保护性修缮和恢复性修建、规划设计方案的审批、建筑风貌的验收等的路径还不够清晰。

（3）一般传统四合院保护体系尚不健全。自 2017 年新版城市总体规划实施以来，老城总体保护的要求得以严格落实，北京老城内不再拆除四合院，针对老城内历史文化街区以外在途危改项目，2017 年 8 月北京市发文要求，已经启动拆迁尚未完成的项目，采取恢复性修建方式继续实施。已拆迁区域，由区政府相关部门供地。拆迁区域，由政府组织采取修缮方式实施，恢复老城风貌。没有实质启动的项目，撤销危改项目。在文物类四合院、历史建筑类四合院之外，一般传统四合院也得到了基本保护，北京老城四合院整体保护的格局基本形成，但是一般传统四合院的政策保障体系尚不健全，在保护性修缮和恢复性修建过程中问题频出。

3. 理论研究层面的问题和不足

（1）理论研究成果不能满足实际需求。梁思成先生的学生王其明先生于 20 世纪 50 年代在梁思成先生的指导下确定了关于北京四合院的论文选题，开创了四合院理论研究先河，取得了瞩目的研究成果，奠定了四合院的理论研究基础。经过诸多专家学者半个多世纪的积累，北京四合院的研究体系不断完善，在历史理论研究、营造技术总结、民俗文化探寻和典型案例归集等方面取得了丰硕的成果。2017 年以来，北京四合院保护的语境发生转换，北京四合院的保护进入新的阶段，出现新特点，在北京四合院整体保护的背景下，四合院的理论研究仍存在如下问题。

第一，四合院的理论研究成果不能有效支撑北京老城四合院的全面保护，大规模恢复性修建的理论支撑不足。2017 年北京新版城市总体规划发布实施以来，北京老城在历史文化街区内进行的大规模四合院恢复性修建，是四合院历史上从来没有过的大规模恢复性修建和保护性修缮，在理论和实践环节缺少对民居四合院，特别是南城民居四合院的系统研究。目前恢复性修建的各个环节，比如设计、施工、运营使用等都存在系列问题，如果不加以重视，可能会对老城造成不可逆转的损害。

第二，四合院理论研究体系尚不健全，官式四合院的理论研究、技术储备、施工组织相关经验积累丰富，民居四合院的理论研究、技术储备、施工组织相关经验还不充足，有的领域的研究还处于空白状态。因为理论研究的不足，民居四合院的地域特色没有得到足够的关注，在大规模恢复性修建过程中可能会对四合院造成“保护性破坏”。

（2）理论研究组织体系尚不健全。北京四合院的研究动机或主要推动力量，概括起来有两个：一是出于四合院理论研究的需要，由在京高校、研究机构等组织推动；二是出于四合院保护更新的需要，由各级政府、相关企业等组织推动。在这种四合院理论研究组织体系中，不确定因素多，受研究团队或研究专家个体因素的影响较大，现阶段在高校中，北京四合院理论研究的传承在一定程度上出现断层，造成北京四合院研究的高度、深度、广度不足，不能满足保护更新需求等诸多问题。总结起来，目前在理论研究组织方面存在的问题有如下几类。

第一，北京四合院的相关研究经历20世纪90年代的黄金期之后，四合院相关理论研究出现断层，理论研究和营造技术人才青黄不接，在北京四合院整体保护的背景下，所沿用的更多的还是上一阶段的理论研究成果和营造技术，针对新的阶段、新的特点进行的更加系统的理论再研究和营造技术再提升的成果不足。

第二，北京四合院理论体系和营造技术再研究的时间窗口正在关闭，北京老城的保护更新是将集中腾退的四合院进行保护性修缮和恢复性修建，这一过程中，因部分四合院房屋质量非常差，这批四合院就会采用恢复性修建的模式拆除后重建，大量可供研究的四合院案例和细部构造将不复存在，这是北京四合院系统研究最后的机会，但对四合院进行系统的再研究的力度还远远不够。

4. 组织实施层面的问题和不足

（1）工作组织模式不够成熟。北京老城四合院的保护，基本工作模式是由区级政府、文物主管部门、规划建设主管部门、产权单位（直管公房）负责决策、组织及协调，实施主体负责相关决策的具体落实。具体来说，文物类四合院的保护由文物主管部门负责决策及组织实施。历史建筑类四合院和一般传统四合院由规划建设主管部门、产权单位（直管公房）负责决策，并授权从事老城保护和城市更新的实施主体进行院落的腾退、修缮、翻建等相关工作。从保护存在的问题分析，这三类四合院的保护工作在组织层面存在的主要问题有如下几类。

第一，决策主体与实施主体的沟通不足，实施主体对四合院的保护有非常关键的作用，但决策主体对实施主体组织实施过程的监督与管理机制仍有待健全，有效的问题触发与响应机制尚未形成，实施过程中出现的问题不能及时纠正，项目完成后有些问题已经无法纠正，给四合院保护带来的影响会一直以事实的形式存在，负面影响持续存在。

第二，实施主体的组织架构差异非常大，具有老城保护相关专业背景的技术力量配置不足。根据东城区、西城区已经开展的老城保护和城市更新实施主体的调查，在已经完成第一阶段申请式退租（换租）工作的 23 个老城保护更新项目中，共有实施主体 9 家，在这 9 家实施主体中，对四合院保护具有影响的部门为规划设计和工程管理的相关部门，进一步研究发现这些部门的人员组织架构和专业技术背景各异，四合院整体保护的技术力量储备不足。

（2）技术管理未被充分重视。在北京老城四合院的保护组织实施过程中，决策主体与实施主体的工作主要分为流程管理和技术管理两大方面，流程管理相关的工作容易被量化，监督评价体系完善，易于照章执行，契合决策主体和实施主体的组织特点；技术管理因为现有四合院保护的阶段特点，不确定因素比较多，人为因素感性认知比较明显，不易形成量化的决策体系。在流程管理和技术管理中存在的主要问题有：第一，在管理过程中，重视四合院保护过程中的流程管理，技术管理未被充分重视；第二，技术力量配置的不足，技术管理不能有效实施。

5. 工程实践层面的问题和不足

（1）规划设计引领作用不足。规划设计是四合院保护的关键环节，规划设计对实施主体保护修缮的实践应该起到引领作用。当前北京四合院保护规划设计仍存在以下主要问题。

第一，不能正确处理好守正与创新的逻辑关系，在北京老城四合院的保护工作中，过度“创新”，在设计环节出现了保护性破坏的问题。

第二，规划设计的引领不足，除了体现在保护理念和设计能力方面，还体现在规划设计单位对施工现场的掌控能力有限，设计环节和施工环节脱节。

第三，规划设计单位对保护对象的前期了解工作不扎实，项目启动前现场踏勘不足，四合院地域特色体现不足。

第四，设计人才培养体系不够健全，后备力量储备不足。北京有 8 所本科院校开设建筑学专业，开设传统建筑相关课程的学校有 2 所，大部分传统建筑相关课程停留在讲授建筑史和让学生临摹古建测绘图的层面，针对传统建筑营造的相关课程严重不足。

（2）施工建设托底能力不足。保护性修缮和恢复性修建的工程实施是四合院保护的最后一个环节，传统四合院保护由传统的设计施工一体的营造模式转换为现在设计和施工分开的模式后，出现的一些问题尚未得到解决。施工建设单位水平参差不齐，保护意识高低不一，施工建设对决策层面和规划设计层面出现的问题进行托底解决的能力明显不足，具体问题如下。

第一，传统四合院的营造模式是设计施工一体化，营造过程中，人为因素影响较大，现代的施工总包管理模式，综合协调流程管理、技术管理、劳务分包，不利于形成合力。四合院保护项目一般面积小、分布零散，不宜展开规模化施工，现代的施工总包模式不完全适用。

第二，从事北京老城四合院保护的施工建设单位、技术人员和成熟工匠是四合院保护的核心力量。根据调研，相关技术人员和成熟工匠年龄偏大，中青年后备技术力量储备不足。

第三，传统的四合院营造队伍来自北京周边不同的地区，这导致四合院细节的差异。现代的施工建设模式，造成了施工技艺同质化严重，四合院地域特色消失，同时工匠在现场的话语权减弱，权衡处理现场问题的能力不足。

6. 日常维护层面的问题和不足

北京老城四合院的保护分为两个阶段。第一个阶段是保护建设阶段，这个阶段周期短，保护不得当问题易于被察觉；第二个阶段是日常利用阶段，这一阶段周期长，出现保护失当问题不易被察觉。四合院日常维护不足主要表现在如下几方面。

第一，四合院日常维护体系尚未建立，重使用轻维护。

第二，日常维护过程中四合院传统元素和传统构件没有得到有效保护。

第三，运营过程中对使用方的管理不到位，在一般传统四合院的使用过程中，新增自建房改变院落格局的情况比较普遍。

第四，经营业态与四合院的院落形态的匹配度不高，没有很好发挥四合院的院落优势和文化优势。

（二）北京老城四合院利用问题分析

1. 思想意识方面的问题和不足

北京新版城市总体规划和核心区控制性规划发布以来，北京老城四合院的利用也进入了新的阶段，北京老城的转型升级和提质增效，催生了新的利用模式、新的利用群体、新的利用业态，但同时，也使四合院利用过程中存在的问题显现出来。

第一，“吃瓦片”的传统经营利用观念尚未转变，四合院利用效率低，对四合院的利用基本还停留在建设完成后出租了事的认知中。四合院产权单位或经营管理单位普遍采用的是传统的房屋出租的经营利用模式，经营效率低，投入产出不匹配。四合院产权单位或经营管理单位自营的经营利用模式还不成熟。

第二，“只见树木，不见森林”，只看到四合院的建筑空间价值，没有认识到四合院的整体价值（包括空间价值和文化价值）。利用过程中只重视对四合院建筑本体的利用，轻视对四合院所承载的文化资源的挖掘，对四合院文化价值积极转化的意识不强，尝试探索的氛围还未形成。

第三，经济效益和社会效益并重的意识不足，片面追求经济效益，忽略或轻视社会效益，北京老城四合院是历史传承下来的社会财富，不独属于某个单位或个人，将四合院封闭起来，与社会割裂，以追求经济利益的最大化的观念还比较普遍。

2. 制度保障方面的问题和不足

文物类四合院、历史建筑类四合院的活化利用，一般传统四合院的经营利用，是2017年以来陆续展开的，相关制度保障还在不断的探索中，《北京历史文化名城保护条例》、《北京市历史建筑保护利用管理办法（试行）》（征求意见稿）等指导四合院利用的管理文件陆续修订或出台，正在逐步建构起基本的利用保障制度，总体来说这些制度保障体系还不够健全，主要问题如下。

第一，四合院的利用制度尚在探索阶段，出台的各项制度之间的关联度不高，保护制度和利用制度尚未形成合力。

第二，四合院利用审批路径烦琐，给四合院的经营利用带来了较大的影响，四合院利用实施主体在按照四合院利用制度展开相关工作的过程中，实施路径不清晰，制度的执行还不够顺畅透明。

3. 组织实施方面的问题和不足

（1）利用规划实施变数较大。北京老城四合院的利用在2022年以前处于探索阶段，决策主体根据四个中心建设、让老城静下来的总体要求，探索利用政策；实施主体根据企业经营要求、片区业态需求，探索利用策略。总体来说，决策主体还没有制定明确的上位规划可以指导各类四合院的利用，实施主体尚未探索出“规划可支持、资金可保障、群众可接受”的四合院利用模式，《北京市新增产业的禁止和限制目录（2022年版）》发布以来，东城区、西城区开始明确规划利用审批路径。以西城区为例，2022年白塔寺片区建立腾退空间规划联席会，其他片区也正在按照这一路径进行利用规划的审批，但分析来看，利用规划审批和组织实施的变数较大，存在问题如下。

第一，各类四合院的腾退、保护和利用，尚未形成统一的全流程规划，以居住功能为主的各类四合院，在利用时基本都并未保留原来的居住属性。规划业态和四合院的建筑形态能够有效融合，是四合院保护和利用顺利推进的基础，在利用规划的制定、审批和实施环节，尚未对这一问题进行深入的研究，利用过程中的不确定性增加。

第二，利用规划的制定、审批和实施，尚在探索阶段，这一过程中，各个环节存在的问题还比较多，人为痕迹还比较明显，各个环节的监督和评审机制尚未建立，规划实施过程中的自由度比较大，老城保护和城市更新相邻片区不同实施主体分项目制定利用规划，其科学性尚待研究。

（2）经营利用业态受限。在“双控四降”的要求下，北京四合院的利用业态受到严格的限制，以前鼓励的商业经营和四合院民宿等业态成为严格受限的业态类型。文物类四合院没有经营成本的压力，倾向于社会公益类的业态类型；历史建筑类四合院和一般传统四合院，一般财务成本非常高，经营压力比较大，对经济效益比较高的商业和住宿类型的业态有非常大的需求，面临的问题如下。

第一，北京老城内的文物类四合院和历史建筑类四合院社会开放度比较高，一般传统四合院，因为受经营业态的影响，开放度比较高的商业和酒店住宿业严格受限，只能选择私人会所、企业办公等业态类型，这些四合院正在逐步封闭化，普通居民与四合院的距离越来越远，这种四合院的利用趋势，不利于北京全国文化中心的建设。

第二，共生院是实施北京老城保护和城市更新过程中，采用申请式退租进行人口疏解的必然产物，可利用的一般传统四合院主要以共生院的形态存在，占腾退面积的60%以上，一般传统四合院利用最主要的问题是共生院占可运营资产比例高，共生院利用模式的突破，是北京老城四合院利用的难点，共生院的可选业态限制更多，针对共生院的利用，尚未形成可推广可复制的成熟模式。

第三，低端业态回潮，疏解人口返流，提质增效遇阻。在一般传统四合院腾退过程中，一般实施主体都背负了较大的财务压力，对后期的经营性利用要求比较高，要求尽快、尽量出租，对租户的要求有所降低。大量共生院的存在限制了四合院的品质提高，因为共生院的存在，通过经济杠杆调节人口密度和业态质量的作用不能充分显现。

四　北京老城四合院保护和利用的策略和建议

（一）北京老城四合院保护策略

1. 思想意识层面

“拆”与“保”的分歧已经有定论，四合院的保护工作由“要不要保”进入了“怎么样保”的新阶段，统一思想，凝聚共识，是四合院保护工作顺利推进的前提。在思想意识层面首先要处理好以下辩证关系。

正确认识理论和实践之间的逻辑关系，“实践必须永远建筑在坚实的理论之上”，北京老城四合院的保护要在全面、系统的理论指导下进行保护实践，需要建立与文物类四合院、历史建筑类四合院、一般传统四合院整体保护体系配套的理论体系。

正确认识守正与创新之间的逻辑关系，守正是要在保护中延续四合院的精华，比如延续传统四合院的修缮技艺。创新是要在保护中弥补四合院的不足，比如研发与四合院平面布局和风貌特征相配套的产品。守正和创新要找准各自的发力点。

正确认识保护与利用之间的逻辑关系，决策主体、管理主体和运营主体都要树立四合院的保护是经营利用的基础，坚持在保护中利用，在利用中保护的原则。选择与四合院融合匹配的经营业态，选择对四合院有情怀的使用者。

2. 制度保障层面

北京老城四合院需要建立完备的制度保障体系，确保保护有法可依，有章可循，照章办事，降低保护过程中的人为干扰，增加保护过程中各个环节的透明度，提高保护各相关主体的公信力。在决策环节，加强监督落实和违规整顿，明确政策法规实施路径。在实施环节，加强政策法规的学习和指导，具体建议和策略如下。

第一，构建四合院保护“一院一档”机制，将院落的历史脉络、现状照片和设计图纸进行留存。建立有组织的院落档案和院落资料留存系统，这一系统作为一种公共资源，社会公众可以登录这一系统获取或补充相关资料。

第二，针对不同保护类型的四合院，建立完备的四合院保护方案审批流程和保护技术审查机制，确保保护实施方案的全过程有审查、有监督、有验收。杜绝不经审批自行建设，建立审查机制，及时处理违规建设行为。

第三，对从事北京四合院保护相关工作的实施主体、设计单位、施工单位等进行监督管理，建立准入机制、考核机制、正负面清单等管控体系，及时清退不符合保护要求的各相关主体。

3. 理论研究方面

（1）开展四合院理论体系再研究。北京四合院理论研究情况，北京四合院理论研究从 20 世纪 50 年代开始，已接续研究近 70 年，其中以 20 世纪 50 年代和 90 年代成果最为丰硕，2017 年《北京城市总体规划（2016 年—2035 年）》发布，提出全国文化中心建设和老城整体保护要求，这使得北京四合院理论体系再研究的任务更加迫切，研究策略和建议如下。

第一，组织北京四合院再研究，构建全面、系统、具有实践指导意义的四合院理论体系，为北京四合院整体保护中的保护性修缮和恢复性修建提供理论支撑，在北京老城四合院系统研究的基础上进行四合院的整体保护。

第二，四合院理论研究体系，要以大量的案例资料、文献资料、影像资料为基础，进行四合院的发展演进、营造意匠、营造技艺、保护利用、地域特色等方面的系统研究。

第三，四合院利用体系的研究，要跨越建筑学、历史学、考古学、社会学等多个学科门类，要协调政府机关、科研院校、设计施工等多个组织机构，坚持久久为功，才能达到“沟通儒匠，道器同途”的目标。

（2）构建完善的相关人才培养体系。北京老城四合院的保护最终将由人来主导，由人来落实，思想共识形成，制度保障完备，理论体系健全之后，具备专业素养的四合院保护人才将是影响四合院保护事业的关键因素。

需要在总结梳理现有人才培养机制的基础上，结合四合院保护发展的情况，加大不同层面的人才培养力度。

第一，构建“大学+职业教育”人才培养体系，提高专业人才在从业人员中的占比。第二，传统建筑的人才培养必须理论和实践相结合，除了采用现代的理论教学之外，还要使学生积极参与建筑营造实践。将人才培养的课堂设在北京老城四合院保护现场，将四合院营造技艺工匠请进课堂，促进实践与理论的融合，设计与施工的融合，产、学、研的融合，为北京老城的整体保护，为北京中轴线的整体申遗，为北京四合院文化营造储备新型人才。

4. 组织实施方面

2017 年以来，北京老城保护更新项目的实施模式主要是以国企单位为实施主体进行成片保护更新。在这种工作模式下，相关国企单位作为保护利用的实施主体，可以链接四合院历史理论研究、营造实践和文化挖掘，具有系统掌握四合院一手资料的条件。实施主体是四合院保护的关键因素，提高实施主体的认知水平、技术储备，优化实施主体的工作模式和组织架构，有助于四合院的整体保护的顺利实施，策略和建议如下。

第一，针对一般传统四合院，在现有的“成片区、成规模、集中式以胡同为单位”的保护利用模式基础上，补充“大范围、小规模、渐进式以院落为单位”的保护利用模式，具体是在核心区范围内，实施主体基于市场化的腾退标准，将院落单位内原有居民腾退后，按照审批的院落保护实施方案对院落进行保护，在约定授权使用期限内按照规划的业态对院落进行自用或经营利用，房屋产权单位负责院落运营使用过程中的监管。

第二，北京四合院的保护是一个长期的过程，在不断提高实施主体四合院保护意识的同时，首先需要优化实施主体的组织架构，增加具有四合院相关经验的专业人员的配置，不断提升专业人员技术管理水平，通过组织架构的优化，提高专业技术人员在四合院保护和利用决策过程中的话语权，将专业技术建议作为必备的决策依据。

第三，在四合院保护过程中，要建立与流程管理同等严格的技术管理制度，有效的技术管理是四合院保护的保障，保护设计流程及成果、现场踏勘流程及成果、施工建设流程及质量、经营利用过程中的保护要求、日常维护中的保护要求等都要有详细的技术标准。

5. 工程实践方面

（1）强化规划设计环节的引领作用。规划设计有效发挥引领作用的基础是对四合院保护丰富的研究成果、前瞻的保护理论和扎实的保护实践的充分把握，以下是对四合院保护规划设计环节的一些建议。

第一，深入研究传统四合院设计营造过程，在了解传统四合院设计营造意图的基础上，开展现代四合院的设计、恢复性修建设计之前需要深入研究院落历史，细致踏勘，详细绘制现场测绘图纸，细部构造要拍照留档。

第二，开展在地设计，关注四合院的地域特点，传承和延续四合院细部特征的地域特色；正确认识四合院的多样性，北京老城四合院的整体保护不是将四合院风貌统一恢复至历史上的某个时期，不是四合院风貌的统一化标准化，而是要保持四合院的多样性。这种多样性一是因时代变迁，烙印了时代特征而产生的多样性；二是因地域文化差异，而形成的四合院平面布局和细部特征的多样性。

（2）加强施工建设环节的托底作用。施工建设是四合院保护的重要的末端环节，施工建设总包单位的项目管理团队（特别是技术管理）、工程施工队伍对四合院保护的最终呈现至关重要。优化施工单位的组织架构、管理模式、工作机制，对四合院的保护意义重大。组织架构完整、人员流动小、技术实力强，有固定的劳务分包队伍且劳务中的技术工人水平较高，在施工过程中能够对设计方案优化提升和调整，能够对现场随时进行有效的管理，对民扰和扰民都能够及时妥善处理的施工单位对四合院的保护有非常大的作用。

第一，一般传统四合院体量非常巨大，保护利用市场比较稳定，施工总包单位可以通过强化自身管理能力和技术水平慢慢占据市场主导。施工单位要加强自身技术实力储备，在施工过程中对设计不合理的地方进行优化调整，通过加强对传统建筑营造过程和营造技术的优化，提升解决实际问题的能力。

第二，加强施工工程中的经验积累，记录和积累四合院施工过程中有价值的信息，比如房屋拆除前的梁柱尺寸和使用情况，基础设置情况，容易在使用过程中造成损害的部位及原因，应对的建议及技术措施等。通过不断的技术积累形成产、研一体的施工总包品牌。

6. 经营管理方面

（1）建立日常维护机制。建立恢复性修建四合院体检机制，定期对恢复修建后投入运营的四合院进行体检。通过在使用过程中的精心维护来延长四合院的使用寿命。通过对屋顶瓦破损，墙体砖墙酥碱，墙根积水，屋面积雪、杂草的及时维护和处理，减少四合院的损伤，延长四合院的使用寿命。

（2）运营管理。四合院的产权单位或授权管理单位，要建立四合院使用全过程和全寿命周期的动态检查维护机制，制定四合院使用说明书，严格约束四合院经营利用过程中的不恰当行为，运营过程中要对目标客户进行筛选，选择充分尊重四合院的院落格局和传统风貌的优质客户。

（二）北京老城四合院利用建议

1. 思想意识方面

第一，转变思想，创新利用模式，首先在主管意识上改变传统的房屋租赁模式，通过提高四合院自持运营的比例，提升四合院的附加值，通过自持资产的运营实现由重资产管理向轻资产运营的转变。

第二，调整思路，挖掘整体价值，在四合院经营利用过程中，充分挖掘四合院承载的文化内涵，在充分挖掘文化内涵的基础上，进行文化价值转化，树立品牌意识，打造各具区域特色的文创产品和文创品牌。

第三，提高认识，重视社会效益，可利用的四合院是经济效益和社会效益的双重载体，在全国文化中心的建设过程中，四合院的社会效益尤为凸显，通过加大宣传和开放力度，提高四合院的社会效益。

2. 制度保障方面

第一，建立四合院保护利用政策文件名录，保持相关各项制度出台和修订的延续性，梳理清楚各项制度之间的承接互补关系，强化依规利用的理念。

第二，优化四合院利用规划审批及合规业态经营证照办理流程，通过“多会合一、多审合一、多证合一”加快行政审批办理速度，不断优化营商环境。制度的执行要有配套的实施路径，以避免在执行过程中产生堵点。

第三，结合老城四合院利用的实际情况，对《北京市新增产业的禁止和限制目录（2022 年版）》的实施效果进行评估，适当放宽有利于全国文化中心建设的经营业态的限制条件。

3. 组织实施方面

（1）制定科学合理的腾退空间利用规划。制定四合院利用顶层规划，在兼顾“双控四降”、经济效益和社会效益的同时，对各种利用业态进行有针对性的引导，注重四合院利用的整体谋划，在确定北京老城四合院总体利用规划之后，再以片区为单位，在总体利用规划的基础上，进行指标分解，最后明确每一处四合院的利用计划。

第一，根据上位规划，按照各区的制度设定，科学制定与核心区建设新发展趋势相协调的四合院利用规划。在实施过程中，严格按照利用规划进行产业落位，通过空间利用规划，控制好四合院利用的底线。

第二，制定四合院利用规划执行情况考核机制，定期对空间利用规划落实情况进行考核和评估，对于执行过程中的积极经验进行总结和推广，对于出现的不利于四合院利用的行为进行惩戒并督促整改。

（2）经营利用业态。四合院利用的内容，对四合院的保护和四合院文化的传播有非常大的影响。一般来说文物类四合院的一般用于展览展示等公益性强的业态，历史建筑类四合院一般用于居住，一般传统四合院在腾退前一般用于居住，腾退后根据业态规划主要用于公共服务配套、商务、商业。关于四合院经营利用的业态类型，有如下建议。

第一，对于北京老城四合院的利用业态分布，建议根据不同区域的实际情况进行分级管控，老城外城这一部分腾退的平房四合院，离核心控制区、中央办公区比较远，建议允许一定比例的主题酒店和餐饮商家入驻。主题酒店以会馆文化为依托，延续和传播京味会馆文化。会馆是传统住宿接待业态，以会馆文化这个概念，挖掘主题酒店对传播传统文化的价值。

第二，探索共生院高效利用模式，共生院是 2017 年以来产生的一种新的“大杂院”形态，是申请式退租的产物，建议通过平移、申请式改善等手段，破解共生院整体改造与整体利用的难题。

第三，适度提升民众参与度高的业态的比例，确保可利用四合院的开敞度。结合四合院的文化特色，引入咖啡馆、主题酒店、特色餐饮等开敞度高的业态类型，树立一批业态与文化结合的运营典型。

五 余论

“老胡同，现代生活”是保护与利用辩证统一的智慧结晶。北京老城四合院的保护和利用，基本目的是延续传统四合院建筑风貌，以“小规模、渐进式、微循环”为保护和利用原则，通过保护最大限度地留存有价值的历史信息，使北京老城各时期具有代表性的发展印记最大限度得以保留，使有文化底蕴、有活力的历史场所得到传承利用，使老北京的文化记忆重新被唤起，使历史文化街区的生活延续性得到保障，终极目标是通过人们对优秀且积淀深厚的文化的深入认知和了解，形成源自心底的文化自信，促进北京老城四合院文化的传承与发展。名人故居是文化的载体，普通民居也是文化的载体。文物类四合院主要保护的是精英文化，一般传统四合院主要保护的是平民文化。北京老城四合院的整体保护和利用，有利于使传统的中国大众文化载体和精英文化载体得到全面保护和利用。

B.5

北京革命旧址保护利用研究报告

孙冬梅　魏菲宇　郑德昊*

摘　要： 按照国家文物局下发的《革命旧址保护利用导则（试行）》对不可移动革命文物的分类，课题组从北京市文物局2021年和2022年公布的两批不可移动革命文物名录中筛选出63处革命旧址开展调研，了解其保护与利用现状，并针对存在的资源挖掘广度和深度不够、文物活化利用不充分、保护利用体系还不完善等问题，提出加大革命旧址挖掘与保护联动机制建设力度、活化利用好革命文物这一"生动教材"、形成革命旧址保护与利用合力等对策建议，以期为科学保护与合理利用革命旧址资源提供决策参考。

关键词： 革命旧址　革命文物　活化利用

一　北京革命旧址保护利用现状

根据2019年1月国家文物局出台的《革命旧址保护利用导则（试行）》总则第二条，革命旧址是指已被登记公布为不可移动文物，见证近代以来中国人民长期革命斗争，特别是中国共产党领导的新民主主义革命与社会主义

* 孙冬梅，北京建筑大学文化发展研究院/人文学院党总支书记，研究员，主要研究方向为文化传播；魏菲宇，北京建筑大学建筑与城市规划学院讲师，主要研究方向为风景园林规划设计、风景园林历史理论；郑德昊，北京建筑大学建筑与城市规划学院硕士研究生，主要研究方向为风景园林规划设计、风景园林历史理论。

革命历程，反映革命文化的遗址、遗迹和纪念设施。革命旧址主要包括五类：一类是重要机构、重要会议旧址；二类是重要人物故居、旧居、活动地或墓地；三类是重要事件和重大战斗遗址、遗迹；四类是具有重要影响的烈士事迹发生地或烈士墓地；五类是近代以来兴建的涉及旧民主主义革命、新民主主义革命和社会主义革命的纪念碑（塔、堂）等纪念建（构）筑物。①

北京作为新文化运动的主阵地、中国共产党的孕育地之一、新中国的政治中心等，红色文化丰富而厚重。北京市于 2021 年和 2022 年分别公布了两批不可移动革命文物名录，第一批名录共计 158 处，第二批名录共计 30 处，总计 188 处。② 其中全国重点文保单位 22 处，北京市文保单位 35 处，各区文保单位 56 处，尚未核定为文保单位的 75 处（见图 1）。

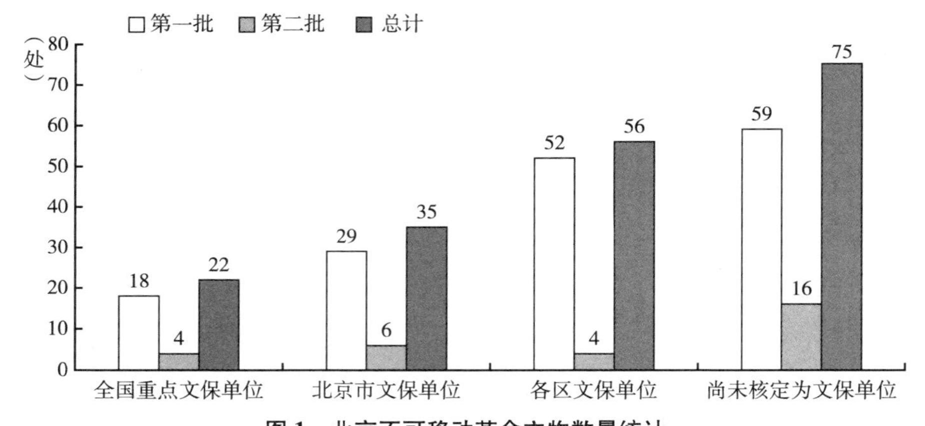

图 1　北京不可移动革命文物数量统计

资料来源：课题组根据北京市人民政府网站数据自绘。

课题组本着兼顾《革命旧址保护利用导则（试行）》所列革命旧址五种类型、保护级别和不同历史时期的原则，从两批不可移动革命文物名录中

① 《国家文物局关于印发〈革命旧址保护利用导则（试行）〉的通知》。

② 李祺瑶：《本市第一批革命文物名录公布包括 158 处不可移动文物和 2111 件（套）可移动文物》，http：//www. bjsupervision. gov. cn/xwzx/yw/202103/t20210331_ 73365. html；《北京市第二批革命文物名录公布》，https：//www. beijing. gov. cn/renwen/sy/whkb/202212/t20221228_ 2886409. html。

筛选出63处革命旧址（见表1）开展保护与利用现状的调研与研究。所调研革命旧址分布在东城区、西城区、海淀区、朝阳区、丰台区、石景山区。其中，全国重点文保单位16处，北京市文保单位17处，各区文保单位8处，尚未核定的文保单位22处。

表1　63处北京革命旧址基本信息统计

序号	行政区域	名称	级别	批次	类别
1	东城区	社稷坛中山堂	国家级	二	一
2	东城区	北京站车站大楼	国家级	二	一
3	东城区	北京大学红楼	国家级	一	一
4	东城区	天安门	国家级	一	五
5	东城区	人民英雄纪念碑	国家级	一	五
6	东城区	茅盾故居	市级	一	二
7	东城区	北京饭店初期建筑	市级	一	一
8	东城区	军调部1946年中共代表团驻地	市级	一	一
9	东城区	京奉铁路正阳门东车站旧址	市级	一	一
10	东城区	《新青年》编辑部旧址（陈独秀旧居）	市级	一	二
11	东城区	杨昌济旧居	区级	二	二
12	东城区	中国国家博物馆	未核定	二	一
13	东城区	首都剧场	未核定	二	一
14	东城区	孙中山行馆	国家级	一	二
15	东城区	老舍故居	市级	一	二
16	东城区	中法大学旧址	市级	一	一
17	东城区	京师大学堂建筑遗存	市级	一	一
18	东城区	田汉故居	区级	一	二
19	东城区	国民党北方领导机关旧址	区级	一	一
20	东城区	李大钊被捕地	未核定	一	二
21	东城区	李济深旧居	未核定	一	二
22	西城区	京报馆旧址	市级	一	二
23	西城区	李大钊故居	国家级	一	二
24	西城区	陶然亭慈悲庵	市级	一	一
25	西城区	蔡锷旧居	未核定	一	二
26	西城区	北师大旧址	区级	一	一
27	西城区	中共河北省委秘密联络站	市级	一	二
28	西城区	蒙藏学校旧址	国家级	一	一
29	西城区	平绥西直门车站旧址	市级	一	一
30	西城区	宋教仁纪念塔塔座	未核定	一	五

续表

序号	行政区域	名称	级别	批次	类别
31	西城区	高君宇烈士墓	市级	二	四
32	西城区	辛亥革命四烈士墓遗址	未核定	一	四
33	海淀区	双清别墅	国家级	一	一
34	海淀区	李大钊烈士陵园	市级	一	四
35	海淀区	六郎庄烈士纪念碑	区级	一	五
36	海淀区	北安河烈士纪念堂	未核定	一	五
37	海淀区	万安公墓	未核定	一	四
38	海淀区	碧云寺(孙中山先生纪念堂)	国家级	二	一
39	海淀区	颐和园景福阁、益寿堂	国家级	二	一
40	海淀区	辛亥滦州起义纪念园	国家级	一	三
41	海淀区	中国人民革命军事博物馆	未核定	二	一
42	海淀区	北京大学抗日战争联络点(燕园抗日斗争秘密联络点)	未核定	二	三
43	海淀区	北京大学三一八烈士纪念碑	未核定	二	五
44	海淀区	北京电影制片厂近现代建筑群	未核定	二	一
45	海淀区	三一八烈士纪念碑	市级	一	五
46	海淀区	贝家花园	市级	一	二
47	海淀区	佟麟阁将军墓	区级	一	四
48	海淀区	埃德加·斯诺墓	未核定	一	四
49	海淀区	民先队夏令营抗日石刻	未核定	一	五
50	海淀区	清华大学新林院 8 号	未核定	一	一
51	海淀区	清华园车站旧址	未核定	一	一
52	朝阳区	798 厂	未核定	二	一
53	朝阳区	马骏烈士墓	区级	一	四
54	朝阳区	北京炼焦化学厂(北京焦化厂)	未核定	二	一
55	朝阳区	四九一电台旧址	国家级	一	一
56	朝阳区	双桥革命烈士墓	未核定	一	四
57	丰台区	卢沟桥	国家级	一	三
58	丰台区	赵登禹将军墓	区级	一	二
59	丰台区	南苑兵营司令部旧址	市级	二	三
60	丰台区	岱王庙	未核定	二	一
61	丰台区	长辛店二七大罢工旧址	国家级	一	三
62	石景山区	八宝山革命公墓	国家级	一	二
63	石景山区	首钢工业遗址	未核定	二	一

资料来源：北京市人民政府网站。

1. 北京革命旧址保护相关政策文件日益完善

近年来，北京市陆续出台了相关政策文件，为更好保护与利用北京革命旧址资源提供了制度保障。

一是2017年《北京市人民政府关于进一步加强文物工作的实施意见》提出加强革命文物和近现代重要史迹保护。主要举措包括实施革命文物保护利用工程，编制北京地区革命文物保护规划，建立资源目录和数据库。

二是2018年《北京市关于推进革命文物保护利用工程（2018—2022年）的实施方案》和《北京市推进全国文化中心建设中长期规划（2019年—2035年）》，确立了“推进革命文物集中连片主题保护”的目标。

三是2021年《北京历史文化名城保护条例》将革命史迹、优秀近现代教育传播地新增为保护对象。《北京市“十四五”时期文物博物馆事业发展规划》在发展目标中明确提出，到2025年“革命文物三大主题片区建设有力推进，在赓续红色血脉、传承红色基因中发挥重要作用”，主要任务包括活化利用蒙藏学校旧址，推动革命文物保护和红色文化建设形成新高地，加强革命文物资源系统管理，推进革命文物集中连片保护，提升革命文物展览活动水平（见表2）。

表2　近年来北京革命文物保护利用相关政策文件统计

发布时间	发文单位	文件名称	相关内容
2017	北京市人民政府	《北京市人民政府关于进一步加强文物工作的实施意见》	加强革命文物和近现代重要史迹保护，实施革命文物保护利用工程，编制北京地区革命文物保护规划，建立资源目录和数据库。对东城区北京大学红楼、西城区李大钊故居、海淀区香山革命文物群等重要史迹、重要纪念场所，组织开展文物腾退和周边环境整治，实施主题性修缮。加强对工业遗产保护利用的调查研究，做好朝阳区国营718联合厂、丰台区二七机车车辆工厂、石景山区首都钢铁公司和门头沟区京西煤矿等的保护利用工作。加强市域范围内近现代代表性建筑的保护利用

续表

发布时间	发文单位	文件名称	相关内容
2018	北京市文物局	《北京市推进全国文化中心建设中长期规划（2019年—2035年）》	健全首都红色文化旅游体系，建设一批红色旅游胜地，加强对原平西、平北等红色遗迹的发掘整理。围绕以北京大学红楼及其周边旧址为代表的中国共产党早期北京革命活动主题片区文化资源，以卢沟桥和宛平城、中国人民抗日战争纪念馆为代表的抗战主题片区文化资源，以香山革命纪念地为代表的新中国成立主题片区文化资源等红色资源，策划设计红色旅游精品路线
2021	北京市文物局	《北京市"十四五"时期文物博物馆事业发展规划》	加强革命文物资源系统管理。高水平完成北京革命文物资源专项调查，系统评估不可移动革命文物保护现状，建立资源目录和数据库。核定公布北京市第二批革命文物名录。编制实施不可移动革命文物五年修缮计划，推进天安门、北京大学红楼、卢沟桥（宛平城）等一批代表性革命文物保护规划编制工作。加强可移动革命文物征集，推进全市馆藏革命文物认定、定级、建账和建档工作 推进革命文物集中连片保护。实施中国共产党早期北京革命活动、抗日战争、"进京赶考"建立新中国等三大主题片区的整体保护利用。以革命文物史实研究和价值阐释为基础，推出一批经典红色旅游精品线路。注重主题片区革命文物整体保护和全面展示，以京津冀协同发展战略为引领，联合河北、山西等省探索晋察冀、冀热辽片区跨省市连片保护工作机制，共同编制相关革命文物保护利用片区工作规划 提升革命文物展览活动水平。围绕重要时间节点和重大事件，组织推出一批精品展览。构建线上"北京革命文物展览中心"，推动线下实体展览与线上展览结合互动。积极开展社会主义核心价值观主题展览推荐。以北京大学红楼、中国人民抗日战争纪念馆、香山革命纪念地等爱国主义教育基地为依托，组织开展主题突出、形式新颖、内容丰富的文化活动，加强爱国主义教育和理想信念教育 革命文物保护利用具体包括北京大学红楼与中国共产党早期北京革命活动旧址保护利用工程、卢沟桥—宛平城抗战主题片区保护利用工程、"进京赶考"建立新中国主题片区保护利用工程和红色主题精品展览

2. 北京革命旧址保护利用规范化水平得到有效提升

一是建筑本体保护良好。如图 2、图 3 所示，目前北京市所公布的 188 处革命旧址建筑本体年代跨越时期长，类型丰富。其年代主要集中在民国时期和新中国成立之后，分别占 37%（70 处）和 41%（78 处）。清代时期的建筑占比为 18%（33 处），主要集中在清代末期。金、元和明三代总计占比 4%（7 处），其中金代 1 处、元代 2 处、明代 4 处，整体保护良好。基于建筑本体的建筑性质分类，包括古建筑、民居、纪念碑、名人旧居、墓葬、石窟石刻、遗迹旧址和近现代重要史迹及代表性建筑 8 类。遗迹旧址、墓葬和纪念碑占比均超过 20%，分别为 22%（41 处）、22%（42 处）和 21%（39 处），近现代重要史迹及代表性建筑占比 16%（30 处），古建筑占比 11%（21 处）。民居、名人旧居和石窟石刻占比均未超过 10%，分别为 2%（3 处）、5%（10 处）和 1%（2 处）。在空间分布上，各区均有分布（见表 3）。

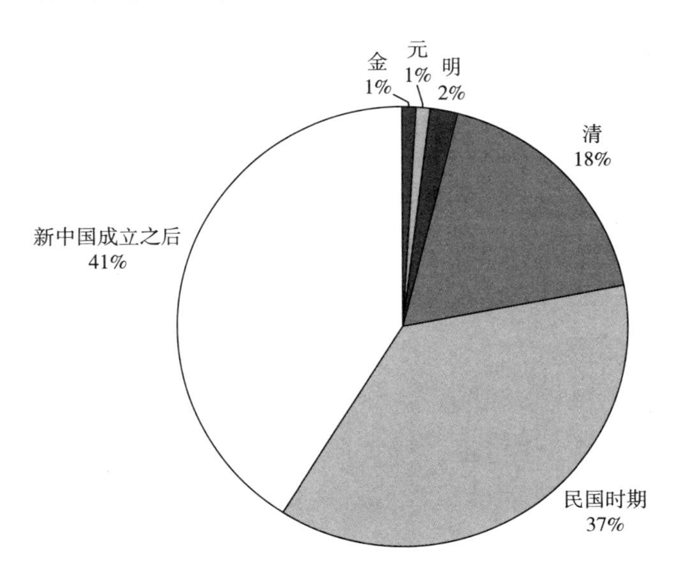

图 2　188 处北京革命旧址建筑本体年代分布

资料来源：课题组依据北京市人民政府网站数据自绘。

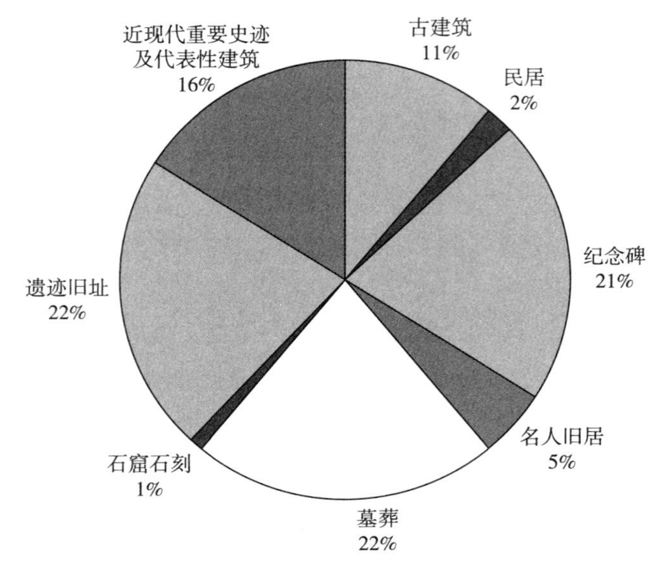

图 3　188 处北京革命旧址建筑本体类型统计

资料来源：课题组依据北京市人民政府网站数据自绘。

表 3　188 处北京革命旧址分布及文保等级情况统计

单位：处，%

地点	国家级	市级	区级	尚未核定	合计	占比
东城区	6	9	5	4	24	12.8
西城区	6	13	2	5	26	13.8
朝阳区	1		1	3	5	2.7
丰台区	2	1	1	1	5	2.7
石景山区	1			1	2	1.1
海淀区	4	5	2	10	21	11.2
顺义区	1		1	2	4	2.1
通州区		1	1	2	4	2.1
大兴区		1		2	3	1.6
房山区	1		9	7	17	9.0
门头沟区		2	7	3	12	6.4
昌平区			8	3	11	5.9
平谷区		1	2	6	9	4.8
密云区		2	4	20	26	13.8
怀柔区			4	3	7	3.7

续表

地点	国家级	市级	区级	尚未核定	合计	占比
延庆区			9	3	12	6.4
合计	22	35	56	75	188	
占比	11.7	18.6	29.8	39.9		

资料来源：北京市文化和旅游局网站。

通过对63处革命旧址的详细调研，由图4可知，63处革命旧址建筑本体保护情况良好。其中完好的占比94%，共59处。基本完好的占比6%，为4处。从63处革命旧址建筑本体年代分布情况来看，主要集中在清、民国和新中国成立之后三个时期，分别占比30%（19处）、32%（20处）和30%（19处）。明、元和金三个时期占比最小，分别占比3%（2处）、3%（2处）和2%（1处）（见图5）。如图6所示，63处遗址点位按照建筑类型分类，近现代重要史迹及代表性建筑占比最大，为40%（25处），古建筑占比16%（10处），遗迹旧址占比13%（8处），名人故居占比11%（7处），墓葬占比13%（8处），纪念碑和石窟石刻分别占比6%（4处）和1%（1处）。

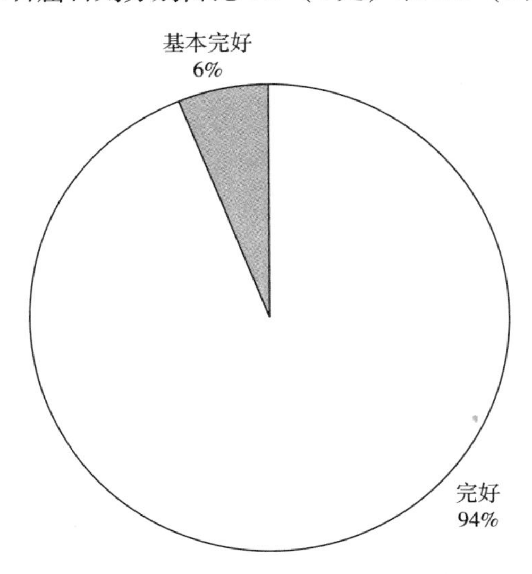

图4　63处北京革命旧址建筑本体保护情况统计

资料来源：课题组依据调研数据自绘。

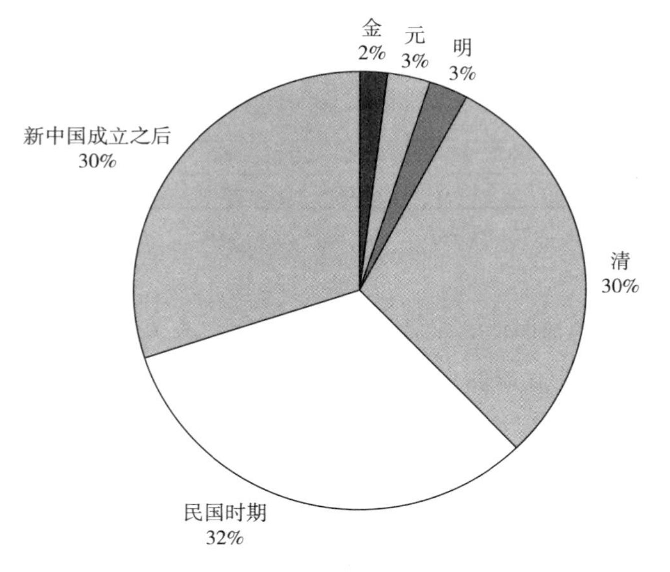

图5　63处北京革命旧址建筑本体年代分布

资料来源：课题组依据调研数据自绘。

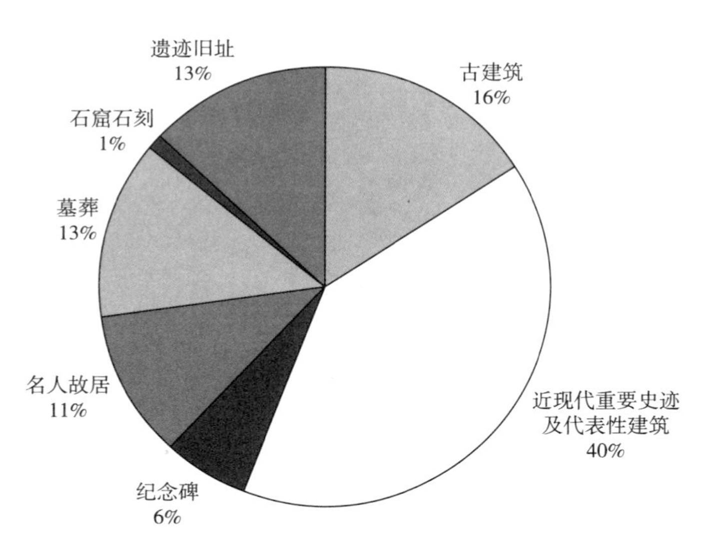

图6　63处北京革命旧址建筑本体类型分布

资料来源：课题组依据调研数据自绘。

二是建筑本体与周边城市环境风貌融合整体良好。《北京城市总体规划（2016年—2035年）》第63条强调，要建立特色风貌分区，更好地统筹城市建筑布局、协调城市景观风貌。《北京历史文化名城保护条例》第15条提出，以连线、成片方式对保护对象实施整体保护，对保护对象周边传统风貌、空间环境的建筑高度和建筑形态、景观视廊、生态景观以及其他相关要素实施管控。

63处革命旧址注重革命文化资源保护利用与城市更新的有机融合，建筑本体与周围环境风貌融合良好的占比87%（55处）。比如，从城市绿色空间结构层面看，798厂位于北京市朝阳区境内连接“一绿”（北京市第一道绿化隔离带）和“二绿”（北京市第二道绿化隔离带）的楔形绿地区域内，成为北京市绿地空间体系的重要组成部分，厂内绿地众多，与周围绿地空间交相呼应，共同构成了北京城市绿地空间体系。从景观格局的角度来说，798厂位于酒仙桥文创景观区，自带文化与景观的双重属性，20世纪50年代的红砖建筑本体与厂内绿地，道路两旁绿化带交相呼应，融合为一个整体，为城市和居民提供了良好的景观空间；从建筑本体的角度来看，798厂内建筑保留了20世纪50年代的建筑本体，建筑高度和建筑形态在保留20世纪风格的基础上，融入现代工业风元素，使其更加贴合周围环境。蒙藏学校旧址修缮特别注意与周边风貌的和谐统一，在尊重院落旧址历史格局的前提下植入、建设了1700平方米的织补空间，设置了西城文创、松坡书局、西廊艺术展示中心、绿植景观等与其文物展陈以及所处的西单商业街整体相匹配的空间，这些建筑空间皆与相邻文物建筑体量协调，延续传统手法与材质，起到了弘扬民族文化、展示首都文化的效果，同时也满足未来发展功能需求。

63处革命旧址中建筑本体与周围环境融合尚显不足的占比为13%（8处）。主要有两类情况：一是有4处革命旧址相关建筑尚处于待修缮改建状态，比如北京炼焦化学厂（北京焦化厂）废弃后未进行过相应的修缮再利用，其工业遗址建筑风格与周围的乡村景观风貌不相融合；二是有4处革命旧址相关建筑修缮改建完成后，其建筑本体风格与周围环境融合度欠佳，比如六郎庄烈士纪念碑和北安河烈士纪念堂的主体建筑修缮为仿古建筑，周边环境（包括路灯等基础设施在内）为现代风格。

3. 北京革命旧址科学保护手段多元

一是有序推进保护修缮和规划编制工作。2022 年北京市文物局组织实施北京地区不可移动革命文物专项调查，在摸清家底基础上，编制保护修缮五年行动计划，指导推进管理使用单位启动了天安门、双清别墅等重点革命文物保护规划编制。

二是建立革命旧址保护体系。北京革命旧址保护利用体系以点位和片区为主，形成了“三大片区，四类等级，各区分管”的革命文物保护体系新格局（见图 7）。北京市依据国家文物保护体系和北京革命文物遗址名录，对革命旧址点位的建筑本体以及相关配套设施进行腾退、修缮，目前 63 处革命旧址中有 34 家单位已经转变为博物馆（类博物馆）的形制，博物馆转换率达 54%，其中，全国重点文物保护单位的博物馆转化率是 66.7%（15 家中有 10 家已转），市级文物保护单位博物馆转化率 75%（16 家中有 12 家已转）。

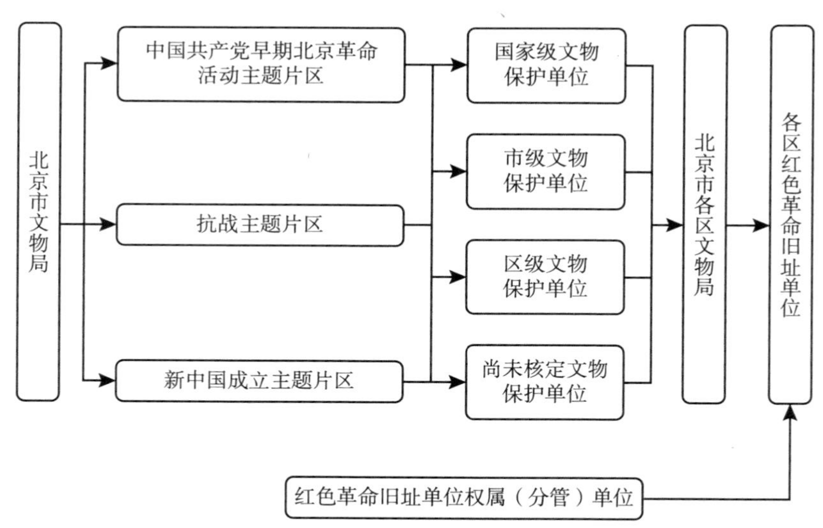

图 7　北京革命旧址保护体系示意

资料来源：课题组依据调研数据自绘。

三是提升科技赋能革命旧址保护利用的意识。调研结果显示，63 家调研单位中，有 29%的单位正在深入推进革命文物遗址数字化工作，剩下 71%的单位也制定了相关计划并在积极推进中。比如京报馆旧址利用智能化监测系统，对其历史建筑结构和特色部位进行全生命周期智能安全监测与实时动态安全评估，在展区、库房加装温湿度传感器，确保文物安全；茅盾故居采用虚拟现实技术，为游客提供 360 度全景、多角度立体的茅盾故居虚拟展览服务，让游客可以亲身体验不同场景、不同氛围，深刻体验展馆背后的文化；中共河北省委秘密联络站整合利用现有资源，开展“线上读书分享”活动，拓宽革命旧址文物活化利用形式。

4. 北京革命文物展示、传播及活化利用取得新成效

一是革命旧址开放度高，做到能开尽开。调研的 63 处革命旧址中有 49 处开放，其中有 19 处是 2010 年以后对外开放的，可见近年来北京市加强了对革命旧址的系统修缮，加大了开放利用力度，这些革命旧址作为国家级、市级爱国主义教育基地和全国关心下一代党史国史教育基地的阵地作用得到了充分发挥。调研的 63 处革命旧址中，仅有 14 处尚未开放，未开放原因主要分为两类：一类以六郎庄烈士纪念碑为代表，因城市发展需求，道路等相关配套设施尚未修建完成，目前未满足开放条件；另一类以田汉故居、国民党北方领导机关旧址为代表，这些革命旧址现为民居或企事业单位办公地点，不满足开放条件。

二是注重传统与现代展示传播手段的有机结合。63 处革命旧址积极利用相关主题开展展览展示、宣传传播活动，年平均活动场次超过 10 场。在做好基础陈列展览的同时，部分旧址积极推动活动形式创新，常态开展“线上+线下”“室内+室外”“主题参观+手作体验”“主题讲座+互动交流+红色穿越”等形式多样、内涵丰富的主题教育活动。比如《新青年》编辑部旧址（陈独秀旧居）借电视剧《觉醒年代》的热度，推出相关舞台剧，创编戏剧《星火》，旧地重现当年场景；《新青年》编辑部旧址（陈独秀旧居）联合北京大学红楼、中法大学旧址等，结合北京市“‘京’彩文化·青春绽放”行动计划，发挥中国共产党早期北京革命活动主题片区红色资源优势，推出“‘京’彩文化·青春绽放”——“觉醒年代”研学行主题打卡活动，精心设计14枚蕴含各旧址红色文化元素的精美印章，供观众免费打卡收藏，激发观众来馆参观热情；京报馆旧址依托抖音、小红书、携程、美团等，吸引游客线下参加观展体验，成功入选2022年北京新晋网红打卡地，并增设VR云看展平台创新红色文化体验，通过VR技术、数字化技术线上“云”展示京报馆馆藏，突破线下观展的局限性，方便观众720°观览、互动。蒙藏学校旧址以“展览+体验”的方式进行活化利用，设置中华民族交往交流交融史情景体验空间、中华家园体验空间等14个专题内容空间，沉浸式、互动式体验更能让观者产生心灵共鸣。中共河北省委秘密联络站联合中国集邮有限公司发布专属的红色革命事迹邮票，让观众把博物馆“带回家”。陶然亭公园和高君宇烈士墓系统整合资源，形成“视、听、感”三位一体线上阵地建设体系，充分利用“北京市陶然亭公园”微信公众号，举办高君宇烈士墓、慈悲庵VR展；与北京电视台“北京之声·博物馆”合作，上线有声导览小程序，为游客提供在线语音讲解服务；开展“迎国庆　敬先烈　铸信仰”主题红色游直播活动，分批次开展线上实景系列讲解及线上展览……这些活化利用手段，让红色文化“动”起来，让文物“活”起来，拓展了传播途径，提升了传播效果。

二　北京市革命旧址保护与利用存在的问题

（一）革命旧址资源挖掘广度和深度不够

北京市188处革命旧址里，无保护级别文物较多，占39.9%。文博机构、高等院校、科研机构等社会各方联动对革命旧址开展系统研究不够、深度挖掘不够，一些重要革命文物遗址尚未列入北京革命文物遗址名录。比如门头沟区斋堂镇的马栏村被称为京西第一红村，革命历史底蕴丰厚，抗战时期的峥嵘岁月给马栏村留下许多抗战遗址，目前仅有位于马栏村东48号院的冀热察挺进军司令部旧址陈列馆被列入北京革命文物遗址名录，而同院的中国人民解放军北岳第三军分区司令部旧址陈列馆则尚未被列入保护名录，这里作为平西解放重要历史节点的红色文化价值还需进一步挖掘。

（二）革命文物活化利用不充分

一是科技赋能不够。63 处革命旧址大多数采用微信小程序语音导览等传统数字化形式，且微信公众号和小程序的推广使用率均仅有 50%多，官方网站的建设率不及 28%，与文物保护与利用相关的数字技术和 VR 等虚拟技术的普及率仅有 29.03%（见图 8）。数字化进展相对缓慢，能有效运用 VR、AR 等相对更为立体、沉浸式的体验方式来弥补展馆空间不足，并以此为依托开展一系列“线上+线下”融合体验活动以及主题活动的革命旧址还不多，运用新技术推进“互联网+革命旧址保护”活化利用的任务有待进一步落实。

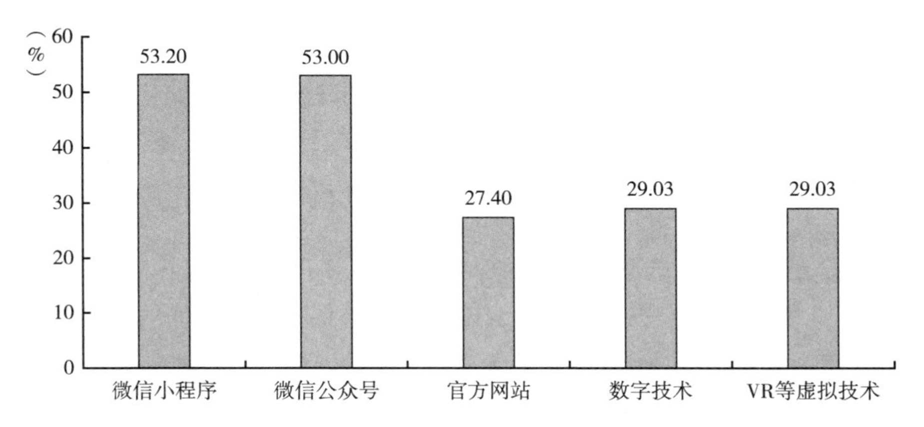

图 8　63 处革命旧址数字化普及率情况统计

资料来源：课题组依据调研数据自绘。

二是创新展陈和传播方式的举措还不多。主题展览活动覆盖率仅有 49.2%，经常性举办其他相关活动的仅有 42.9%，有自己主题特色文创产品的仅有 36.5%且商业化率较低，相当数量的革命旧址利用重要节庆、纪念日等时间节点，自主策划的系列活动不够丰富，开展革命文物进课堂以及主题研学旅行的不多，依托革命文物开展文创设计并以此拓展资金来源的意识不强。

（三）革命旧址保护利用体系还不完善

调研发现，由于隶属单位不同，革命旧址之间资源联动整合率仅有50%，即使是与同一历史事件或历史人物相关联的遗址之间的教育宣传及传播活动也未形成有效合力。例如李大钊故居、李大钊被捕地和李大钊烈士陵园，三者均讲述李大钊先生的相关事迹，但互相缺乏联动性，无法充分发挥红色革命旧址的阵地作用。由于历史原因，北京革命旧址相对集中在东城区和西城区。加上老城区本身存在的空间受限、用地紧张、革命旧址周边环境复杂等一系列问题，使一些革命旧址的保护和利用受限，仅有点和面两个层级的保护与利用，不足以对更多的遗址点位进行更为有效的利用。

三　北京革命旧址保护与利用提升建议

（一）加大北京革命旧址挖掘与保护联动机制建设力度

一是建立并完善革命旧址联动保护利用协调机制。探索建立革命文物“保护、活化、利用”三项机制，明确目前尚未核定革命旧址的文保等级，有序提升一批革命文物单位保护等级，扩充文物体量，加大对重点革命文物的保护力度，强化革命文物保护规划编制工作。

二是设立革命旧址保护专项基金。吸引并组织各方面专业人才参与保护工作，提升文物保护与修复的社会化水平；以重大课题为牵引，鼓励文博机构、高等院校、科研机构联合开展革命旧址保护利用研究，拓展革命旧址研究深度、广度，推动研究成果的转化运用；借鉴长城保护员制度，组织志愿者参与革命旧址日常巡查，及时向管理部门反映保护利用情况，推动形成全社会齐抓共管的保护管理体系。同时可更多鼓励社会力量参与革命旧址保护与资源开发，构建以政府投入为主，各类企业、社会组织共同参与的全社会多元化投资开发新体制，解决革命旧址资源在挖掘利用中的资金短缺问题。

三是形成互相关联的革命文物遗址网络。建立革命文物遗址专题目录，系统阐释相关事件或人物的历史脉络，挖掘整理并讲好革命旧址背后的故事，形成同一时期、同一事件或者同一历史人物等特色革命旧址红色旅游线路。比如，李大钊故居、李大钊被捕地、李大钊烈士陵园以及其他与李大钊同志的革命事迹相关的单位可共同打造李大钊事迹红色线路（可命名为“播火之路——追寻中国共产党孕育的起点”），通过以点促线成面，形成革命文物遗址网络，增强活化利用的系统性，助力各革命旧址协同发展。

（二）活化利用好北京革命文物这一“生动教材”

一是创新宣传及传播载体。用公众特别是年轻人喜闻乐见的宣传手段传播革命文化。比如北京建筑大学理学院师生组建“京西印迹马栏实践团”，在门头沟区斋堂镇马栏村通过建设地标建筑灯带、设计剧本杀等沉浸式体验项目，设置红色打卡点，打造红色马栏 IP，通过这些新颖的形式吸引更多人变被动接受红色文化教育为主动参与红色文化宣传，进而提高冀热察挺进军司令部旧址乃至“京西红色第一村”的知名度和影响力。

二是拓宽革命文物展览展示展演的路径和空间。要加快推进革命旧址数字化建设，运用 5G、云计算、人工智能、虚拟现实、人机交互等现代技术，创新精品展陈，丰富表达内容，优化线上线下体验场景，让参观者有一种身临其境之感，在沉浸式体验中感悟革命人物、事件背后的感人故事。同时加大革命文物文创产品的开发力度，既可丰富展览内涵表达，又可延伸文物价值的传播空间。

（三）形成北京革命旧址保护与利用合力

一是发挥革命旧址综合服务功能。对公共建筑类革命旧址来讲，在符合保护要求的前提下，可与所在社区居委会（或村委会）开展合作共建，在闲暇之余为居民提供活动空间，将适当区域改建为社区图书馆，或与社区共同打造文化活动中心，既可满足居民日益增长的文化需求，又可充分发挥革命文物辐射作用，吸引更多的居民参与到社区建设和革命文物遗址的保护与利用中。

二是推动“革命文物+”融合发展。在现有革命旧址保护利用体系的基础上，重点加强线性体系的保护与利用，形成革命旧址“点线面”三位一体的利用格局（见图9），创新革命文物遗址保护利用形式。在北京市委宣传部、北京市委党史研究室、北京市文化和旅游局、北京市测绘设计研究院联合出品的北京红色旅游地图推出的9条红色旅游精品线路的基础上，可以重大历史事件的发展脉络、著名历史人物在北京革命活动轨迹等为内容，以点串线带面，通过“革命文物+教育”“革命文物+旅游”，开展更丰富的红色主题教育活动，打造物色的旅游品牌。

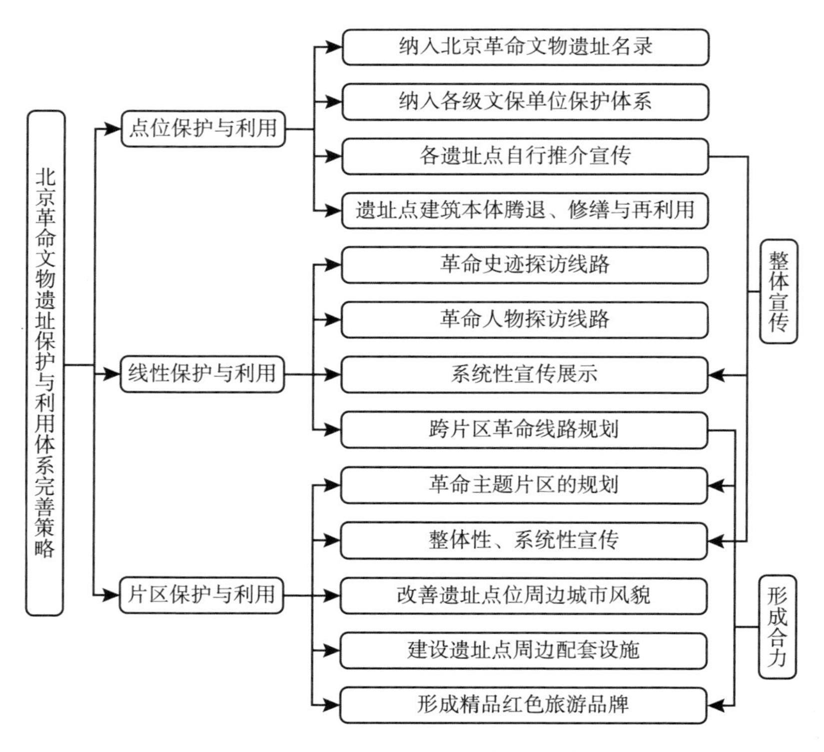

图9　北京革命旧址保护利用体系完善策略

一方面革命旧址要积极联合大中小学校，充分利用以革命文物为主题的“大思政课”优质资源，推动新时代革命文物保护利用与学校思政课改革创新融合发展，提升育人效果。比如，高校可以五四运动时学生游行线路为主线，将《新青年》编辑部旧址（陈独秀旧居）、李大钊故居、北京大学红楼等革命文物遗址串联起来，形成“重走五四路”主题活动方案，打造“纪念馆里的思政课”“行走的思政课”，切实增强体验式、情境式教学效果，更好传承五四精神。另一方面文物和文旅部门可对革命旧址点位、红色主题片区以及红色旅游线路进行统筹宣传，加大红色文化的传播力度，同时强化革命旧址点位与周边城市（乡村）风貌的融合，相关市政单位协同完善相关红色旅游所必需的配套设施，精心设计以革命文化为主题的“App/微信小程序+VR 电子导览图+我眼中的红色文化视频讲解+微信视频号、抖音、哔哩哔哩、小红书”等新媒体宣传路径，通过互联网大数据技术打造含线上云游、旅游资讯、特色产品线上售卖等的一条龙红色旅游产业链，并进行精准运营，提升区域文旅品牌知名度与美誉度，推出更多具有北京特色的红色旅游精品线路和旅游品牌。

B.6
首钢工业遗产保护与再利用报告

傅 凡 郑德昊*

摘 要： 首钢园抓住服务保障冬奥会和打造新时代首都城市复兴新地标重大机遇，北区以奥运工程破局城市更新，取得阶段性重大成果，已成为集科技、体育、商业、文旅等多业态于一体的高端产业综合服务区，然而其发展依然面临许多问题与困境。本报告基于翔实的数据收集和实地调研，结合北京市、石景山区和首钢集团的相应政策和上位规划，整理归纳出首钢工业遗产保护与再利用存在的转换速度慢，建筑利用率、内外联动不足等问题，提出加快全面开放共享，实现区域协调联动的发展，优化配套服务供给，打造国际化社区型园区，植入冬奥产业基因，做大做强“体育+”产业等的保护与再利用建设发展的路径和建议，以期为更合理保护和利用首钢的工业遗产提供决策参考。

关键词： 工业遗产 首钢园 活化利用

工业遗产作为伴随城市化水平提高、城市产业结构调整所产生的具有历史文化价值和经济价值的废弃化生产空间，[①] 其蕴含着城市历史文化血脉和

---

* 傅凡，北京建筑大学建筑与城市规划学院教授，主要研究方向为风景园林规划设计、风景园林历史理论；郑德昊，北京建筑大学建筑与城市规划学院硕士研究生，主要研究方向为风景园林规划设计、风景园林历史理论。

① 李平：《工业遗产保护利用模式和方法研究》，硕士学位论文，长安大学，2008。

风格灵魂，盘活旧有的工业遗产，有助于延续城市历史文化，是城市文化价值的重要体现。[①] 同时，对于帮助公民了解城市工业历史，树立文化保护意识具有重要意义。

首钢的兴衰见证了北京市钢铁工业发展的辉煌与成就，更是中国钢铁工业从无到有的缩影。[②] 2003 年，为改善北京生态环境、落实城市功能定位，支持 2008 年北京奥运会的举办，首钢率先实施搬迁调整。同年，《北京城市总体规划（2004 年—2020 年）》提出，“结合首钢的搬迁改造，建设石景山综合服务中心，提升城市职能中心品质和辐射带动作用，大力发展以金融、信息、咨询、休闲娱乐、高端商业为主的现代服务业”。首钢园抓住服务保障冬奥会和打造新时代首都城市复兴新地标重大机遇，北区以奥运工程破局城市更新，取得阶段性重大成果，首钢园已形成了集餐饮、酒店、零售、展览、体验等多业态于一体的高端产业综合服务区。[③] 据统计，自 2020 年 5 月园区向社会开放以来，累计入园客流量达 1100 万人次，[④] 特别是北京冬奥会后，冬奥遗产正在成为首钢园区高质量发展的新动能。

本报告以首钢园为研究对象，通过翔实的数据收集和实地调研。归纳整理首钢工业遗产保护与再利用现状情况，分析存在的问题并提出相应的建议，以期为首钢工业遗产进行更为合理的保护和再利用提供参考。

① 杨琳：《工业遗产的保护更新和再利用——以徐汇滨江梦中心地块保留建筑复兴再利用为例》，《智能建筑与智慧城市》2023 年第 8 期，第 73~75 页。

② 刘伯英、李匡：《首钢工业遗产保护规划与改造设计》，《建筑学报》2012 年第 1 期，第 30~35 页。

③ 潘福达：《首钢园成为首都文化新地标》，《北京日报》2023 年 8 月 18 日。

④ 张建林：《首钢园累计迎客已达 1100 万人次丨打卡北京文化新地标②》，https：//baijiahao.baidu.com/s? id=1774485307746410394&wfr=spider&for=pc。

一　首钢工业遗产历史沿革[①]

（一）辉煌时代

首钢是中国近代民族工业“稳速增长期”诞生的重工业的重要代表之一。首钢前身是建立于1919年的官商合办的龙烟铁矿公司石景山炼钢厂，其发展历史浓缩了中国近代华北地区的政局动荡历史，见证了北京钢铁工业发展从无到有、从弱到强的全过程，凝聚了数代首钢人的集体记忆。[②]

1919年，官商合办的龙烟铁矿公司石景山炼钢厂在京西地区建厂，标志着北京近代黑色冶金工业正式起步。自1919年建厂至1949年新中国成立前，厂区的所有权先后由北洋政府、国民政府、日本南满铁路株式会社等所有。1949年新中国成立，百废待兴，钢铁被列为重要物资，钢铁工业被纳入国家统一计划范畴，龙烟铁矿公司石景山炼钢厂的发展也步入正轨。[③]

1953年《改建与扩建北京市规划草案的要点》明确了发展工业的方针，提出首都应该成为我国政治、经济和文化的中心，特别要把它建设成为我国强大的工业基地和技术科学的中心。1958年《北京市1958—1962年城市建设纲要》提出首都工业发展的方针，明确指出在石景山工业区发展冶金工业和重型机械、电机制造工业等。同年，龙烟铁矿公司石景山炼钢厂开始扩建，并改组为石景山钢铁公司。1967年，正式更名为“首都钢铁公司”，简

① 北京市地方志编纂委员会编著《北京志·工业卷·黑色冶金业志　有色金属工业志》，2005；北京市石景山区地方志编撰委员会：《北京市石景山区志（1996—2010）》，2005。

② 黄筱：《城市老工业区更新过程中公共空间场所精神研究——以首钢老工业区为例》，硕士学位论文，内蒙古工业大学，2021。

③ 薄宏涛：《存量时代下工业遗存更新策略研究——以北京首钢园区为例》，博士学位论文，东南大学，2019。

称“首钢”。[①]

改革开放后，首钢率先实施承包制，开创国有企业经济体制改革先河。1978 年，钢产量达到 179 万吨，成为全国十大钢铁企业之一。1994 年，首钢钢铁产量达到了 824 万吨，雄居全国首位，并完成北京市工业销售收入 1/10 以上，贡献了北京市 1/4 的利税收入。[②]

（二）转型时代

2001 年，为配合 2008 年北京奥运会建设，首钢进入关停、转产阶段，自筹资金启动搬迁。2005 年国务院正式批复《首钢实施搬迁、结构调整和环境治理方案》。2005 年，首钢开始启动研究园区功能转型。同年 7 月 7 日，首钢为燃烧了 47 年之久的 5 号高炉举行停产仪式。2007 年减产至 400 万吨，2010 年首钢主厂区全面停产，完整保留了大量工业建（构）筑物及设施设备。《北京城市总体规划（2004 年—2020 年）》提出，“结合首钢的搬迁改造，建设石景山综合服务中心，提升城市职能中心品质和辐射带动作用，大力发展以金融、信息、咨询、休闲娱乐、高端商业为主的现代服务业”。

2014 年，首钢成为全国老工业区搬迁改造的 1 号试点项目，同年北京市出台《北京市人民政府关于推进首钢老工业区改造调整和建设发展的意见》（京政发〔2014〕28 号）。首钢在国家发展和改革委员会资金支持下以西十筒仓项目为试点，推进遗存更新一、二级联动发展之路。

（三）冬奥时代

2015 年，北京 2022 年冬奥组委会选择首钢园区作为办公地点，首钢以此为契机，开始大力推进园区建设，其在保护和利用工业遗存的基础上，探索“城市复兴”的新路径。2016 年 5 月，北京 2022 年冬奥组委会正式入驻首钢园

---

① 梁珂：《北京城区工业遗址室内空间的改造与利用——以首钢工业园为例》，硕士学位论文，北方工业大学，2021。

② 杨学聪：《首钢遗址成硬核公园》，《经济日报》2021 年 10 月 24 日。

区，首钢随之与体育产业结缘，开始了冰与火的碰撞。2017 年，在精煤车间内，国家体育总局冬季训练中心工程开始推进，涵盖短道速滑、花样滑冰、冰壶和冰球冬奥训练场馆建设工程。2019 年，以冷却塔为背景的首钢滑雪大跳台率先完工。在 2022 年举行的北京冬奥会上，“雪飞天”见证了中外运动员“冲天一跳”的精彩表现和北京这座世界上独一无二“双奥之城”的无上荣光。[①]

首钢园抓住服务保障冬奥会和打造新时代首都城市复兴新地标重大机遇，北区以奥运工程破局城市更新，取得阶段性重大成果，目前已成为集科技、体育、商业、文旅等多业态于一体的高端产业综合服务区和跨界融合的都市型产业社区。[②] 工业遗存，华丽转身。曾经的筒仓被改造成北京冬奥组委会办公楼；曾经的精煤车间被改建为国家冰壶队、短道速滑队、花样滑冰队的训练基地；原为空压机站、返矿仓、电磁站、N3-18 转运站的 4 个工业建筑被改建成洲际智选酒店；记录辉煌历史的 100 多米高的 3 号高炉，现已成为首钢工业文化体验中心……首钢老厂区的改造，被国际奥委会主席巴赫称为“奇迹”，“北京将曾经的钢铁厂改建成办公室、休闲区、训练场、大跳台，我希望大家都去北京看看”。[③]

二　首钢工业遗产保护与再利用现状

首钢园区由北区、南区、东南区三个片区组成。首钢园区规划总用地 7.8 平方千米，[④] 规划建设用地（不含绿地、水域和战略留白用地，含道路用地）面积 5.05 平方千米，规划绿色空间面积 2.56 平方千米。

规划总建筑规模 6.82 平方千米（不含战略留白区），平均容积率约 0.90，处于适宜水平。战略留白区预留建筑规模 0.4 平方千米；待远期战略留白区开发建设后，规划区总建筑规模 7.22 平方千米，平均容积率

---

① 谢峰：《首建投公司思想引领驱动首钢园转型》，《首都建设报》2023 年 2 月 21 日。
② 赵鹏：《后冬奥时代首钢打造城市复兴新地标》，《北京城市副中心报》2023 年 3 月 7 日。
③ 毛亚楠、张哲：《冬奥会的工业风场馆》，《方圆》2019 年第 4 期，第 40~43 页。
④ 于华：《首钢园：新时代首都城市复兴新地标》，《城市开发》2023 年第 7 期，第 112~113 页。

0.93，仍处于较适宜水平。[①] 目前首钢园北区180多万平方米的建筑仅完成15%左右的改造，而首钢园南区还有约350万平方米的空间等待开发，东南区尚未开发。首钢老厂区的蜕变才刚刚开始，每一个改造过的建筑都将是不同风格的艺术品。

从表1可见，首钢园工业遗产的再利用目前主要集中在北区，其中改造利用较为成熟的首先是西十冬奥广场片区的冬奥组委会办公区。冬奥组委会办公区主要由首钢存放铁矿石的16个圆柱形筒仓和2个料仓，以及若干空中输送通廊、转运站等改造而成，运用光伏发电、无负压供水系统等生态节能、低碳减排技术，实现了工业建筑向冬奥盛会策源地的华丽转身。该片区内的干法除尘控制室改建为星巴克咖啡厅。

在秀池片区，秀池依托自身优势形成水下展厅和停车场，介绍百年首钢发展历程。3号高炉作为首钢园区的重要的工业遗产，被改造为首钢文创商店和全民畅读艺术书店，其上还设置了观景台，在观景台上游客可俯瞰老首钢工业生产设施以及园区美景，感受工业建筑的恢宏气魄。

首钢园内的滑雪大跳台旁的4座双曲线造型的冷却塔改建为酒店，同时作为滑雪大跳台的背景，一起形成了亮丽的风景线。汽轮发电机房改建为香格里拉酒店。

冬奥过后，随着冬奥组委会的撤出，原冬奥组委会办公区也开启新的利用模式。北七筒吸引RE睿·国际创忆馆入驻，形成了以“文化遗产+数字创意”为内核的沉浸式交互体验馆，已成为年轻观众看展的胜地。走进展厅，工业筒仓变身“时空舱”，国内首个数字兵马俑沉浸展让观众置身跨越时空“数字画卷”，恍如置身在兵马俑世界。1号高炉变身“超体空间SoReal VR场馆”，提供元宇宙沉浸式科幻互动体验，[②] 呈现石景山区围绕首钢园打造科幻产业集聚区的最新成果。原有的铁粉储料仓改建成瞭仓沉浸式数字艺术馆。

---

① 北京市石景山区西部建设办办公室、北京清华同衡规划设计研究院有限公司：《首钢冬奥遗产、工业遗存再利用模式研究》，2022年。

② 胡安华：《首钢园：从传统工业园区到城市复兴新地标》，https://mp.pdnews.cn/Pc/ArtInfoApi/article?id=35107245。

表1 首钢园工业遗产保护利用现状统计

单位：平方米，米

地点	名称	结构形式	建造年代	建设规模	高度	现状	类型
西十冬奥广场片区	料仓(北)	钢筋混凝土筒结构	1992	1900	30	北七筒办公区	强制保留
	料仓(南)	钢筋混凝土筒结构	1993~1995	1140	30	西十筒仓办公区	强制保留
	干法除尘控制室	钢筋混凝土结构	1990	792	30	星巴克咖啡厅	强制保留
秀池片区	3号高炉	钢-混凝土结构	1993	2500	105.15	观景、展厅	强制保留
	秀池	混凝土结构	1930年建成，1990年改造	63450		水下展厅和停车场	强制保留
六工会片区	动力厂冷却塔	钢筋混凝土结构	1980	295	34	建筑构筑物	强制保留
	浓缩池	钢筋混凝土结构	1990	6750	0	沉淀池广场	强制保留
	五一剧场	砖混结构	1950	2794	15	五一剧场	建议保留
	软化水车间	砖混-钢屋架结构	1980	997	10	办公楼	重要资源
	3号高炉大修制粉车间	钢结构为主	1980	10000	10	亲子娱乐中心	重要资源
大跳台中心及制氧创新中心区	冷却塔	钢筋混凝土结构	1980	R=28	80	冷却塔酒店	强制保留
	空分塔	钢结构	1990	320	50	建筑构筑物	强制保留
	汽轮发电机房	钢筋混凝土框架-钢屋架	1980	5400	20	香格里拉电厂酒店	重要资源
金安桥站交通一体化及工业遗存修缮区	1号高炉	钢-混凝土结构	1997	2500	105.15	超体空间	强制保留
	3号高炉水冲渣系统露天栈桥水渣池	钢筋混凝土结构，钢吊车梁	1993	250	8	广场花园	建议保留

续表

地点	名称	结构形式	建造年代	建设规模	高度	现状	类型
金安桥站交通一体化及工业遗存修缮区	厂区东大门	钢筋混凝土框架	1980		9	厂区东大门	强制保留
	污水处理车间	普通砖混结构	2000	300	4	减建为煤库花园	建议保留
	脱硫设备	钢结构		2800	4	拆建为 12 号展馆	重要资源
	焦化厂办公楼	普通砖混结构	1990	18600	4~12	减建为煤仓花园	重要资源
	均热炉烟囱	钢结构	2005	30	54	改造高线公园楼梯	重要资源
石景山公园片区	石景山碉堡	钢筋混凝土结构	1940	5	外露 1.5	碉堡	强制保留
	首钢厂史纪念馆	砖石结构	1919	485	4	纪念馆	强制保留
	防空洞入口	钢筋混凝土结构	1950	5	3	防空洞	强制保留
	红楼迎宾馆-西院	砖混结构	1980	1974	10/6	宾馆	强制保留
	红楼迎宾馆-东院	砖混结构/钢筋混凝土框架结构	1950	1507	10/6	宾馆	强制保留
	动力厂办公楼	普通砖混结构	1990	3630	15	办公楼	建议保留
	首钢档案馆	钢筋混凝土框架结构	1980	1601	20	档案馆	建议保留

资料来源：住房和城乡建设部、国务院办公厅、北京市发展和改革委员会等相关政府网站。

（一）工业遗产保护与利用相关政策法规日益完善

随着京津冀协同发展和非首都功能疏解的加快推进，北京冬奥会、冬残奥会的成功举办，首钢成为备受关注的打卡地。赛后谋划好首钢园区冬奥遗产的可持续利用，将为石景山区城市更新注入新的活力。

2014 年《国务院办公厅关于推进城区老工业区搬迁改造的指导意见》首次提出城区老旧厂房搬迁改造。2017 年北京市人民政府出台的《关于保护利用老旧厂房拓展文化空间的指导意见》，鼓励老旧厂房拓展文化空间利用。2020 年《中共中央关于制定国民经济和社会发展第十四个五年规划和二〇三五年远景目标的建议》将城市更新提升至战略层面，列入国家“十四五”规划。

北京市人民政府于 2021 年基于城市更新理念首次提出纲领性指导文件——《关于实施城市更新行动的指导意见》，以此为基础北京市陆续出台多项详细的政策，例如北京市规划和自然资源委员会《关于开展老旧厂房更新改造工作的意见》中对老旧厂房改造提出要求和应用指导。2021 年北京市发展和改革委员会出台《关于加强腾退空间和低效楼宇改造利用促进高精尖产业发展的工作方案（试行）》，加强对腾退空间和低效楼宇的利用和扶持。

综上所述，国家和北京市对于工业遗产保护利用的相关政策从最初的宽泛的保护为主转变为如今的提倡在系统化、合理性保护的基础上拓展利用路径。这促使首钢园工业遗产得到更加完善的、合理的保护与利用（见表 2）。

表 2　工业遗产保护利用相关政策文件梳理

发布年份	政策文件	发文机关	核心内容
2014	《国务院办公厅关于推进城区老工业区搬迁改造的指导意见》	国务院办公厅	通过合理规划，推进城区老工业区的搬迁、改造与转型
2014	《节约集约利用土地规定》	国土资源部	提高利用率

续表

发布年份	政策文件	发文机关	核心内容
2014	《北京市人民政府关于推进首钢老工业区改造调整和建设发展的意见》	北京市人民政府	明确工业遗存保护再利用任务及相关政策措施
2016	《关于深入推进城镇低效用地再开发的指导意见(试行)》	国土资源部	集中改造开发
2017	《关于保护利用老旧厂房拓展文化空间的指导意见》	北京市人民政府办公厅	充分挖掘老旧厂房的文化内涵和再生价值,通过兴办公共文化设施,发展文化创意产业的方式,提升城市文化品质,推动城市风貌提升和产业升级
2019	《北京市石景山区关于进一步加强文物工作的实施意见》	石景山区人民政府办公室	发展"文物+旅游"模式,加强冬奥组委-香巴拉(石景山段)旅游休闲步道建设
2019	《保护利用老旧厂房拓展文化空间项目管理办法(试行)》	北京市文化改革和发展领导小组办公室	设置5年过渡期,进一步落实《关于保护利用老旧厂房拓展文化空间的指导意见》
2020	《关于在城市更新改造中切实加强历史文化保护坚决制止破坏行为的通知》	住房和城乡建设部	加强历史文化保护坚决制止破坏行为
2020	《关于加强市属国企土地管理和统筹利用的实施意见》	北京市国资委	制定在京国企土地利用的四种方式
2021	《关于在实施城市更新行动中防止大拆大建问题的通知》	住房和城乡建设部	"开发方式"向"经营模式"转变
2021	《关于在城乡建设中加强历史文化保护传承的意见》	中共中央办公厅、国务院办公厅	明确关于工业文化遗址保护要求
2021	《北京市城市更新行动计划(2021—2025年)》	北京市委办公厅	北京市制定的城市更新五年计划,涉及各类城市更新改造指标和工作计划
2021	《北京市人民政府关于〈实施城市更新行动〉的指导意见》	北京市人民政府	明确老旧厂房改造利用业态准入标准,优先发展智能制造、科技创新、文化等产业。

续表

发布年份	政策文件	发文机关	核心内容
2021	《关于开展老旧厂房更新改造工作的意见》	北京市规划和自然资源委员会	针对老旧厂房改造
2021	《关于加强腾退空间和低效楼宇改造利用促进高精尖产业发展的工作方案（试行）》	北京市发展和改革委员会	利用腾退楼宇和老旧厂房发展高精尖产业资金支持等扶持政策
2021	《石景山区城市更新行动计划（2021—2025年）》	石景山区人民政府	加速老旧厂房转型改造，促进京西八大厂整体复兴

资料来源：国土资源部、北京市发展和改革委员会等相关政府网站。

（二）首钢园工业遗产保护与利用规划逐步优化

《北京城市总体规划（2016年—2035年）》中提出以冬奥会为契机推动京津冀协同发展的战略部署。在《石景山分区规划（国土空间规划）（2017年—2035年）》中细化了新首钢地区打造新时代首都城市复兴新地标战略定位，同时在《石景山区“十四五”时期国民经济和社会发展规划和二〇三五年远景目标纲要》中重点强调加强老旧厂房保护性利用和创新性改造，充分挖掘文化内涵和再生价值，并以新首钢园区为重点，建设新型城市文化空间，促进京西八大厂整体复兴，打造京西产业转型升级示范区。

2017~2020年陆续制定首钢园北区、南区详细规划，对园区空间及功能做出布局。2021年，石景山区西部建设办公室印发《“十四五”时期新首钢高端产业综合服务区转型发展规划》，明确了首钢转型发展的重点任务，打造首钢工业文化名片及冬奥文化名片，构建“体育+”“科技+”产业结构，集聚高端创新要素，优化营商环境和配套服务。

北京市、石景山区和首钢对于首钢园区工业遗产的保护与利用的规划。从最初的把握冬奥契机，转化利用工业遗产，到打造首钢工业文化，创新及冬奥文化名片，建设以首钢工业遗存保护利用为特色的国际文化体育创意旅游区，培育品牌化的冰雪体育产业和群众体育活动，促进后工业文化旅游创意产业发展，促进产业融合文旅消费，丰富夜间消费圈，再到如今明确重点任务，打造首钢工业文化名片及冬奥文化名片，构建“体育+”“科技+”产业结构，集聚高端创新要素，优化营商环境和配套服务。规划日益翔实，有利于首钢园工业遗产的保护与利用。相关规划文件梳理如表 3 所示。

表 3　相关规划文件梳理

层级	规划类型	发布年份	规划文件名称	发文单位	主要内容
北京市	空间规划	2017	《北京城市总体规划(2016 年—2035 年)》	北京市规划和国土资源管理委员会	以冬奥会为契机推动京津冀协同发展
		2022	《北京市国土空间近期规划(2021 年—2025 年)》	北京市规划和自然资源委员会	以冬奥会和冬残奥会为契机，以赛后利用为抓手,促进京西区域产城融合发展;树立奥林匹克运动与城市良性互动、共赢发展的典范
	产业规划	2021	《北京市“十四五”时期高精尖产业发展规划》	北京市人民政府	建设石景山虚拟现实产业组团,发挥科技冬奥带动作用
石景山区	空间规划	2019	《石景山分区规划(国土空间规划)(2017 年—2035 年)》	北京市规划和自然资源委员会	明确并细化新首钢地区打造新时代首都城市复兴新地标的战略定位,提出其作为全区科技创新、国际交往、文化创意发展重要空间载体的功能要求,绘制了未来发展蓝图
	产业规划	2020	《石景山区工业互联网产业发展规划(2020 年—2025 年)》	北京市石景山区经济和信息化局	将新首钢高端产业综合服务区作为建设中关村工业互联网产业园拓展区,打造一个以北京为中心,辐射津冀两地、服务全国的工业互联网产业创新应用示范基地

续表

层级	规划类型	发布年份	规划文件名称	发文单位	主要内容
石景山区	产业规划	2021	《石景山区“十四五”时期国民经济和社会发展规划和二〇三五年远景目标纲要》	北京市石景山区人民政府	加强老旧厂房保护性利用和创新性改造,充分挖掘文化内涵和再生价值,以新首钢园区为重点,建设新型城市文化空间,促进京西八大厂整体复兴,打造京西产业转型升级示范区
		2021	《石景山区“十四五”时期“智慧石景山”建设发展规划》	北京市石景山区人民政府	以新首钢园区等为重点,加快5G示范园区建设;重点依托新首钢高端产业综合服务区等功能区域,推动工业互联网产业成为服务石景山区高端科技创新驱动体系建设的重要支撑
		2021	《石景山区“十四五”时期文化和旅游发展规划》	北京市石景山区文化和旅游局	打造首钢工业文化、创新及冬奥文化名片,建设以首钢工业遗存保护利用为特色的国际文化体育创意旅游区,培育品牌化的冰雪体育产业和群众体育活动,促进后工业文化旅游创意产业发展,促进产业融合文旅消费,丰富夜间消费圈
		2021	《石景山区“十四五”时期现代金融产业发展规划》	北京市石景山区金融服务办公室	导入高端金融资源,不断向首钢园区辐射延伸,引入外资等高端金融资源,推动长安金轴高品质发展
		2021	《石景山区数字经济发展规划(2021—2025年)》	北京市石景山区经济和信息化局	推动首钢园科幻产业启动区建设,鼓励利用工业厂房、闲置空间建设科幻消费体验中心,布局具有吸引力的科幻主题场景,释放科幻产业发展活力;提前筹划后冬奥时代,体育设施、体育机构、体育产品与服务的数字化应用,推进首钢体育旅游示范基地建设;建设新首钢国际人才社区

续表

层级	规划类型	发布年份	规划文件名称	发文单位	主要内容
石景山区	产业规划	2021	《石景山区国家公共文化服务体系示范区创新发展规划(2021—2025年)》	北京市石景山区人民政府办公室	充分运用冬奥场馆资源,完善书店、餐饮、娱乐、商超等配套设施,举办多元文化活动,推动首钢文商体旅娱多业态跨界发展,为首都乃至全国老工业区转型升级探索路径、提供示范
首钢	空间规划	2014	《北京市人民政府关于推进首钢老工业区改造调整和建设发展的意见》	北京市人民政府	国家老工业区改造的试点政策,协调企业和区域资源统筹发展
		2017	《新首钢高端产业综合服务区北区详细规划》	北京市规划和自然资源委员会	北区重点推动冬奥广场、首钢工业遗址公园等五大功能区建设
		2020	《新首钢高端产业综合服务区南区详细规划(街区层面)》	北京市规划和自然资源委员会	南区推动“两带五区”空间结构建设
		2021	《“十四五”时期新首钢高端产业综合服务区转型发展规划》	北京市石景山区西部建设办公室	明确重点任务,打造首钢工业文化名片及冬奥文化名片,构建“体育+”“科技+”产业结构,集聚高端创新要素,优化营商环境和配套服务

资料来源：北京市人民政府、北京市规划和国土资源管理委员会等相关政府网站。

（三）首钢园工业遗址利用规模有所扩大

自 2013 年以来，首钢陆续对北区的相关工业遗址进行改造。在遵循北京市和石景山区的各项政策指导和尊重原有工业遗存风貌及保留原有工艺流程的基础上进行功能改造和空间更新，静态保护和动态更新相结合，体现了对工业遗产的尊重和历史记忆的延续，实现了工业遗产保护与改造利用双赢，截至 2022 年底共交付改造建设完成工业遗产建筑 15 处。从表 4 可见，通过 10 年来的陆续营建，首钢园北区的建设正逐步推进，建筑规划建设完

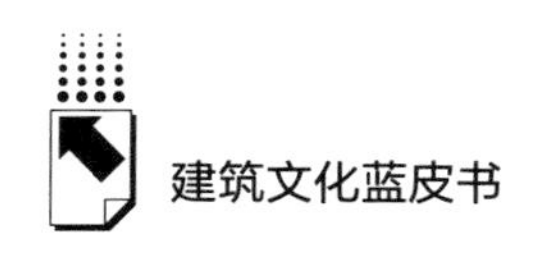

成率达到 31.3%，已使用土地面积 2.2 平方千米，占北区整体面积的 75.9%。东南区已完成土地出让 1.0239 平方千米，占规划面积的 68.26%，南区的建设尚未开展。

表 4　首钢园区规划用地情况

单位：平方千米

<table>
<tr><td colspan="2">规划用地情况</td><td>已建设用地情况</td><td colspan="2">规划用地情况</td><td>已建设用地情况</td></tr>
<tr><td>指标</td><td>面积</td><td>面积</td><td>指标</td><td>面积</td><td>面积</td></tr>
<tr><td>规划总用地</td><td>7.8</td><td></td><td>规划总建筑面积</td><td>6.82</td><td></td></tr>
<tr><td>北区规划用地</td><td>2.9</td><td>2.2</td><td>北区规划建筑规模</td><td>1.82</td><td>0.57</td></tr>
<tr><td>南区规划用地</td><td>3.6</td><td></td><td>南区规划建筑规模</td><td>3.50</td><td></td></tr>
<tr><td>东南区规划用地</td><td>1.3</td><td></td><td>东南区规划建筑规模</td><td>1.50</td><td>已出让 1.0239</td></tr>
<tr><td colspan="3">附:规划战略留白区面积(含支路用地)0.17 平方千米</td><td colspan="3">附:战略留白区预留建筑规模 0.4 平方千米;(远期战略留白区开发建设后)规划区总建筑规模 7.22 万平方米;(远期战略留白区开发建设后)平均容积率 0.93</td></tr>
</table>

资料来源：住房和城乡建设部、国务院办公厅、北京市发展和改革委员会等相关政府网站。

首钢园工业遗产改造项目的交付数量总体趋于平稳，2020~2022 年每年交付的项目都在 4 个左右，整体交付使用数量正在快速增加，且交付项目均集中在北区。例如秀池及 3 号高炉改造、六工汇综合体项目等项目都受到了一致好评（见图 1）。

由表 5 可知，目前首钢园区内除东南区尚未开发外，北区和南区现有已划定的工业遗产 84 处，北区 59 处，南区 25 处，分别占比 70.2%和 29.8%。已利用工业遗产 29 处，全部集中在北区。2016 年 5 月，北京冬奥组委会入驻的西十筒仓主要由首钢存放铁矿石的 16 个圆柱形筒仓和 2 个料仓，以及若干空中输送通廊、转运站等改造而成，运用光伏发电、无负压供水系统等生态节能、低碳减排技术，实现了工业建筑向冬奥盛会策源地的华丽转身。同时，已划定为强制保留的工业遗产数量为 40 处，北区 34 处；建议保留的数量

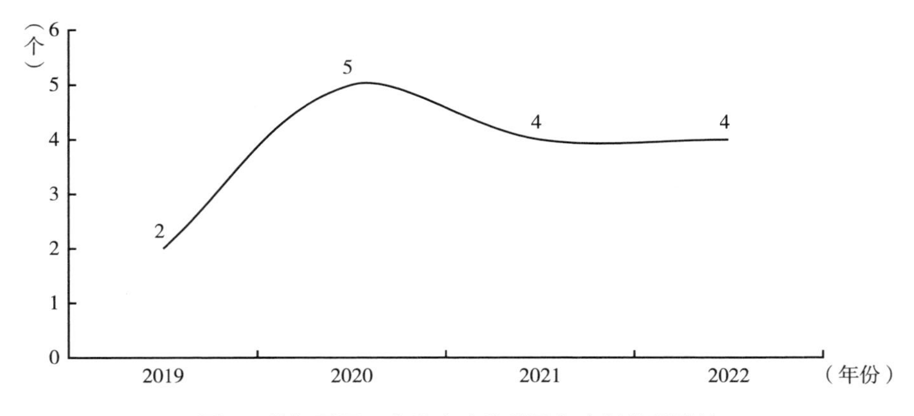

图 1　首钢园区工业遗产改造利用年交付数量统计

资料来源：作者依据石景山区人民政府数据自绘。

为 11 处，全部集中在北区；列为重要资源的工业遗产为 33 处，北区和南区各有 14 处和 19 处。

表 5　首钢园各片区工业遗产保护利用数量统计

单位：处

地点	可利用数量	已利用数量	未利用数量	强制保留数量	建议保留数量	重要资源数量
北区	59	29	30	34	11	14
南区	25	0	25	6	0	19
东南区	0	0	0	0	0	0
总计	84	29	55	40	11	33

资料来源：住房和城乡建设部、国务院办公厅、北京市发展和改革委员会等相关政府网站。

（四）产业数量日益增加

首钢园借助冬奥举办的契机以及各级政府相关政策的支持，积极发展体育、科技、文化和服务产业。首钢行业领域分布统计（截至 2022 年）如表 6 所示。

表 6　首钢园行业领域分布统计（截至 2022 年）

单位：个

行业名称	细分领域名称	数量	总计
体育	体育资源生产	1	12
	体育产业运营	6	
	体育产业传播	1	
	体育产业衍生	1	
	体育产品销售	3	
科技	数字基础设施	3	55
	软件算法及平台	8	
	行业应用及产品应用	13	
	技术研发	5	
	内容制作	8	
	产品落地	2	
	运营服务	16	
文化	内容制作	1	11
	放送渠道	1	
	营销服务	4	
	融合衍生	5	
服务	资源主导	3	36
	运营管理	27	
	传播推广	3	
	贸易营销	3	

资料来源：住房和城乡建设部、国务院办公厅、北京市发展和改革委员会等相关政府网站。

根据北京市石景山区人民政府数据，现首钢园内科技产业占比最大，达 48%。其次是服务产业，占比 32%。文化产业占比最小，为 10%（见图 2）。

体育产业方面首钢园已获得了国家体育产业示范区、北京市体育示范基地等多项荣誉称号。由图 3 可知，在体育产业的细分领域中，体育产业运营占比 50%，占比最大，体育产品销售占比 25%，上述两者的占比达到了 75%，已成为首钢园区内体育产业的主导领域。目前，首钢园区现已建成的体育场馆设施包括：北京 2022 年冬奥会自由式滑雪和单板滑雪比赛场地“首钢滑雪大跳台”、北京最大的户外滑板和攀岩场“首钢极限公园”、国家

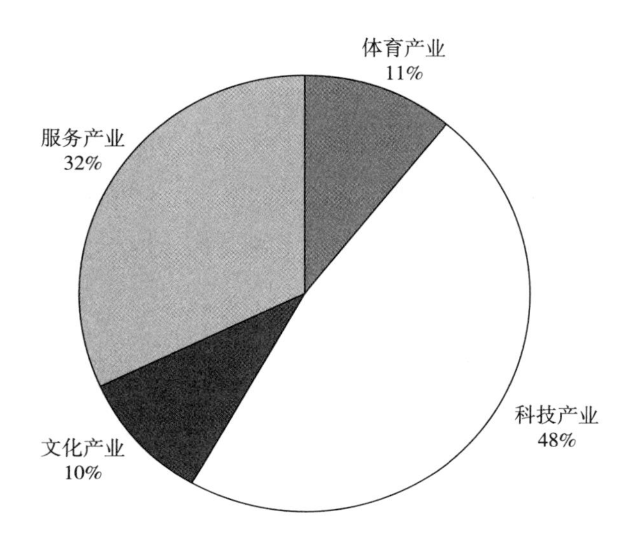

图 2　首钢园产业发展统计

资料来源：作者依据石景山区人民政府数据自绘。

体育总局冬季训练中心（速滑、花滑、冰壶、冰球馆）、冬季体育用品和高端装备器材保税仓库等。

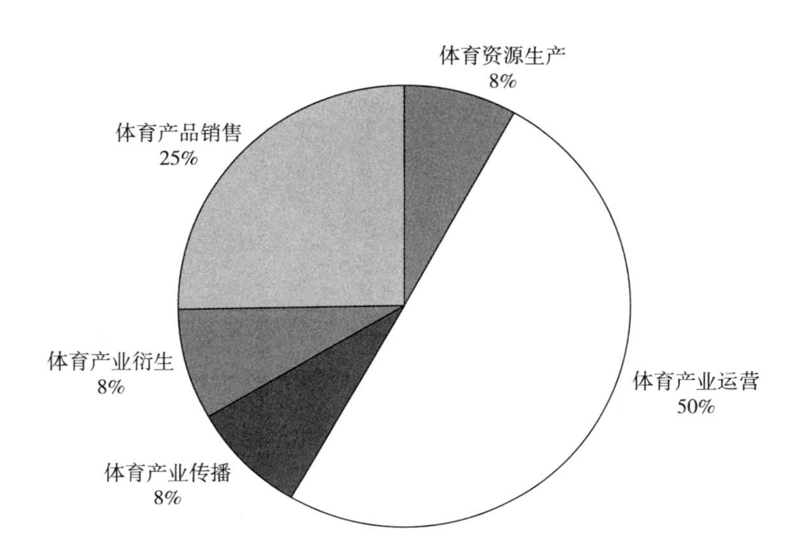

图 3　首钢园区体育产业领域分布统计

资料来源：作者依据石景山区人民政府数据自绘。

科技产业方面则“百花齐放”，各细分领域呈现均衡增长的态势，仅有行业应用及产品应用、运营服务两个细分领域的占比超过 20%（见图 4），主导领域尚不明显。目前，首钢园获得了北京市智能网联汽车示范运行区、首钢园自动驾驶服务示范区、中关村（首钢）人工智能创新应用产业园、北京市游戏创新体验区等多项荣誉。首钢园已吸引中国科幻研究中心、当红齐天、天图万境、未来事务管理局、腾讯体育及 PCG 平台与内容事业集群、小米（零售旗舰店）、百度（自动驾驶）、科大讯飞等多家科技企业入驻，“科技科幻+文学”“科幻+影视”“科幻+游戏”“科幻+旅游”“科幻+智造”五大领域布局基本形成。

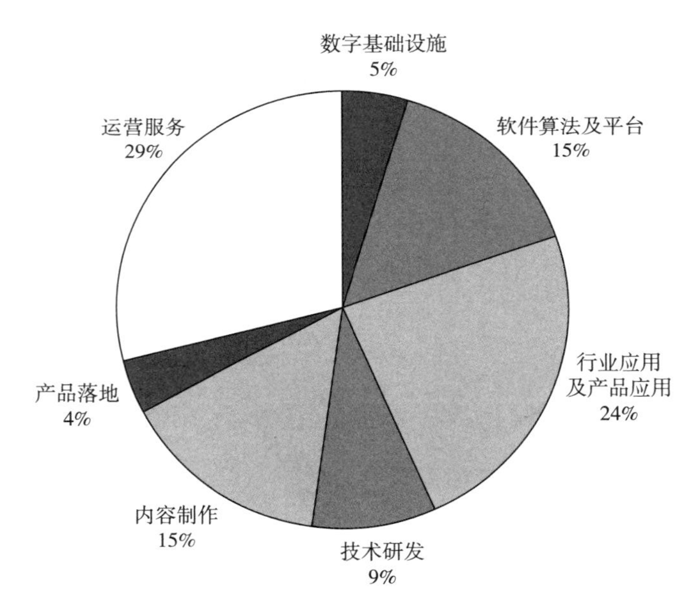

图 4　首钢园区科技产业领域分布统计

资料来源：作者依据石景山区人民政府数据自绘。

文化产业方面，首钢园文化产业主要集中在融合衍生和营销服务领域，各占比 45%和 36%（见图 5）。目前已形成了以互动娱乐、数字传媒为代表的文化创意产业，打造了 3 号高炉工业文化体验中心、全民畅读艺术书店、瞭仓沉浸式数字艺术馆等一批文化创意产业消费场景，汇聚了一批潮流体验项目。

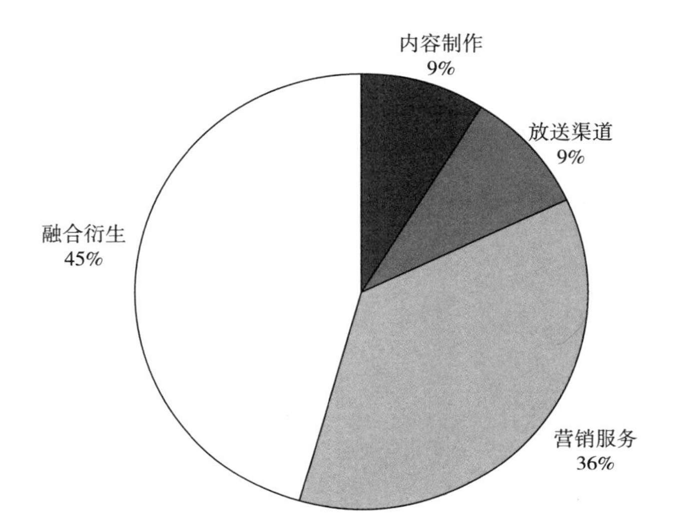

图 5　首钢园文化产业领域分布统计

资料来源：作者依据石景山区人民政府数据自绘。

在上述三类产业快速发展的基础上，与之配套相关的服务产业也在逐步发展。首钢园内的服务产业以运营管理为主导，占比 75%，传播推广、贸易营销和资源主导三类细分领域占比较低，分别是 8%、8% 和 8%（见图 6）。其中，在现有的 36 家入驻企业当中，生活性服务企业共 27 家，占比 75%。截至 2022 年，香格里拉酒店、首钢秀池酒店、首钢工舍酒店已投入运营；以六工汇为代表的新零售、新娱乐、新办公融合的商业综合体已建成。同时，星巴克、麦当劳、香啤坊、瑞幸咖啡、和木 The Home · 私厨、李宁、蔚来、adidas、Timberland、The North Face、Skechers、Vans 等多家商户入驻首钢园。

（五）相关活动日益丰富

根据 2021 年首钢园活动数据，2021 年首钢园举办活动 190 次（见图 7），首钢园自主举办活动 19 次，其余活动主办方以区级政府单位、市级政府单位、知名企业以及专业协会为主，活动日总数 140 天。承办大型活动

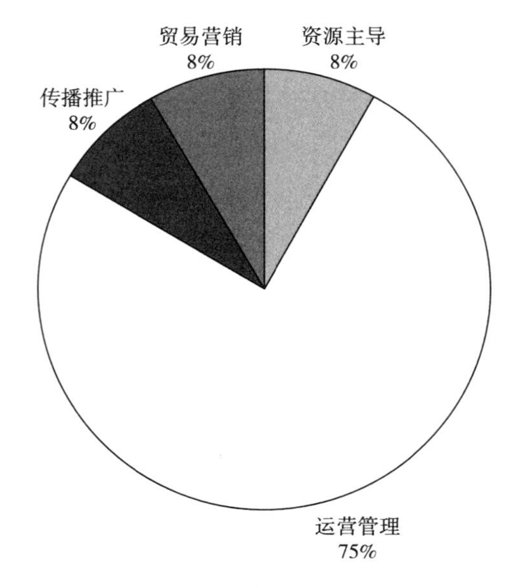

图 6　首钢园区服务产业领域分布统计

资料来源：作者依据石景山区人民政府数据自绘。

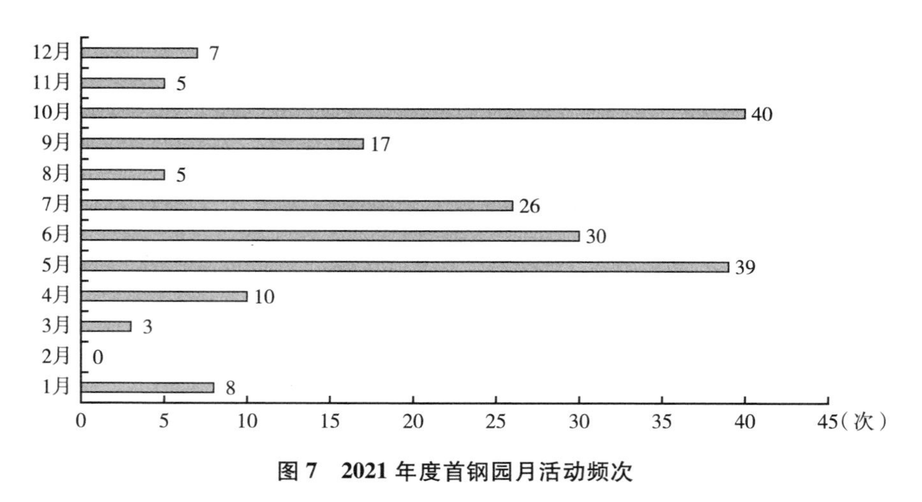

图 7　2021 年度首钢园月活动频次

资料来源：作者依据石景山区人民政府网站数据自绘。

如冬奥系列发布会、中国冰雪大会、中国科幻大会、2021 电竞创新发展大会等。全年活动主要集中在 5~10 月，活动地点以 3 高炉及南广场、A 馆报告厅为主，秀池及水下展厅为辅，活动平均运作周期为4~5天，其中前期布展和后期拆除为1~2日，公开活动日期为2~3日，转场时间快，具备精准高效衔接的运转能力。冬奥过后，首钢滑雪大跳台还利用造雪季与专业机构联手策划举办相关活动，吸引更多年轻人参与体验，充分考虑极限运动所拥有的时尚潮流特质，瞄准青年客群，打造极限运动赛事IP，并举办户外音乐会、光影秀等综合演艺活动。作为冬奥文旅的重要内容，首钢滑雪大跳台还将开发有关场景与活动，建成首钢滑雪大跳台展室，大力传播冬奥文化和北京冬奥精神，让场馆融入大众生活。

三　首钢工业遗产保护与再利用存在问题

（一）由厂区向街区社区的转换速度慢

冬奥会对举办地的影响是全方位的，尤其对经济发展的影响更为深远，除了直接带动旅游、能源以及交通业发展外，冬奥会的注意力经济、品牌经济特征也将增强举办地高端产业要素吸引力、聚集力，为培育关联产业发展提供机遇。作为冬奥组委会驻地、2022年北京冬奥会市区内唯一的雪上项目比赛场地和北京市服务业扩大开放重点支持区域，首钢园拥有得天独厚的发展优势。

北京市委书记蔡奇2022年3月对首钢考察时提出的实现“厂区”“园区”向“社区”“街区”转变的要求。至2022年底，首钢园北区仅完成31.3%的改造建设任务，进展较为缓慢。从长远来看不利于首钢园区长期向好发展。

（二）开放共享不足，协调联动不足

首钢目前的出入口只有南北2个，对于如此大规模的园区来讲，仅有2个出入口不利于园区的开放发展。2022年3月北京市委书记蔡奇调研新首钢时强调，要进一步探索老工业区更新的“首钢模式”。坚持开放合作，完

善城市功能，实现“厂区”“园区”向“社区”“街区”的转变。强化内外连通，畅通区域微循环，提升设施衔接和城市治理水平。新首钢园区要达到“社区化”“街区化”，就必须要扩大开放。除此之外，新首钢园区内部的水系与外部的水系连通性也存在不足，园区外部的人民渠、高井沟等已修缮完毕，而内部水系的修缮工作还相对滞后，并且新首钢西临永定河，但是与永定河的连通性还不够，彼此割裂，各自发展。要持续推进永定河生态修复治理，加快首钢水系与永定河流域连通。

（三）产业发展方向不明确

首钢园区内的产业发展内容庞杂，涉及产业、领域众多，这从侧面反映出首钢园区产业定位和发展方向不明确的现象。首钢园作为北京城区仅有的“自然风光+大规模工业遗址”组合，业态单一，在文旅和体育特色资源的挖掘上还远远不够。与朝阳的798园区相比，首钢园的文创产业发展不充分，博物馆、美术馆等文化设施少。同时园区宣传的体育、科幻（元宇宙）、人工智能、无人驾驶等产业，仍有待实践检验。

（四）建筑利用率不足

由表5可知，自2013年首钢转型开始以来，已利用工业遗产29处，全部集中在首钢园的北区，同时现状已划定但是尚未利用的工业遗产数量为55处，占比65%，改造利用进程缓慢，建筑利用率低。例如服贸会片区，有13个已划定的建筑可使用空间较为狭小，改造难度也较大，导致整体使用率较为不高。

四　首钢工业遗产保护与再利用思路对策

（一）加快全面开放共享，实现区域协调联动发展

首先，从国家和北京的政策层面来讲，首钢园应该与石景山区开放融

合，全面实现一体化的发展，进一步推动“两区”同向发力，形成协调联动、互利共赢的发展新格局。需要增加出入口，将园区内部的道路与外部相衔接，加快实现“社区化”“街区化”转变。其次，还应加强与永定河的连通性，加强道路、园林绿地等方面的连通，将首钢与永定河的景观进行串联，打造绿色交通体系，进一步引领京西地区的发展，协同推进西部地区转型发展。

（二）优化配套服务供给，打造国际化社区型园区

紧抓新首钢国际人才社区、城市织补广场等重大项目建设契机，对标国际化生活方式，瞄准高端化、特色化、国际化，加快完善高品质的公共服务设施配套，基于区域国际高端人才居住布局，在园区内及周边区域积极布局全球知名国际学校，医疗健康、商务休闲、文化娱乐等服务设施，推动城市功能向更加现代化、多元化、国际化的复合型服务功能跃变。围绕产业定位，打造集产、学、研、住、娱于一体的国际化社区型园区，提升园区对国际化人才的吸引力，打造北京市独具特色的国际人才新高地。

（三）植入冬奥产业基因，做大做强“体育+”产业

充分利用冬奥遗留体育产业和相关设施资源，强化相关体育产业要素的引入和培育，紧密结合市、区两级服贸区和自贸区建设部署，聚焦体育装备研发设计、体育管理服务、体育赛事运营、体育传媒与信息服务、体育科技体验、体育文化休闲等高端环节、高附加值领域，充分对接“体育大家庭”关联领域资源，加强与国内外知名企业及项目对接，着力吸引带动作用强的项目进驻，推进体育全产业链发展。探索培育体育保税展示交易和免税消费新业态。联动首都及区域丰富的科技、文化资源，推动“体育+科技、体育+传媒、体育+创意”等融合业态发展。争取承办国际高端冰雪产业论坛、产业峰会、技术交流会等，推动建设潮流运动中心、体育产业融合创新中心。

（四）注入冬奥文化内涵，推动工业遗存改造利用

积极探索工业遗产利用的新模式与新机制，鼓励支持引入社会主体，以奥运文化、工业文化以及现代文化为主题，推动有条件的工业遗存设施改造为博物馆、展览馆、文化馆、公共艺术区、办公场地、特色商业空间等，形成工业文化遗产保护与利用的精品力作；引入文化、体育和创意元素，培育时尚消费、精品运动体验、休闲娱乐等业态；开展高端论坛、文化交流、创意设计、时装展示等活动，打造时尚活力新空间。高标准做好街区、街道、广场、绿地、地下空间等多个层面的空间规划设计，凸显工业文化特点，融入冬奥元素，打造冬奥元素城市新地标。

B.7 北京建筑非遗保护传承研究报告

陈荟洁*

摘　要： 本报告分析了建筑非遗概况，北京建筑非遗的特点与多维价值、保护传承、面临的问题与挑战等。在对比分析与总结经验的基础上，提出保护与传承北京建筑非遗的对策建议：全面调研北京建筑非遗资源，引导社会力量参与，有效制定和有序运行活态传承机制；通过常态化管理、建立数据库、数字化管理等多种形式建立科学的管理机制；采用多种扶持措施，通过稳定长期的教育培训、加强校企合作等方式建立规范的保障机制。

关键词： 北京建筑　非物质文化遗产　非遗传承

非物质文化遗产是中华民族优秀传统文化的重要载体，对促进社会主义精神文明建设有重要作用。习近平总书记强调，“要扎实做好非物质文化遗产的系统性保护，更好满足人民日益增长的精神文化需求，推进文化自信自强”①。建筑非遗是人类营造智慧、独特技艺和创新成果的集中体现，是人类珍贵的历史记忆和文脉传承。北京建筑非遗具有典型的“京味”“秩序”及“礼仪”等特征，保护好、传承好和利用好北京建筑非遗，既是保护传承北京建筑文化的必然要求，也是北京建设“人民城市”的应有之义。

---

* 陈荟洁，博士，北京建筑大学中国非物质文化遗产研究院副院长、文化发展研究院助理研究员，主要研究方向为非物质文化遗产保护、文化遗产阐释与展示。

① 《习近平对非物质文化遗产保护工作作出重要指示》，https：//www. gov. cn/govweb/xinwen/2022-12/12/content_ 5731508. htm。

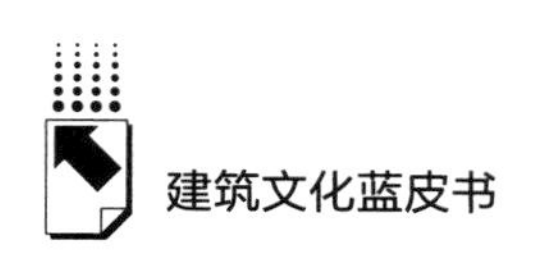

一 建筑非遗概况

建筑非遗由建筑和非遗两个词组成。“建筑”一词包含两层含义：一是修建（如修建房屋、道路、桥梁等）；二是建筑物（如古老的建筑、园林建筑等）。[①] 非遗是非物质文化遗产的简称，是指各族人民世代相传并视为其文化遗产组成部分的各种传统文化表现形式，以及与传统文化表现形式相关的实物和场所。[②] 建筑非遗是指人民世代相传至今的与建筑相关的营造智慧、技艺、实物及文化空间。尽管学界和业界并未将建筑非遗作为一个专有名词进行探讨阐释。本报告认为，建筑非遗是与建筑相关的各级非遗的统称，狭义上包括传统建筑营造技艺、传统木拱桥营造技艺、建筑砖石制作技艺、传统室内墙饰等；广义上，除上述之外，还包括传统家具制作技艺，与建筑物、建筑营造、工匠相关的民间传说等。

截至 2020 年，联合国教科文组织《人类非物质文化遗产代表作名录（名册）》中共有 13 项建筑非遗入选（见表 1）。

表 1 联合国教科文组织《非物质文化遗产名录（名册）》中的建筑非遗

序号	项目名称	公布时间	申报情况	国别
1	中国传统木结构建筑营造技艺	2009	单独申报	中国
2	中国木拱桥传统营造技艺	2009	单独申报/急需保护的非遗名录	中国

① 中国社会科学院语言研究所词典编辑室编《现代汉语词典》（第 6 版），商务印书馆，2012，第 638 页。

② 2011 年 2 月 25 日第十一届全国人民代表大会常务委员会第十九次会议通过《中华人民共和国非物质文化遗产法》，其中对“非物质文化遗产”的内涵和范围作出界定。非物质文化遗产是指各族人民世代相传并视为其文化遗产组成部分的各种传统文化表现形式，以及与传统文化表现形式相关的实物和场所，包括：（一）传统口头文学以及作为其载体的语言；（二）传统美术、书法、音乐、舞蹈、戏剧、曲艺和杂技；（三）传统技艺、医药和历法；（四）传统礼仪、节庆等民俗；（五）传统体育和游艺；（六）其他非物质文化遗产。属于非物质文化遗产组成部分的实物和场所，凡属文物的，适用《中华人民共和国文物保护法》的有关规定。

续表

序号	项目名称	公布时间	申报情况	国别
3	法国的木构架划线放样工艺	2009	单独申报	法国
4	康加巴的圣屋（卡玛布隆）屋顶落成仪式	2009	单独申报	马里
5	大木匠与传统的木结构建筑艺术	2010	单独申报	韩国
6	乌克兰民间装饰艺术的体现：佩特里基夫卡装饰画	2013	单独申报	乌克兰
7	传统的蒙古包制作工艺及其相关习俗	2013	单独申报	蒙古国
8	吉尔吉斯和哈萨克毡房制作的传统知识和技艺	2014	联合申报	哈萨克斯坦、吉尔吉斯斯坦
9	天宁岛大理石制作工艺	2015	单独申报	希腊
10	沙特阿拉伯阿色地区的夸特——传统室内墙饰	2017	单独申报	沙特阿拉伯
11	干石墙艺术，知识和技术	2018	联合申报	法国、克罗地亚、瑞士、塞浦路斯、斯洛文尼亚、西班牙、希腊、意大利
12	与日本木构建筑的保护和传承有关的传统技艺、技术和知识	2020	单独申报	日本
13	欧洲大教堂作坊的手工艺技术和惯常习俗、技艺、传承、知识发展以及创新	2020	联合申报/优秀实践名册	法国、奥地利、德国

注：联合国教科文组织《非物质文化遗产名录（名册）》分为急需保护的非物质文化遗产名录、人类非物质文化遗产代表作名录、优秀实践名册三类。表中仅标出急需保护的非物质文化遗产名录和优秀实践名册，其余均为人类非物质文化遗产代表作名录。

资料来源：中国非物质文化遗产网·中国非物质文化遗产数字博物馆，https://www.ihchina.cn。

由表 1 可知，13 项人类建筑非遗中，有 7 项属于亚洲，5 项属于欧洲，1 项属于非洲。可见，在人类主要文明发祥地，建筑非遗作为非常重要的一部分，与其他传统文化共同构筑成珍贵的人类文明。

在中国，自 2006 年 5 月 20 日至今，国务院先后公布五批《国家级非物质文化遗产代表性项目名录》（简称“国家级非遗名录”）、四批《国家级非物质文化遗产代表性项目名录扩展项目名录》（简称“扩展项目名录”）①，共计2161项，其中国家级建筑非遗为62项，占比约2.87%（见表2，详见附录）。

表2 中国《国家级非物质文化遗产代表性项目名录》中的建筑非遗（共62项）

序号	项目名称	项目编号	公布时间	类别	所属地区	类型	保护单位
1	临夏砖雕	Ⅶ-38	2006（第一批）	传统美术	甘肃省临夏回族自治州	新增项目	临夏县文化馆
2	香山帮传统建筑营造技艺	Ⅷ-27	2006（第一批）	传统技艺	江苏省苏州市	新增项目	苏州香山工坊建设投资发展有限公司
3	客家土楼营造技艺	Ⅷ-28	2006（第一批）	传统技艺	福建省龙岩市	新增项目	龙岩市永定区文化馆
4	景德镇传统瓷窑作坊营造技艺	Ⅷ-29	2006（第一批）	传统技艺	江西省景德镇市	新增项目	景德镇市手工制瓷技艺研究保护中心
5	侗族木构建筑营造技艺	Ⅷ-30	2006（第一批）	传统技艺	广西壮族自治区柳州市	新增项目	柳州市群众艺术馆、三江侗族自治县非物质文化遗产保护与发展中心
……	……	……	……	……	……	……	……

① 第一批国家级非物质文化遗产代表性项目（简称“国家级非遗项目”）共计518项（2006年5月20日公布）、第一批国家级非物质文化遗产代表性项目扩展项目（简称“扩展项目”）共计147项（2008年6月7日公布），第二批国家级非物质文化遗产代表性项目共计510项（2008年6月7日公布），第三批国家级非物质文化遗产代表性项目共计191项、第三批国家级非物质文化遗产扩展项目共计164项（均为2011年5月23日公布），第四批国家级非物质文化遗产代表性项目共计153项、第四批国家级非物质文化遗产代表性项目名录扩展项目共计153项（均为2014年11月11日公布），第五批国家级非物质文化遗产代表性项目共计185项、第五批国家级非物质文化遗产代表性项目名录扩展项目共计140项（均为2021年5月24日公布）。资料来源于中华人民共和国中央人民政府门户网站，https：//www.gov.cn。

一般来说，国家级非物质文化遗产代表性项目分为民间文学、民间音乐、民间舞蹈、传统戏剧、曲艺、杂技与竞技、传统美术、传统技艺、传统医药、民俗十大类。据统计，国家级建筑非遗在民间文学、传统美术、传统技艺三大类别中均有涉及，类型及特点相对比较丰富。从民族来看，汉族、侗族、苗族、撒拉族、藏族、蒙古族、俄罗斯族、哈萨克族、土家族、维吾尔族 10 个民族都拥有本民族独特的国家级建筑非遗。从地域来看，福建、山西、浙江、江苏、新疆、江西、贵州、北京、四川等 27 个省（区、市）都拥有本地域所属的国家级建筑非遗。

总的来说，各级建筑非遗除了具有非遗项目的普适性的独特性、活态性、传承性、流变性、综合性、民族性、地域性七大特点之外，还具有自身的鲜明特点，主要体现在以下几方面。

1. 实用性与美学性

实用性是全世界建筑的首要特点，也是其最重要的功能与目的。建筑必须要满足人类的工作生活需要，为人类提供安全、健康、舒适的环境。在此基础上，体现人类对于美的追求。欧洲教堂的建筑风格主要有罗马式、拜占庭式、哥特式三种样式，这三种样式体现出厚重、灵动和华丽的不同审美风格。而日本、韩国等亚洲国家多受到中国的影响，建筑更偏向自然、对称、和谐等审美风格。“欧洲大教堂作坊的手工艺技术和惯常习俗、技艺、传承、知识发展以及创新”“与日本木构建筑的保护和传承有关的传统技艺、技术和知识”两项人类建筑非遗受不同思想理念、传统文化等影响，体现出不同特点。前者相关的组织、技艺等最早出现在中世纪欧洲大教堂的建筑工地上。后者主要包括左官抹灰技术、日本扁柏树皮的收割、漆画以及榻榻米垫的生产等一系列传统技能、技术和知识。毫无疑问，它们均兼具了实用性与美学性。

2. 结构性与整体性

建筑的结构、功能和形态是相互依赖、相互作用的。如砖石结构、砖木结构、竹结构、砖拱结构等，均是传统结构，从古至今一直被广泛应用。相比于其他类型的非遗，建筑非遗有多种不同的营造方式，比如“传统的蒙古包制作工艺及其相关习俗”、“吉尔吉斯和哈萨克毡房制作的传统知识和技艺”与“香山帮传统建筑营造技艺”等，它们所体现出营造的部件、结构及过程，对建筑物整体的稳定和安全来说至关重要。

3. 多样性与统一性

“中国传统木结构建筑营造技艺”“中国木拱桥传统营造技艺”“客家土楼营造技艺”“景德镇传统瓷窑作坊营造技艺”等均与建筑营造技艺相关，属于综合性的建筑非遗。而“乌克兰民间装饰艺术的体现：佩特里基夫卡装饰画”“沙特阿拉伯阿色地区的夸特——传统室内墙饰”“干石墙艺术，知识和技术”均是与墙饰相关的建筑非遗。“天宁岛大理石制作工艺”“临夏砖雕”均是与砖石相关的建筑非遗。“康加巴的圣屋（卡玛布隆）屋顶落成仪式”“传统的蒙古包制作工艺及其相关习俗”是体现仪式、习俗的建筑非遗。可以看出，尽管都是建筑非遗，它们仍然体现出多样性的特点。同时，它们又与整个建筑物及空间息息相关，因此又体现出统一性的特征。

4. 生态性与人文性

受不同地理环境、物质材料等影响，中西方建筑非遗呈现不同特点。比如中国、韩国、日本等亚洲国家多以木为原材料，通过不同营造习俗及技艺，构筑传统木结构建筑；希腊、法国、奥地利等欧洲国家多以石为原材，修建传统石结构建筑；而蒙古国、哈萨克斯坦多以木材、骨材、植物、畜毛等传统材料营建蒙古包、毡房等传统建筑。一方面，它们均因地制宜、就地取材，与周边的自然生态直接相关，体现出强烈的生态性特征。另一方面，它们不同的营造习俗、技艺等又深刻反映周围的人文环境和人文精神。

二　北京建筑非遗的特点与多维价值

北京建筑非遗是北京地区与建筑相关的各级非遗的统称，代表了北京地区建筑遗产的最典型面貌和最高技艺水平。北京建筑非遗包含传说、建筑营

造技艺、建筑彩绘、琉璃烧制技艺、砖雕等与建筑本体直接相关的项目，以及家具制作技艺、传统木器制作与修复技艺等与室内设计、家具陈设所相关的项目。它们均具有深厚的历史底蕴与文化内涵，同时又有十分典型的特点，并具有多维价值。

（一）北京建筑非遗的特点

在先后公布的五批共2161项国家级非遗项目及扩展项目中，北京市的国家级建筑非遗为9项（见表3）。

表3　北京市国家级非物质文化遗产项目中的建筑非遗（共9项）

序号	项目名称	项目编号	公布时间	类别	所属地区	类型	保护单位
1	家具制作技艺（京作硬木家具制作技艺）	Ⅷ-45	2006（第一批）	传统技艺	北京市东城区	扩展项目	北京市龙顺成中式家具有限公司
2	八达岭长城传说	Ⅰ-32	2008（第二批）	民间文学	北京市延庆区	新增项目	北京市延庆区文物管理所
3	琉璃烧制技艺	Ⅷ-90	2008（第二批）	传统技艺	北京市门头沟区	新增项目	北京明珠琉璃制品有限公司
4	官式古建筑营造技艺（北京故宫）	Ⅷ-174	2008（第二批）	传统技艺	北京市东城区	新增项目	故宫博物院
5	天坛传说	Ⅰ-85	2011（第三批）	民间文学	北京市东城区	新增项目	北京市东城区非物质文化遗产保护中心
6	北京四合院传统营造技艺	Ⅷ-208	2011（第三批）	传统技艺	北京市朝阳区	新增项目	中国艺术研究院
7	卢沟桥传说	Ⅰ-126	2014（第四批）	民间文学	北京市丰台区	新增项目	北京市丰台区文化馆

续表

序号	项目名称	项目编号	公布时间	类别	所属地区	类型	保护单位
8	建筑彩绘（北京建筑彩绘）	Ⅶ-96	2021（第五批）	传统美术	北京市西城区	扩展项目	北京市园林古建工程有限公司
9	家具制作技艺（北京木雕小器作）	Ⅷ-45	2021（第五批）	传统技艺	北京市东城区	扩展项目	北京市工艺木刻厂有限责任公司

自 2006 年 11 月 19 日至今，北京市人民政府先后公布五批市级非物质文化遗产项目、三批市级非物质文化遗产扩展项目，共计 302 项①，其中北京建筑非遗为 22 项，占比约 7%（见表 4）。

表 4　北京市市级非物质文化遗产项目中的建筑非遗（共 22 项）

序号	项目名称	项目编号	公布时间	类别	所属地区	类型	保护单位
1	房山大石窝石作文化村落（大石窝石作技艺）	BJ Ⅹ-4	2006（第一批）	民俗	北京市房山区	新增项目	房山区大石窝镇政府
2	颐和园传说	BJ Ⅰ-2	2007（第二批）	民间文学	北京市海淀区	新增项目	海淀区文学艺术界联合会、海淀区文化馆
3	圆明园传说	BJ Ⅰ-3	2007（第二批）	民间文学	北京市海淀区	新增项目	海淀区文学艺术界联合会、海淀区文化馆
4	八达岭长城传说	BJ Ⅰ-5	2007（第二批）	民间文学	北京市延庆区	新增项目	延庆县文化馆

① 第一批市级非物质文化遗产共计 48 项（2006 年 11 月 19 日公布），第二批市级非物质文化遗产共计 105 项（2007 年 6 月 20 日公布）、第二批市级非物质文化遗产扩展项目共计 4 项（2009 年 10 月 12 日公布），第三批市级非物质文化遗产共计 59 项（2009 年 10 月 12 日公布），第四批市级非物质文化遗产共计 28 项、第四批市级非物质文化遗产扩展项目共计 6 项（均为 2014 年 12 月 29 日公布），第五批市级非物质文化遗产共计 48 项、第五批市级非物质文化遗产扩展项目共计 4 项（均为 2021 年 9 月 18 日公布）。

续表

序号	项目名称	项目编号	公布时间	类别	所属地区	类型	保护单位
5	卢沟桥传说	BJⅠ-6	2007（第二批）	民间文学	北京市丰台区	新增项目	丰台区文化馆
6	“京作”硬木家具制作技艺	BJⅧ-5	2007（第二批）	传统手工技艺	北京市东城区	新增项目	北京市龙顺成中式家具厂
7	琉璃渠琉璃烧制技艺	BJⅧ-16	2007（第二批）	传统手工技艺	北京市门头沟区	新增项目	北京西山琉璃瓦厂、北京明珠琉璃制品有限公司
8	鲁班枕（瞎掰）制作技艺	BJⅧ-18	2007（第二批）	传统手工技艺	北京市密云区	新增项目	密云县文化馆、密云县古北口镇文化服务中心、密云县十里堡文化服务中心
9	京作硬木家具制作技艺	BJⅧ-18	2007（第二批）	传统手工技艺	北京市朝阳区	扩展项目	杜顺堂古典家具厂
10	天坛传说	BJⅠ-4	2009（第三批）	民间文学	北京市东城区	新增项目	崇文区非物质文化遗产保护中心
11	前门传说	BJⅠ-5	2009（第三批）	民间文学	北京市东城区	新增项目	崇文区非物质文化遗产保护中心
12	北京砖雕	BJⅦ-4	2009（第三批）	传统美术	北京市西城区	新增项目	宣武区非物质文化遗产保护中心
13	北京木雕小器作	BJⅦ-1	2009（第三批）	传统技艺	北京市东城区	新增项目	北京市工艺木刻厂有限责任公司
14	北京四合院传统营造技艺	BJⅦ-8	2009（第三批）	传统技艺	北京市朝阳区	新增项目	中国艺术研究院建筑与公共艺术研究所、北京市文物古建工程公司
15	潭柘寺传说	2	2014（第四批）	民间文学	北京市门头沟区	新增项目	门头沟区
16	古建油漆彩绘	1	2014（第四批）	传统美术	北京市西城区	新增项目	西城区

续表

序号	项目名称	项目编号	公布时间	类别	所属地区	类型	保护单位
17	京作硬木家具	1	2014（第四批）	传统美术	北京市东城区	扩展项目	东城区
18	山石韩叠山技艺	无	2014（第四批）	传统技艺	北京市海淀区	新增项目	海淀区
19	汉白玉雕	无	2021（第五批）	传统美术	北京市房山区	新增项目	房山区
20	传统木器制作与修复技艺	无	2021（第五批）	传统技艺	北京市东城区	新增项目	故宫博物院
21	官式建筑营造技艺(恭王府)	无	2021（第五批）	传统技艺	北京市西城区	新增项目	文化和旅游部恭王府博物馆
22	恭王府春分祈福习俗	无	2021（第五批）	民俗	北京市西城区	新增项目	文化和旅游部恭王府博物馆

资料来源：中华人民共和国文化和旅游部门户网站，https：//www. mct. gov. cn。

表4“北京市市级非物质文化遗产代表性项目名录中的建筑非遗”共计22项，其中“八达岭长城传说”“卢沟桥传说”“‘京作’硬木家具制作技艺”“琉璃渠琉璃烧制技艺”“京作硬木家具制作技艺”“天坛传说”“北京木雕小器作”“北京四合院传统营造技艺”“古建油漆彩绘”共9项已入选国家级非物质文化遗产代表性项目名录。除去以上9项，北京共计13项市级建筑非遗项目。

自2007年起，文化部（2018年组建为文化和旅游部）先后共公布五批国家级非物质文化遗产项目代表性传承人名单，共计3068人。[①] 其中北京建筑非遗代表性传承人共计7人（见表5）。

① 第一批国家级非物质文化遗产项目代表性传承人共226人（2007年6月5日公布）；第二批国家级非物质文化遗产项目代表性传承人共551人（2008年2月15日公布）；第三批国家级非物质文化遗产项目代表性传承人共711人（2009年5月26日公布）；第四批国家级非物质文化遗产项目代表性传承人共498人（2012年12月20日公布）；第五批国家级非物质文化遗产项目代表性传承人共1082人（2018年5月8日公布）。以上数据来源于中华人民共和国文化和旅游部门户网站，https：//www. mct. gov. cn。

表5　北京市国家级非物质文化遗产项目代表性传承人（共7人）

序号	项目名称	公布时间	代表性传承人				申报地区或单位
			姓名	性别	年龄	等级	
1	“京作”硬木家具制作技艺	2009（第三批）	种桂友	男	60岁	国家级	北京市崇文区
2	官式古建筑营造技艺（北京故宫）	2012（第四批）	李永革	男	57岁	国家级	故宫博物院
3	官式古建筑营造技艺（北京故宫）	2012（第四批）	刘增玉	男	57岁	国家级	故宫博物院
4	官式古建筑营造技艺（北京故宫）	2018（第五批）	李增林	男	不详	国家级	故宫博物院
5	官式古建筑营造技艺（北京故宫）	2018（第五批）	吴生茂	男	不详	国家级	故宫博物院
6	官式古建筑营造技艺（北京故宫）	2018（第五批）	李建国	男	不详	国家级	故宫博物院
7	官式古建筑营造技艺（北京故宫）	2018（第五批）	白福春	男	不详	国家级	故宫博物院

资料来源：北京市文化和旅游局门户网站，http://whlyj.beijing.gov.cn。

自2008年起，北京市文化和旅游局（原北京市文化局）先后共公布四批北京市市级非物质文化遗产项目代表性传承人名单，共计280人。[①] 其中北京建筑非遗代表性传承人共计11人（见表6）。

① 第一批北京市市级非物质文化遗产项目代表性传承人共94人（2008年5月14日公布）；第二批北京市市级非物质文化遗产项目代表性传承人共65人（2008年12月30日公布）；第三批北京市市级非物质文化遗产项目代表性传承人共46人（2011年11月9日公布）；第四批北京市市级非物质文化遗产项目代表性传承人共75人（2015年9月25日公布）。以上数据来源于北京市文化和旅游局门户网站，http://whlyj.beijing.gov.cn。

表 6 北京市市级非物质文化遗产项目代表性传承人（共 11 人）

序号	项目名称	公布时间	代表性传承人				申报地区或单位
			姓名	性别	年龄	等级	
1	琉璃渠琉璃烧制技艺	2008（第一批）	蒋建国	男	50 岁	市级	门头沟文化委员会
2	“京作”硬木家具制作技艺	2008（第一批）	种桂友	男	59 岁	市级	崇文区文化委员会
3	鲁班枕(瞎掰)制作技艺	2008（第二批）	李文涛	男	60 岁	市级	密云县文化委员会
4	房山大石窝石作文化村落(大石窝石作技艺)	2008（第二批）	宋永田	男	44 岁	市级	房山区文化委员会
5	琉璃渠琉璃烧制技艺	2011（第三批）	赵长安	男	45 岁	市级	门头沟区/北京明珠琉璃制品有限公司
6	京作硬木家具制作技艺	2011（第三批）	杜新士	男	57 岁	市级	朝阳区/北京杜顺堂古典家具厂
7	卢沟桥传说	2015（第四批）	郑福来	男	84 岁	市级	丰台区
8	八达岭长城传说	2015（第四批）	池尚明	男	53 岁	市级	延庆县
9	北京砖雕	2015（第四批）	张彦	男	50 岁	市级	西城区
10	北京木雕小器作	2015（第四批）	王兆琪	男	67 岁	市级	东城区
11	山石韩叠山技艺	2015（第四批）	韩雪萍	女	51 岁	市级	海淀区

资料来源：北京市文化和旅游局门户网站，http：//whlyj. beijing. gov. cn。

北京市人民政府先后公布的五批市级非物质文化遗产项目大体分为十大类，分别为民间文学（第一批中民间文学类空缺）、民间音乐（第三批中改名为传统音乐）、民间舞蹈（第三批中改名为传统舞蹈）、传统戏剧、曲艺、杂技与竞技（第二批中改名为游艺、传统体育与竞技；第三批中改名为传统体育、游艺与杂技）、民间美术（第三批中改名为传统美术）、传统手工技艺（第三批中改名为传统技艺）、传统医药、民俗。据笔者统计，北京市国家级、市级非物质文化遗产代表性项目中的建筑非遗在民间文学、民间美术、传统手工技艺、民俗四大类别中均有涉及。

总的来说，北京建筑非遗除了具有非遗项目所具有的普适性的独特性、活态性、传承性、流变性、综合性、民族性、地域性七大特点之外，还具有自身的鲜明特点，主要体现在以下四方面。

1. 皇家性与民间性

北京有3000多年建城史，870年建都史。北京作为辽、金、元、明、清五朝古都，是重要的政治、经济、文化中心。在历史上，北京曾兴建过大量皇家建筑，至今遗存故宫、颐和园、天坛等重要皇家建筑。与之相关的“官式古建筑营造技艺（北京故宫）”“建筑彩绘（北京建筑彩绘）”“琉璃烧制技艺”等传承至今，成为国家级非物质文化遗产项目。与皇家建筑相比，相对具有民间性的四合院也是北京重要的历史建筑遗产，与之相关的“北京四合院传统营造技艺”“北京砖雕”“汉白玉雕”等营造技艺、雕刻技艺也已列入非遗名录。由此可见，北京建筑非遗体现出皇家性与民间性的重要特点。

2. 传说性与现实性

在北京建筑非遗中，有一类独特的非遗项目如“八达岭长城传说”“天坛传说”“卢沟桥传说”“颐和园传说”“圆明园传说”“前门传说”“潭柘寺传说”。以八达岭长城传说为例，传说里充满了天界神仙、帝王将相、狐鬼精怪等，在八达岭长城沿线的村、寨、城、关甚至石、泉等都有传说。这体现了特殊的自然和历史环境下，人们对于建筑的丰富想象。这些生动的传说与历史建筑遗存共同构建了其丰富性和完整性内涵，同时，也体现出建筑所蕴含的历史情怀及人文精神。

3. 独立性与整体性

北京建筑非遗既有如“京作硬木家具制作技艺”“山石韩叠山技艺”“古建油漆彩绘”“鲁班枕（瞎掰）制作技艺”等相对独立的非遗项目，它们往往由一项或几项传统技艺构成，传承项目、传承人、传承谱系相对明了。同样还有构成相对复杂多元的类型。如房山区大石窝镇石窝村是北京市首批传统村落。“房山大石窝石作文化村落（大石窝石作技艺）”入选北京市第一批市级非物质文化遗产名录。除了典型的传统技艺类建筑非遗技艺——传统石作外，每年农历三月十七日石匠节，当地还会举行祭拜鲁班以及多项行业习俗活动，是一项重要的民俗类非遗项目。“房山大石窝石作文化村落（大石窝石作技术）”这一建筑非遗项目，既包含传统技艺又与整个建筑所依附的自然及文化空间紧密关联。

4. 人文性与科技性

北京建筑非遗得以传承至今，很重要的一点原因便是不断创新与发展。在维持人文性的基础上，充分利用先进科技与技术，是北京建筑非遗永葆活力的关键。如无人机测绘技术、三维激光扫描测量技术、虚拟现实、数字近景摄影测量等技术，对保护与传承北京建筑非遗均有积极的促进作用。

（二）北京建筑非遗的多维价值

北京建筑非遗蕴含着深厚的文化内涵与多维价值，它们共同构建了建筑非遗的独特价值体系。总的来说，北京建筑非遗的价值体系可以分为三个维度：其一，国家文化战略维度，系统性保护北京建筑非遗有利于保护我国传统文化的多样性，并与全世界其他文化共生共享；其二，产业经济维度，传承与利用北京建筑非遗，将其转化成生产力，提升其生产性保护的科学力度与手段；其三，文化传承维度，将优秀的北京建筑非遗传承发展、活化利用，是以保护为前提，实现其价值最大化的重要体现。具体来说，建筑非遗的多维价值体现在历史价值、文化价值、精神价值、科学价值、经济价值、社会价值、艺术价值等七大方面。

1. 历史价值

北京的建筑遗产由物质遗存和非物质文化遗产构成，它们都具有悠久的历史，深刻反映了古都风貌和北京特色。它们见证了在时代更迭下，北京城市环境的不断改善，是城市化、中华文明发展变迁、社会发展历程的重要见证。在不同历史阶段，建筑所体现出来的形制、功能、规仪等均有所区别。与之相应的是活态传承至今的建筑非遗工匠们营造技艺和时代审美风尚等的变化。在建筑非遗中，仍能延续历史上所传承下来的营造法则、口诀等，从中可以窥见古人的智慧，领略其浑厚的历史底蕴。

2. 文化价值

建筑是一个城市主要的标志性符号，是城市文化的重要组成部分。从大的方面来说，北京建筑非遗体现出北京城市营造中的智慧和工匠精神，体现城市文化底蕴。从小的方面来说，每一项北京建筑非遗，如营造技艺、构造部件、装饰艺术等都是由工匠通过口传身授的方式传承至今的，承载了十分丰富的历史文化信息，它们是北京民俗、民间文化艺术的重要组成部分，具有深厚的文化底蕴。保护建筑非遗，就是保护人类赖以生存的文化空间。北京建筑非遗是中华民族文化遗产重要组成部分，是中华传统文化和人类文化遗产。

3. 精神价值

建筑在一定层面上体现了民族的信仰、理念与风貌。“以中为尊”的思想理念，中庸之道，以中为贵，是中华文明的重要构成。在北京建筑非遗中，以“官式建筑营造技艺（恭王府）”“北京四合院传统营造技艺”等为代表的传统技艺以及以“天坛传说”等为代表的民间文学，均体现了“大中至正”的伦理观和精神观，深刻反映了中国古代宇宙观念中“天圆地方”“天人合一”的传统观念。

4. 科学价值

随着时代的发展，各行各业的生产水平、技术手段等都在不断变化。历史上，受不同时代大环境的影响，建筑遗产也顺应时代发展变化。比如北京故宫是世界上现存规模最大，保存最完好的古代皇宫建筑群，是古代建筑最高水平的体现。“官式古建筑营造技艺（北京故宫）”又称“八大作”，分为土作、石作、搭材作、木作、瓦作、油作、彩画作、裱糊作，它们是在中国古建营造技术的基础上形成的一套完整的、具有严格形制的传统官式建筑施工技艺，代表当时最先进的生产力、科技水平以及技术手段，是中国科技史中文物建筑的实物例证，具有极高的科学价值。

5. 经济价值

建筑遗产是中国古代经济的重要组成部分，是城市设施、商业水平的集中体现。如今，北京建筑遗产为北京旅游业和文化产业的发展提供了重要支持。从大的方面来说，作为北京建筑遗产的重要组成部分，只有保护和传承好北京建筑非遗，才能维护好建筑遗产的典型面貌，并对其进行开发利用。从小的方面来说，每一项北京建筑非遗都是在历史中产生，并由工匠们传承至今的，代表当时的生产力和科技水平，代表了行业内较高的水平，它们承载了多样功能，在利用建筑遗产的同时也可以带来经济效益，在保护文化遗产的同时创造经济价值，推动文化产业的发展。

6. 社会价值

1982 年，北京被列为全国第一批历史文化名城。北京的建筑遗产承载着中国古代的社会制度和文化传统，它们的布局、构造和装饰都体现了中国古代人民的智慧和创造力，顺应了当时的社会形势和社会需求，体现出纲维有序的建造理念与城市格局。北京建筑非遗同样包含了深层次的人文关怀与社会价值。保护与传承北京建筑非遗，可以促进人类社会的可持续发展，提高人们传承传统文化的意识和社会责任感，让建筑开口说话，讲好建筑的故事，讲好北京故事。

7. 艺术价值

北京建筑遗产风格多元、类型丰富、数量比较庞大、分布相对密集，具有很高的艺术水平和审美价值。北京建筑非遗运用建筑独特的艺术语言，注意将实用性与审美性相结合，比如在建筑设计、营造、造景等方面，均体现出时代审美风格。如“官式古建筑营造技艺（北京故宫）”“北京四合院传统营造技艺”“建筑彩绘（北京建筑彩绘）”“传统木器制作与修复技艺”等，均直接体现了古代皇家、民间等不同阶层的审美旨趣，蕴含了丰富的艺术价值。另外，通过欣赏、解读以及研究北京建筑非遗，可以见识建筑文化的多元性，拓宽视野，培养审美意识与艺术素养。

三　北京建筑非遗保护传承概况

2006年，“家具制作技艺（京作硬木家具制作技艺）”成为第一批国家级非物质文化遗产项目。同年，“房山大石窝石作文化村落（大石窝石作技艺）”成为第一批市级非物质文化遗产项目。此后，先后有五批9项北京建筑非遗成为国家级非物质文化遗产项，五批13项（不包括9项国家级）北京建筑非遗成为市级非物质文化遗产项目。

以下介绍北京建筑非遗保护传承相关政策措施以及北京建筑非遗保护传承主要形式及成效。

（一）北京建筑非遗保护传承相关政策措施

为促进非物质文化遗产保护传承，各级政府、相关部门高度重视，并出台了相关政策措施，为非遗保护传承保驾护航。尽管并没有与北京建筑非遗直接相关的政策措施，但是，北京建筑非遗得益于各级政策措施的施行。

从非遗保护的相关法律政策来看，2011年6月1日施行的《中华人民共和国非物质文化遗产法》分为总则、非物质文化遗产的调查、非物质文化遗产代表性项目名录、非物质文化遗产的传承与传播、法律责任、附则等几大部分。该法为继承和弘扬中华民族优秀传统文化，促进社会主义精神文明建设，加强非物质文化遗产保护、保存工作提供了法律依据。

2019年1月20日《北京市非物质文化遗产条例》出台，分为总则、调查与保护、代表性项目名录、传承与分类保护、传播与发展、法律责任、附则共七章，指出要加强非物质文化遗产保护、保存工作，传承北京历史文脉，弘扬中华优秀传统文化，推进全国文化中心建设。北京市对本行政区域内的非物质文化遗产采取认定、记录、建档等措施予以保存，对体现中华优秀传统文化，具有历史、文学、艺术、科学价值的非物质文化遗产采取传承、传播等措施予以保护。

2021年8月12日，中共中央办公厅、国务院办公厅印发《关于进一步加强非物质文化遗产保护工作的意见》，指出健全非遗保护传承体系，提高非遗保护传承水平，加大非遗传播普及力度，“将非遗融入国家重大战略”，要加强京津冀协同发展等一系列国家重大战略中的非物质文化遗产保护传承，建立区域保护协同机制，加强专题研究，举办品牌活动。

2021 年 6 月 2 日，文化和旅游部公布《“十四五”文化和旅游发展规划》，提出文化遗产保护传承利用体系不断完善，文物、非物质文化遗产和古籍实现系统性保护，文化遗产传承利用水平不断提高等的目标。要实施中华文明探源等工程，加强体现中国文化基因的非遗项目保护；提高非物质文化遗产保护传承水平，强化非物质文化遗产系统性保护，培养好传承人，一代代接下来、传下去；完善代表性项目制度，加强项目存续状况评估，夯实保护单位责任；完善代表性传承人制度，加大扶持力度，加强评估和动态管理，探索认定非遗代表性传承团体，加强青年传承人培养；结合重大战略加强非物质文化遗产保护传承，建立区域保护协同机制；加大非物质文化遗产传播普及力度，开展宣传展示交流等活动；推出一批具有鲜明非物质文化遗产特色的主题旅游线路、研学旅游产品。

2021 年 10 月 25 日，北京市文化和旅游局编制印发的《北京市“十四五”时期文化和旅游发展规划》指出：要打造文化遗产保护传承利用的典范之城，推进中华优秀传统文化传承弘扬；加强非物质文化遗产保护传承，夯实非遗保护传承基础，完善非遗名录制度，继续完善传承人制度，对代表性传承人实施动态管理；推进非遗活态传承，推动老字号非遗传承振兴与创新，激发老字号非遗传承发展新活力；促进非遗展示传播，支持非遗展示中心、传承工作室等建设，持续拓展非遗展示空间。

（二）北京建筑非遗保护传承主要形式及成效

《关于进一步加强非物质文化遗产保护工作的意见》指出：“保护好、传承好、利用好非物质文化遗产，对于延续历史文脉、坚定文化自信、推动文明交流互鉴、建设社会主义文化强国具有重要意义。”非物质文化遗产保护传承的主体是传承人或传承群体，相关组织、各级政府与机构同样也是重要参与方。另外，更离不开社会各界的关注与支持，只有全社会共同关注与扶持非遗的保护传承，才能使其得到更好的延续与发展。

随着时代发展，传播及消费方式发生变化。非遗已全面融入经济社会发展，呈现出跨界融合的趋势，出现各类“非遗+”模式。北京建筑非遗保护传承顺应时代需求，主要体现为“非遗+展示传播”“非遗+电商网购”“非遗+教育培训”“非遗+文旅融合”“非遗+乡村振兴”五大方面。

1. 非遗+展示传播

由于文化市场繁荣发展以及网络、社交媒体的发达和普及，非物质文化遗产的主要展示与传播平台为展览现场、电视台、微博、微信公众号以及小红书、抖音、快手、哔哩哔哩等。

故宫博物院出品《八大作》纪录片，集中展示“官式古建筑营造技艺（北京故宫）”。纪录片共八集，分别是“土作——厚而载物”“石作——稳而持重”“搭材作——相辅相成”“木作——方寸之合”“瓦作——定而望动”“油作——厚薄有度”“彩画作——木衣锦绣”“裱糊作——柔外韧内”。

CCTV-10 科教频道《探索·发现》曾介绍京作硬木家具的雕刻，北京卫视《为你喝彩》也曾介绍国家级非物质文化遗产“京作硬木家具制作技艺”第五代传承人——刘更生，CCTV-7《乡村大世界》曾对房山大石窝石作文化村落进行介绍。

2022 年 5 月，由中国园林博物馆主办，北京建筑大学、北京市园林古建工程有限公司联合主办的“锦色——传统建筑彩画技艺展”在中国园林博物馆展出；2023 年，同名展览在颐和园德和园展出。两次展览均以“建筑彩绘（北京建筑彩绘）”为展示重点。

2. 非遗+电商网购

目前，电商平台已成为人们重要的消费场所，网购已成为重要消费手段。非物质文化遗产在淘宝、抖音、京东等多方电商平台上也得到了展示与销售。

在抖音搜索“京作硬木家具制作技艺”“八达岭长城传说”“官式古建

筑营造技艺（北京故宫）”等北京建筑非遗，均能找到相关的短视频。2023年6月9日，文化和自然遗产日前夕，抖音电商发布了《2023抖音电商助力非遗发展数据报告》（下称“报告”）。报告显示，过去一年，平台上非遗传承人带货成交额同比增长194%，成交额超过百万元的非遗传承人数量同比增长57%。

在淘宝，以“建筑营造技艺”中的“木作”为卖点的网店较多。以“晚峰旗舰店”为代表的网店主要售卖中国榫卯模型。网店中上架的“颐和园知春亭榫卯积木迷你版玩具”、“故宫一斗三升香插香座香托线香家用斗拱积木摆件”、“亭榫卯积木迷你版拼搭模型玩具”、“故宫凝香亭榫卯积木模型拼装玩具”及“故宫保和殿斗拱积木玩具模型榫卯结构木制礼品”等，均比较好地宣传了中国古建筑营造技艺，也有比较好的销售额。

3. 非遗+教育培训

“非遗进校园”是让非遗活态传承与推广传播的重要方式，北京已有较多相关的优秀案例。如2023年石景山区非遗展演暨2023年石景山区“非遗进校园”启动仪式，全区10余所非遗示范校的200余名师生参与。①

“非遗进校园”另外一种重要方式便是邀请传承人通过线上或者线下的方式，向学生传播非遗文化。2023年1月18日，北京师范大学非物质文化遗产研究与发展中心举办“非物质文化遗产进课堂”活动。国家级非遗项目北京市市级非物质文化遗产项目“八达岭长城传说”代表性传承人池尚明通过腾讯会议，为同学们讲授了“八达岭长城传说”项目的概述、分类、特点与保护现状等。

与北京建筑非遗相关的教育培训还有在京高校举办的培训班、研修班。2022年12月，北京建筑大学与北京文化艺术传承发展中心联合在线成功主办2022年“北京市非物质文化遗产保护工作人员培训班”“北京市非物质文化遗产传承人群研修班（家居美学方向）”。

① 《石景山区举办“文化和自然遗产日”非遗主题活动》，https：//baijiahao. baidu. com/s? id = 1768322575231520519&wfr = spider&for = pc。

另外，也有一些北京建筑非遗相关的国家级非物质文化遗产传承人进行面向社会大众的教育教学。2023 年 8 月，国家级非物质文化遗产项目“京作硬木家具制作技艺”的代表性传承人种桂友在京作榫卯艺术馆进行“小炕几”教学等。

4. 非遗+文旅融合

2023 年 6 月 10 日是我国第十八个“文化和自然遗产日”，北京市多区“以加强非遗系统性保护　促进可持续发展”为主题，线上线下举行了非遗宣传展示活动。如“京城非遗耀中轴”启动仪式在西城区什刹海举办。门头沟区“经典有集”非遗市集在西长安中骏世界城举办，琉璃烧制技艺等多项北京建筑非遗得到了展示传播。石景山区非遗中心以赏非遗盛宴、品非遗美食、淘非遗好物等形式，为群众提供“赏、品、购、逛”文化文物旅游融合新体验。

另外，昌平区以围绕“三条文化带”讲好非遗保护中国故事为核心举办活动。大兴区举办“大河永定·兴非昔比”非遗宣传展览展示活动。东城区“非遗永续　东城同行”在智化寺举办。其中北京龙顺成京作非遗博物馆参与活动，展示“京作硬木家具制作技艺”。2023 年密云区举办“群芳吐艳　非遗荟萃”活动。丰台区举办“印象非遗　丰宜福台”，其中推介“卢沟桥传说”及非遗相关纪录片等。平谷区举办非遗展演展示系列活动。另外，其他区也于“文化和自然遗产日”期间举办多项非遗手工市集等非遗项目现场体验活动。

5. 非遗+乡村振兴

门头沟区龙泉镇琉璃渠村是北京建筑非遗促进乡村振兴主要代表。门头沟区龙泉镇琉璃渠村是“中国琉璃之乡”，琉璃烧制技艺传承近千年。琉璃烧制技艺是中国陶瓷艺术史上的杰出成就，是国家级非物质文化遗产项目，制品形式多样，色彩斑斓，包括琉璃瓦、脊兽、雕花琉璃砖等，通常用于宫殿、坛庙、宝塔等重要建筑，是中国古代建筑以及现代中式建筑的重要装饰构件。

金隅琉璃文化创意产业园项目位于门头沟区琉璃渠大街 2 号，建筑面积约1万平方米，目前已部分建设完成并对外亮相。除了恢复和传承琉璃古法烧制技艺，结合城市更新相关政策要求，也对周边的老厂房进行了改造。通过琉璃重生带动产业转型升级，园区里设置琉璃生产参观路线、琉璃博物馆、琉璃文化体验区、琉璃文创工作室、琉璃主题民宿区等，打造集琉璃保护性生产、体验式旅游、文化创意办公等于一体的琉璃文化创意产业园区，在传承古法琉璃技艺的同时，丰富首都文化生活。

四　北京建筑非遗保护传承面临的问题与挑战

北京市近年来坚持政府主导、社会参与，推动非遗活态传承，完善非遗保护传承体系，深入挖掘非遗价值，提升非遗保护传承水平。2019年《北京市非物质文化遗产条例》正式出台实施，随后与之相配套的《北京市非物质文化遗产传承发展工程实施方案》《北京市传统工艺振兴实施意见》《关于积极引导残疾人参与非遗保护和非遗技艺传承培训工作的通知》等也相继发布。这些政策措施一定程度上促进了北京市非遗的保护传承。但以北京建筑非遗为例，仍面临以下五点问题。

一是缺少社会关注度与参与度。尽管在社会上已经出现“非遗热”的现象，但各界真正了解非遗发展与传承人仍的较少。尤其是北京建筑非遗，因其本身特性，专业门槛比较高，较难在社会上广泛普及推广，缺少社会关注度与参与度。

二是传承场景匮乏。以历史发展的眼光来看，经济发展和城市化对北京建筑非遗带来较大冲击。如传统建筑营造技艺、家具制作技艺等非遗所需要的居住场景和人文环境逐渐消失。多项北京建筑非遗多只运用于仿古建筑修建或古建筑修缮维护，技艺本身面临很大的传承困境，传承场景匮乏且难以维系。

三是传承人群小众。“传承性”是建筑非遗非常重要的一项特点。传承的主体在于人，需要找到合适的传承人来传承技艺。如今，尽管年青一代对非遗的了解和认同有所提升，对传统文化的兴趣有所增加。但总体来看，他们更倾向于追求流行的文化形式，对如北京建筑非遗这类专业门槛较高、相对小众的非遗关注较少，对它们的价值和意义缺乏深入的了解。北京建筑类非遗传承人才相对短缺。

四是传承形式单一。北京建筑非遗仍多采用“师傅带徒弟”的方式进行口传心授，这种传承形式相对单一。需要考虑运用科技、网络和社交平台等多种方式进行改良创新。

五是资金和政策支持不足。我国扶持非遗的决心和力度较大，已投入大量资金用于保护和传承非遗。但是我国非遗项目众多，落实到具体非遗项目上的资金相对有限。北京建筑非遗市场化、规模化的开发不多，品牌开发和商业推广力度不够。

五　北京建筑非遗保护传承对策建议

（一）建立完善的传承机制

1. 调查研究

全面调研北京建筑非遗资源的种类、数量和生存情况，摸清并进行针对性的深入调查十分有必要。此外，还需开展对北京建筑非遗传承人的调查，重点弄清传承谱系、传承线路和传承技艺水平等，掌握传承人所传承项目的创新发展空间；同时应注意积累相关数字资源，对项目和传承人资源进行数字化管理。

2. 传播推广

北京建筑非遗需要更广泛的传播推广。可充分利用传统节日、文化和自然遗产日及各类展览展示等机会，为北京建筑非遗项目、传承人提供展览展演机会，扩大其社会影响力。同时，运用新媒体手段广泛宣传弘扬北京建筑非遗价值；引导社会力量参与，提高群众关注、保护和传承北京建筑非遗的自觉性和积极性。

3. 活态传承

在调查研究、传播推广的基础上，北京建筑非遗进行活态传承还需要传承机制的有效建构和有序运行。第一，需要遵循活态性、可持续性等原则。第二，需要明确传承对象、方向、内容和方式等。第三，需要确定合理的传承周期，并进行更新优化。第四，需要相关部门、机构等保障传承资源的完整性和可持续性。第五，需要对相关管理人员、工作人员等进行教育培训，提高其参与度，营造良好的传承环境。第六，需要加强持续监督，及时反馈和改善，多交流多借鉴，提高传承效果。

（二）建立科学的管理机制

1. 常态化管理

建立健全北京建筑非物质文化遗产项目及代表性传承人档案，全面记录项目及传承人的基本信息及所传承项目的文化内涵、核心技艺、后继人才培养情况等，实现动态化、常态化管理，加强代表性传承人队伍建设。

2. 建立数据库

建立北京建筑非遗数据库，以文字、语音、视频的形式，将建筑非遗内容完好地记录下来，为研究和保护奠定坚实基础。对北京建筑非遗资源的种类、数量和生存情况进行数字化资源汇总。如采用扫描等形式汇总现有出版物等图文资源，联合中国非物质文化遗产保护中心等官方机构以及商业公司等进行北京建筑非遗资源数字库汇总及管理工作。

3. 数字化管理

通过科技、网络等多项技术，对北京建筑非遗项目和传承人进行数字化管理，以达到永久保存、方便利用和传播弘扬的目的。

（三）建立规范的保障机制

1. 扶持措施

探索多种扶持措施，不断加大对北京建筑非遗项目及传承人的扶持力度，多渠道筹措资金，建立传承人保护基金，保障资金充裕。

2. 教育培训

为北京建筑非遗传承人争取稳定的培训经费，吸纳更多的年轻人投身北京建筑非遗传承，有效解决传承人断层的问题。对传承困难的优秀濒危项目给予重点帮扶。重点开展北京建筑非遗传承人群培训等教育培训工作。

3. 校企合作

结合北京建筑非遗保护、传承和利用的实际，积极谋划、主动申请建立形式多样的校企非遗项目传承基地、校企联合培养基地及课程，为传承人提供教授带徒、学习研讨、示范展演等活动平台，为非遗传承人创造良好的学习、传承环境，提升北京建筑非遗传承和保护的整体水平。

附　录

中国《国家级非物质文化遗产代表性项目名录》中的建筑非遗（共62项）

序号	项目名称	项目编号	公布时间	类别	所属地区	类型	保护单位
1	临夏砖雕	Ⅶ-38	2006（第一批）	传统美术	甘肃省临夏回族自治州	新增项目	临夏县文化馆
2	香山帮传统建筑营造技艺	Ⅷ-27	2006（第一批）	传统技艺	江苏省苏州市	新增项目	苏州香山工坊建设投资发展有限公司
3	客家土楼营造技艺	Ⅷ-28	2006（第一批）	传统技艺	福建省龙岩市	新增项目	龙岩市永定区文化馆
4	景德镇传统瓷窑作坊营造技艺	Ⅷ-29	2006（第一批）	传统技艺	江西省景德镇市	新增项目	景德镇市手工制瓷技艺研究保护中心
5	侗族木构建筑营造技艺	Ⅷ-30	2006（第一批）	传统技艺	广西壮族自治区柳州市	新增项目	柳州市群众艺术馆、三江侗族自治县非物质文化遗产保护与发展中心

续表

序号	项目名称	项目编号	公布时间	类别	所属地区	类型	保护单位
6	苗寨吊脚楼营造技艺	Ⅷ-31	2006（第一批）	传统技艺	贵州省黔东南苗族侗族自治州	新增项目	雷山县非物质文化遗产保护中心
7	苏州御窑金砖制作技艺	Ⅷ-32	2006（第一批）	传统技艺	江苏省苏州市	新增项目	苏州陆慕御窑金砖厂
8	明式家具制作技艺	Ⅷ-45	2006（第一批）	传统技艺	江苏省苏州市	新增项目	苏州红木雕刻厂有限公司
9	砖雕（山西民居砖雕）	Ⅶ-38	2006（第一批）	传统美术	山西省太原市	扩展项目	清徐县窑王堡窑砖雕工艺美术厂
10	侗族木构建筑营造技艺	Ⅷ-30	2006（第一批）	传统技艺	贵州省黔东南苗族侗族自治州	扩展项目	黎平县文化馆、从江县非物质文化遗产保护中心
11	家具制作技艺（京作硬木家具制作技艺、广式硬木家具制作技艺）	Ⅷ-45	2006（第一批）	传统技艺	北京市东城区、广州市	扩展项目	北京市龙顺成中式家具有限公司、广州木雕家具工艺厂
12	八达岭长城传说	Ⅰ-32	2008（第二批）	民间文学	北京市延庆区	新增项目	北京市延庆区文物管理所
13	鲁班传说	Ⅰ-44	2008（第二批）	民间文学	山东省曲阜市、滕州市	新增项目	山东省滕州市文化馆
14	石雕（煤精雕刻、鸡血石雕、嘉祥石雕、掖县滑石雕刻、方城石猴、大冶石雕、菊花石雕、雷州石狗、白花石刻、安岳石刻、泽库和日寺石刻）	Ⅶ-56	2008（第二批）	传统美术	辽宁省抚顺市，浙江省临安市、山东省嘉祥县、莱州市，河南省方城县等	新增项目	嘉祥县文化馆等
15	建筑彩绘（白族民居彩绘）、陕北匠艺丹青、炕围画	Ⅶ-96	2008（第二批）	传统美术	云南省大理市、陕西省西安市、山西省长治市	新增项目	大理市非物质文化遗产保护管理所、陕西省非物质文化遗产研究会、襄垣县非物质文化遗产保护协会

续表

序号	项目名称	项目编号	公布时间	类别	所属地区	类型	保护单位
16	琉璃烧制技艺	Ⅷ-90	2008（第二批）	传统技艺	山西省太原市、北京市门头沟区	新增项目	山西省非物质文化遗产保护中心、北京明珠琉璃制品有限公司
17	临清贡砖烧制技艺	Ⅷ-91	2008（第二批）	传统技艺	山东省临清市	新增项目	临清市文化馆
18	官式古建筑营造技艺（北京故宫）	Ⅷ-174	2008（第二批）	传统技艺	北京市东城区	新增项目	故宫博物院
19	木拱桥传统营造技艺	Ⅷ-175	2008（第二批）	传统技艺	浙江省丽水市、温州市，福建省宁德市	新增项目	庆元县文化馆、泰顺县非物质文化遗产保护中心、寿宁县文化馆、屏南县木拱廊桥保护协会
20	石桥营造技艺	Ⅷ-176	2008（第二批）	传统技艺	浙江省绍兴市	新增项目	绍兴市古桥学会
21	婺州传统民居营造技艺（诸葛村古村落营造技艺、俞源村古建筑群营造技艺、东阳卢宅营造技艺、浦江郑义门营造技艺）	Ⅷ-177	2008（第二批）	传统技艺	浙江省金华市	新增项目	兰溪市诸葛旅游发展有限公司、武义县非物质文化遗产保护中心、东阳市非物质文化遗产保护中心、浦江县文物保护管理所（浦江县郑义门文物保护管理所）
22	徽派传统民居营造技艺	Ⅷ-178	2008（第二批）	传统技艺	安徽省黄山市	新增项目	安徽省徽州古典园林建设有限公司
23	闽南传统民居营造技艺	Ⅷ-179	2008（第二批）	传统技艺	福建省泉州市、厦门市	新增项目	泉州市鲤城区文化馆、惠安县文化馆、南安市博物馆、厦门市湖里区闽南传统建筑营造技艺传习中心

续表

序号	项目名称	项目编号	公布时间	类别	所属地区	类型	保护单位
24	窑洞营造技艺	Ⅷ-180	2008（第二批）	传统技艺	山西省运城市、甘肃省庆阳市	新增项目	平陆县文化馆、庆阳市西峰区文化馆
25	蒙古包营造技艺	Ⅷ-181	2008（第二批）	传统技艺	内蒙古自治区呼和浩特、西乌珠穆沁旗、陈巴尔虎旗	新增项目	内蒙古自治区非物质文化遗产保护中心、西乌珠穆沁旗文化馆、陈巴尔虎旗文化馆
26	黎族船型屋营造技艺	Ⅷ-182	2008（第二批）	传统技艺	海南省东方市	新增项目	东方市文化馆
27	哈萨克族毡房营造技艺	Ⅷ-183	2008（第二批）	传统技艺	新疆维吾尔自治区塔城地区	新增项目	伊犁哈萨克自治州塔城地区文化馆
28	俄罗斯族民居营造技艺	Ⅷ-184	2008（第二批）	传统技艺	新疆维吾尔自治区塔城地区	新增项目	塔城市文化馆
29	撒拉族篱笆楼营造技艺	Ⅷ-185	2008（第二批）	传统技艺	青海省海东市	新增项目	循化撒拉族自治县文化馆
30	藏族碉楼营造技艺	Ⅷ-186	2008（第二批）	传统技艺	四川省甘孜藏族自治州	新增项目	丹巴县文化馆
31	天坛传说	Ⅰ-85	2011（第三批）	民间文学	北京市东城区	新增项目	北京市东城区非物质文化遗产保护中心
32	清徐彩门楼	Ⅶ-102	2011（第三批）	传统美术	山西省太原市	新增项目	清徐县文化馆
33	北京四合院传统营造技艺	Ⅷ-208	2011（第三批）	传统技艺	北京市朝阳区	新增项目	中国艺术研究院
34	雁门民居营造技艺	Ⅷ-209	2011（第三批）	传统技艺	山西省忻州市	新增项目	山西杨氏古建筑工程有限公司
35	石库门里弄建筑营造技艺	Ⅷ-210	2011（第三批）	传统技艺	上海市	新增项目	上海美达建筑工程有限公司

续表

序号	项目名称	项目编号	公布时间	类别	所属地区	类型	保护单位
36	土家族吊脚楼营造技艺	Ⅷ-211	2011（第三批）	传统技艺	湖北省恩施土家族苗族自治州、湖南省湘西土家族苗族自治州、重庆市	新增项目	咸丰县文化馆、永顺县非物质文化遗产保护中心、石柱土家族自治县非物质文化遗产保护中心
37	维吾尔族民居建筑技艺（阿依旺赛来民居营造技艺）	Ⅷ-212	2011（第三批）	传统技艺	新疆维吾尔自治区和田地区	新增项目	和田地区文化馆
38	建筑彩绘（传统地仗彩画）	Ⅶ-96	2011（第三批）	传统美术	辽宁省沈阳市	扩展项目	沈阳市泰然古建筑维修学校
39	客家土楼营造技艺	Ⅷ-28	2011（第三批）	传统技艺	福建省漳州市	扩展项目	南靖县土楼管理委员会、华安县文化馆
40	家具制作技艺（晋作家具制作技艺、精细木作技艺）	Ⅷ-45	2011（第三批）	传统技艺	山西省临汾市、江苏省常州市	扩展项目	山西唐人居古典家居文化有限公司、江苏工美红木文化艺术研究所
41	窑洞营造技艺（地坑院营造技艺、陕北窑洞营造技艺）	Ⅷ-180	2011（第三批）	传统技艺	河南省三门峡市、陕西省延安市	扩展项目	三门峡市陕州区文化馆、延安市宝塔区文化馆
42	碉楼营造技艺（羌族碉楼营造技艺、藏族碉楼营造技艺）	Ⅷ-186	2011（第三批）	传统技艺	四川省阿坝藏族羌族自治州、青海省果洛藏族自治州	扩展项目	汶川县文化馆、茂县文化馆、班玛县文化馆
43	卢沟桥传说	Ⅰ-126	2014（第四批）	民间文学	北京市丰台区	新增项目	北京市丰台区文化馆
44	坎儿井开凿技艺	Ⅷ-236	2014（第四批）	传统技艺	新疆维吾尔自治区吐鲁番市	新增项目	吐鲁番市高昌区文化馆

续表

序号	项目名称	项目编号	公布时间	类别	所属地区	类型	保护单位
45	古建筑模型制作技艺	Ⅷ-237	2014（第四批）	传统技艺	山西省太原市	新增项目	山西古典艺术研究院（有限公司）
46	传统造园技艺（扬州园林营造技艺）	Ⅷ-238	2014（第四批）	传统技艺	江苏省扬州市	新增项目	扬州古典园林建设有限公司
47	古戏台营造技艺	Ⅷ-239	2014（第四批）	传统技艺	江西省景德镇市	新增项目	乐平市文化馆
48	庐陵传统民居营造技艺	Ⅷ-240	2014（第四批）	传统技艺	江西省吉安市	新增项目	泰和县文化馆
49	古建筑修复技艺	Ⅷ-241	2014（第四批）	传统技艺	甘肃省临夏回族自治州	新增项目	甘肃古典建设集团有限公司
50	客家民居营造技艺(赣南客家围屋营造技艺)	Ⅷ-28	2014（第四批）	传统技艺	江西省赣州市	扩展项目	江西省龙南县文化馆
51	砖雕（固原砖雕）	Ⅶ-38	2014（第四批）	传统美术	宁夏回族自治区固原市	扩展项目	固原市群众艺术馆（固原市美术馆）
52	家具制作技艺（仙游古典家具制作技艺）	Ⅷ-45	2014（第四批）	传统技艺	福建省莆田市	扩展项目	福建省古典工艺家具协会
53	琉璃烧制技艺	Ⅷ-90	2014（第四批）	传统技艺	山东省曲阜市、淄博市	扩展项目	曲阜市琉璃瓦厂有限公司、淄博爱美琉璃制造有限公司
54	水碓营造技艺（景德镇瓷业水碓营造技艺）	Ⅷ-281	2021（第五批）	传统技艺	江西省景德镇市	新增项目	浮梁县文物管理所（浮梁县博物馆）
55	潮汕古建筑营造技艺	Ⅷ-283	2021（第五批）	传统技艺	广东省汕头市	新增项目	广东纪传英古建筑营造有限公司
56	彝族传统建筑营造技艺（凉山彝族传统民居营造技艺）	Ⅷ-284	2021（第五批）	传统技艺	四川省凉山彝族自治州	新增项目	美姑县文化馆

续表

序号	项目名称	项目编号	公布时间	类别	所属地区	类型	保护单位
57	关中传统民居营造技艺	Ⅷ-286	2021（第五批）	传统技艺	陕西省西安市	新增项目	西安关中民俗艺术博物院
58	固原传统建筑营造技艺	Ⅷ-287	2021（第五批）	传统技艺	宁夏回族自治区固原市	新增项目	宁夏大原古建筑文化艺术有限公司
59	建筑彩绘（中卫建筑彩绘、北京建筑彩绘）	Ⅶ-96	2021（第五批）	传统美术	宁夏回族自治区中卫市、北京市	扩展项目	宁夏艺轩古建筑工程有限公司、北京市园林古建工程有限公司
60	家具制作技艺（北京木雕小器作）	Ⅷ-45	2021（第五批）	传统技艺	北京市东城区	扩展项目	北京市工艺木刻厂有限责任公司
61	侗族木构建筑营造技艺（通道侗族木构建筑营造技艺）	Ⅷ-30	2021（第五批）	传统技艺	湖南省怀化市	扩展项目	通道侗族自治县非物质文化遗产保护中心
62	蒙古包营造技艺	Ⅷ-181	2021（第五批）	传统技艺	青海省黄南藏族自治州	扩展项目	河南蒙古族自治县文化馆

资料来源：中华人民共和国中央人民政府门户网站，https：//www. gov. cn。

发展专题篇

Cultural Development

B.8
北京中轴线建筑文化发展报告

胡 燕*

摘 要： 北京中轴线是凝聚中华优秀传统建筑文化的优秀代表。本报告梳理了北京中轴线的发展历史，针对中轴线上的主要建筑和街道的现状进行分析，并提出建筑腾退之后利用不足、线性空间风貌景观不佳、历史街区整体保护不足等现存问题；同时着重分析了中轴线上以中为尊、天人合一、尊卑有序、群体布局的建筑文化特征，并提出了相应的文化策略——落实规划、深挖文化，文物利用、突出文化，改善民生、普及文化等。

关键词： 北京中轴线 建筑文化 建筑历史

* 胡燕，北方工业大学建筑与艺术学院副教授，主要研究方向为文化遗产保护与利用。

一　北京中轴线建筑发展历史

北京是一座集传统与现代于一体的大都市。她的独特魅力就在于那红墙黄瓦间，有高高的城楼、宽宽的院落、巍巍的宫殿和长长的轴线，串联起外城、内城、皇城、宫城，从永定门到正阳门、天安门、午门、太和殿、中和殿、保和殿、乾清宫、交泰殿、坤宁宫、御花园、景山、鼓楼、钟楼，形成一条绵延7.8公里的城市脊梁。这是一条凝聚历史与文化的轴线，是北京老城的灵魂。

（一）北京城的发展历史

北京是世界闻名的古都，历史悠久。西周初年，周武王在北京地区分封诸侯国：蓟国和燕国。周武王十一年（公元前1046年）蓟城建立，位置大致在今广安门一带。北京先后经历了古蓟城、燕上都、唐幽州、辽南京、金中都、元大都、明清北京、民国北平和新中国北京等城市发展阶段，距今有3000多年历史。

金代贞元元年（1153年），金朝皇帝完颜亮将都城从上京会宁府迁至中都大兴府（今北京市宣武以南地区），开启了北京的都城历史，距今有870年。

元初至元四年（1267年），忽必烈命令刘秉忠修建新的都城，经过周密的勘察，最后确定以金中都离宫大宁宫为核心，修建元大都。刘秉忠以《周礼·考工记》为理想模型，吸纳《周易》等其他思想，规划和建设了元大都。北京的中轴线就是从元大都开始形成的，距今已750余年。

明代永乐十八年（1420年），朱棣修建紫禁城，距今600余年。明初的北京城是在元大都基础上改建而成的。元大都北部人烟稀少，地带荒凉，因而明代将北城墙向南移五里，南城墙向南扩展。嘉靖年间又修建了外城，形成了北京老城的“凸”字形格局。老城的中轴线则一直延续至今。

清代顺治元年（1644年），清军入关，攻占北京城。顺治皇帝保留了明代北京城及紫禁城，中轴线也保持了原有格局，仅将宫殿名称做了修改。清代实施了满汉分城的制度，满族人居住在内城，汉族人居住在外城。

民国期间，太庙改造为公园，紫禁城改为故宫博物院，宫殿苑囿逐渐开放。昔日的皇家禁地变成了百姓的公园、博物院，帝王宫殿的大门向大众敞开，中轴线具有了民间属性。

新中国成立后，北京中轴线空间发生了重大变化，同时也注入了新的文化内涵。20 世纪 50 年代，天安门广场及其周边建筑将原来较为封闭的中轴线空间改成开放的广场。人民英雄纪念碑、天安门广场、毛泽东纪念馆等空间仍然延续了中轴线的庄严。天安门广场两侧的国家博物馆和人民大会堂，不仅形成广场的边界，而且成为人民大众参观游览的场所。太庙、社稷坛则变为劳动人民文化宫和中山公园，既保存了古代传统建筑的格局，又为现代人的生活开辟了新空间。

（二）中轴线的发展历史

我国历来有“以中为尊”的理念。《吕氏春秋》记载：“古之王者，择天下之中而立国，择国之中而立宫，择宫之中而立庙。”可以看出，帝王认为天下之中是最为尊贵的地方，于是把“天子”的朝堂居所都建在地之中央。

元代，蒙古族作为游牧民族，喜欢逐水而居，水是他们生活的中心。元大都在选址时，特别注重水面的位置。因而什刹海成为首选之地。刘秉忠以这片水面的最东端（现在的万宁桥）为界，向南延伸，建设中心阁作为城市几何中心点；以水面最西端为边界，建设大都西城墙。然后以中心阁——万宁桥沿线为轴，在东侧拟对称建设大都东城墙。然而施工时，原定东城墙位置发现分布了许多大小不一的水泡池沼，地基承载力不足，不得不将东城墙西移。城市几何中心也随之向西移动。所以在中心阁以西建设中心台成为新的城市中心。中心阁向南延伸，形成南侧中轴线，中心台向北延伸，形成北侧中轴线。中心阁南侧建皇城和大内宫城，皇城以太液池水面为中心，宫城以大都城市中轴线为轴线。大都中轴线从南向北依次排列丽正门、千步廊、棂星门、周桥、崇天门、大明殿建筑群（大明门、大明殿、寝殿、宝云殿）、延春阁建筑群（延春门、延春阁、寝殿、清宁宫、厚载门）、御苑、厚载红门、海子桥、中心阁。中心阁向西转向中心台、鼓楼。鼓楼以北为钟楼。鼓楼、钟楼是全城的报时机构。钟鼓楼之西为积水潭，是元代漕运终点，也是全城最繁华的商业区。

明代永乐年间，紫禁城按照明南京宫殿规制开始建设。紫禁城位于内城中心，南北长961米，东西宽753米，东、南、西、北分设东华门、午门、西华门、玄武门。紫禁城建筑大体分为外朝、内廷两大区域：外朝位于南部，是举行典礼、处理朝政的场所；内廷位于北部，是皇家家族居住的地方。紫禁城分中、东、西三路布局，中轴线上的重要建筑有前三殿——皇极殿、中极殿、建极殿，后三宫——乾清宫、交泰殿、坤宁宫，宫城轴线与城市中轴线重合。直到嘉靖年间修建了外城，北京中轴线格局完全确定下来。

清代，中轴线格局未变，只是建筑进行了更名。顺治二年（1645年），将皇极殿、中极殿、建极殿改名为太和殿、中和殿、保和殿，突出“和”字。清朝是满族政权，入主北京城后，强调满汉融合，“和”是主题。顺治八年（1651年），重修了明代的皇城正门，承天门改为“天安门”；第二年，重修皇城北门，并改名为“地安门”。皇城城门还有东安门、西安门、长安左门、长安右门，均突出“安”字。

二　北京中轴线建筑的现状及问题

（一）北京中轴线建筑现状

2022年5月，《北京中轴线文化遗产保护条例》公布。其中规定：北京中轴线包括钟楼、鼓楼、地安门外大街、万宁桥、地安门内大街、景山、故宫、太庙、社稷坛、天安门、天安门广场建筑群、正阳门、前门大街、天桥南大街、天坛、先农坛、永定门御道遗存、永定门等。

1. 钟楼

北京钟楼在鼓楼以北约100米处，原是元代万宁寺的中心阁，始建于至元九年（1272年），后来毁于战火。明永乐十八年（1420年）与鼓楼一起重建，后毁于火。清乾隆十年（1745年）重建，两年后建成，这次为了防

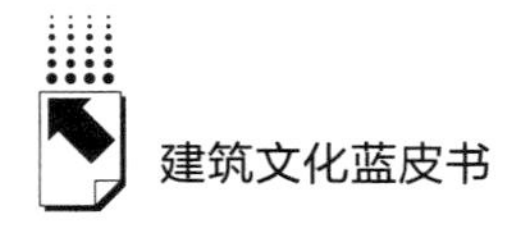

止火灾，建筑全部采用了砖石结构。钟楼通高 47.9 米，占地约 6000 平方米，建筑面积为 1478 平方米。正方形平面，三开间，进深亦为 3 间。重檐歇山顶，上覆黑色琉璃瓦，绿琉璃剪边，两侧山花以绿琉璃砖为底，饰以金钱绶带。清代乾隆时期重建钟楼时，整座建筑改为砖石拱券结构。为悬挂大钟，内部结构加固，在角部加建梁架，以承托钟体重量。

2. 鼓楼

北京鼓楼位于地安门外大街，中轴线的北端。至元九年（1272 年），元世祖忽必烈建造“齐政楼”，上面放置更鼓，起“授民以时”的作用，后毁于大火。明永乐十八年（1420 年）重建，后多次被焚毁，多次被重修。鼓楼位于道路十字路口，起着连接四面交通的作用，占地面积 6857 平方米，建筑面积 2736 平方米。鼓楼外观分为上下两层，内有陡峭的台阶，爬至二层，进入陈放更鼓和计时仪器的空间。鼓楼二层为砖木结构，面宽 5 间，进深 3 间。四周环廊，设平座栏杆与腰檐。有 24 根檐柱，16 根金柱，四周开隔扇门，四角飞檐有四根擎檐柱支撑。屋顶正脊高 46.7 米，重檐歇山式，屋顶覆黄琉璃瓦，绿剪边。1996 年，鼓楼被列为全国重点文物保护单位。如今，鼓楼雄踞于北京中轴线北端，作为博物馆开放，静静地注视着北京城的变迁。

3. 地安门外大街

地安门外大街北起鼓楼，与鼓楼西大街、鼓楼东大街衔接，南至地安门，与地安门西大街、地安门东大街、地安门内大街衔接。大街上有许多古迹，如万宁桥、书局、旧式铺面房等。

4. 万宁桥

万宁桥位于北京地安门外大街，是中轴线上最古老的一座桥。始建于元世祖至元二十二年（1285 年），位于什刹海入玉河口处，是元代大运河漕运的终点。桥为单孔汉白玉石拱桥，长 10 余米，宽近 10 米，桥面用块石铺砌，中间微拱。桥两侧石砌护岸，四边各有一只鹿角分水兽，趴在岸沿边对视着桥孔。桥西侧有控制水量的水闸——澄清闸。万宁桥一直是交通要道，元代，它看着船来船往，现在，它承受着车来车往。

5. 地安门内大街

地安门内大街北起地安门，南至景山后街，与地安门外大街、地安门西大街、地安门东大街连接。地安门内大街与地安门外大街，以地安门为界，以北称“地安门外大街”，以南称“地安门内大街”。地安门内大街南端是景山公园。地安门内大街东西两侧，留存有红色的北京皇城城墙。

6. 景山

景山坐落在北京中轴线上，故宫北侧，是明、清两代的御苑。景山堆土而成，山高 42.6 米，海拔 88.35 米，在景山之上可以俯瞰北京城。景山公园 1928 年开始对外开放，全园总面积 23 公顷，有绮望楼、五方亭、寿皇殿等景点。寿皇殿位于中轴线上，景山正后方，是清代皇帝安奉祖先御容圣像的场所。寿皇殿始建于明代万历十三年（1585 年），原位于景山东北处，只有 3 间房屋，主要是游览时休息的地方。乾隆十四年（1749 年），寿皇殿移到中轴线上，仿照太庙进行重建。自此，寿皇殿便一直位于北京中轴线上，成为皇家祭祀祖先的重要场所。民国时期，寿皇殿作为古物陈列所的一部分，首次向社会开放。1955 年，北京市少年宫正式成立，寿皇殿被占用。2018 年，为北京中轴线申遗做准备，寿皇殿修缮后再次对外开放，还原了其历史格局，并展示皇家祭祀文化，向公众展示其悠久历史和沧桑变迁。

7. 故宫

北京故宫是明清两代的皇家宫殿，原名紫禁城，位于北京中轴线的中心，是世界上现存规模最大、保存最为完整的古代宫殿建筑群。1406 年，紫禁城开始筹备建设，1420 年建成。紫禁城四周围有城墙，南北长 961 米，东西宽 753 米，城外有护城河。紫禁城内的建筑分为外朝和内廷两部分。外朝中轴线上依次排列太和殿、中和殿、保和殿，原是皇帝处理朝政的地方。内廷中轴线上排列乾清宫、交泰殿、坤宁宫，原是皇帝和后妃们生活起居的地方。1925 年，紫禁城改造为“故宫博物院”，从此，人民大众可以走入昔日的皇家禁地。1961 年，故宫被列为首批全国重点文物保护单位。1988 年，被列为世界文化遗产。表 1 为紫禁城主要建筑的屋顶形式及建筑功能。

表 1　紫禁城主要建筑的屋顶形式及建筑功能

三朝	中轴线建筑	屋顶形制	建筑功能
外朝 皇城	大清门	单檐歇山	皇城正南门，清朝国门，已拆除
	天安门	重檐歇山	颁发诏令，重大事件、节日时开启
	端门	重檐歇山	存放仪仗用品
治朝 紫禁城 前朝	午门	重檐庑殿	紫禁城正南门，颁发历书
	太和门	重檐歇山	外朝宫殿正门，御门听政（早朝）
	太和殿	重檐庑殿	重大朝会，如皇帝登基、大婚封后、皇帝诞辰、元旦、冬至
	中和殿	四角攒尖	皇帝典礼前休息，接受朝拜之所
	保和殿	重檐歇山	赐宴外藩，殿试
燕朝 紫禁城 内廷	乾清门	单檐歇山	内廷正门，康熙后早朝处
	乾清宫	重檐庑殿	皇帝寝宫，日常处理政务
	交泰殿	四角攒尖	皇后接受朝贺处
	坤宁宫	重檐庑殿	皇后寝宫，大婚洞房，萨满教祭祀神堂
	坤宁门	单檐歇山	内廷北门
	神武门	重檐庑殿	紫禁城北门

8. 太庙

北京太庙位于天安门东侧，是明清两代帝王祭拜祖先的宗庙。始建于明永乐十八年（1420 年），嘉靖十四年（1535 年）改造，将合祀改为分祀，后遭雷火焚毁，嘉靖二十四年（1545 年）重建，清代又多次增修。太庙是中国面积最大、保存最完整的古代皇家祭祖建筑群。1924 年辟为和平公园，并正式向大众开放。1950 年，改为“北京市劳动人民文化宫”。1988 年，被列为第三批全国重点文物保护单位。2022 年，为中轴线申报世界遗产，太庙完成腾退，恢复原有功能，作为博物馆向大众展示皇家祭祖文化。

9. 社稷坛

社稷坛位于天安门西侧，始建于明永乐十八年（1420 年），是明清两代皇帝祭祀社神（土地神）和稷神（五谷神）的地方，面积约 360 亩。随着清帝退位，社稷坛的祭祀功能消失。1914 年 10 月 10 日，社稷坛被最先改造为中央公园，向公众开放，普通百姓走进了皇家宫殿。1925 年，孙中山先生在北京逝世，其灵柩曾停放在拜殿（今中山堂）内，并举行公祭，后改为中山公园，沿用至今。1988 年，社稷坛被列为第三批全国重点文物保护单位。

10. 天安门

天安门位于中轴线上，是皇城正门。明永乐十五年（1417 年）开始建设，原名承天门，意为“承天启运，受命于天”，永乐十八年（1420 年）建成。江苏省苏州府吴县香山人蒯祥负责设计承天门，并组织施工。清顺治八年（1651 年）改建，清政府强调“受命于天，安邦治民”，改名为“天安门”，并沿用至今。明代北京皇城正门承天门仿效明南京承天门建造，为三层楼式五开间木牌楼，正中高悬“承天之门”的匾额。天顺元年（1457 年），牌楼毁于雷火；成化元年（1465 年）重建，改为面阔 5 间，进深 3 间的门楼。崇祯十七年（1644 年），李自成军队攻入北京，承天门被毁。清顺治八年（1651 年）重建，改为城楼形制，由城台和城楼组成，城台占地面积 4800 平方米，高 13 米，下部为 1.6 米高的汉白玉须弥座，上部为朱红色，开辟 5 座拱券门；城楼面阔 9 间，长 66 米，进深 5 间，宽 37 米，寓意皇帝为“九五之尊”；城楼外围四面回廊，环绕汉白玉石栏杆；重檐歇山顶，上覆黄色琉璃瓦；城台与城楼通高 34.7 米。城台东西两侧各有一条长达百级，供上下城楼用的梯道，俗称“马道”。穿过城台的五个拱券形门洞，中间的最大，高 8.82 米，宽 5.25 米，唯有皇帝可以进出。明清时期，天安门是皇帝向天下颁发诏令的地方。每年祭天、祭地、祭五谷时，皇帝登基、大婚等重大庆典活动时，御驾亲征、将士出征时，天安门才开启。

1949 年 10 月 1 日，新中国举行盛大的开国大典。毛泽东等领导人登上天安门城楼，向全世界宣告中华人民共和国成立。在 1969～1970 年，为彻底解决天安门城楼的安全隐患，将旧城楼拆除，按原规模和原形制重建了天安门城楼。1961 年，被列为首批全国重点文物保护单位。

11. 天安门广场建筑群

明代，正阳门北侧有一座门叫作大明门（1417 年建），是皇城南端千步廊的大门，大概在今毛主席纪念堂的位置。清代改名为大清门，民国改名为中华门。1954 年扩建天安门广场时被拆除。大明门平时关闭，只有在皇帝参加重要庆典时才开启。在大明门与承天门之间，有一个 T 形长廊，南北长约 670 米，东西长约 356 米，叫作千步廊。廊由黄瓦红墙围合，沿宫墙内侧建中轴对称廊庑建筑，入口朝向中轴，连檐通脊，共计 140 间。千步廊东西两翼端头建长安左门、长安右门（1420 年建），寓意“长治久安”，南侧端头就是大明门。千步廊两侧为中央衙署。1900 年，在八国联军铁蹄肆虐下，大清门、天安门先后被轰开，正阳门箭楼和千步廊遭到严重破坏。千步廊以东的中央官署及其周边地区全部拆迁，变成了帝国主义“自行防守”的使馆区和附属的兵营、操场。

新中国成立之前，天安门广场长期处于荒废的状态。直至开国大典前夕，初步修缮了天安门，中华门和长安左、右门，修葺了屋顶、粉饰墙面等，还搭建了临时性的观礼台。天安门广场首次进行大规模建设是人民英雄纪念碑的修建。纪念碑于 1949 年 9 月 30 日奠基，1952 年 8 月 1 日开工，1958 年 4 月 22 日竣工，1958 年 5 月 1 日揭幕。1961 年，被列为首批全国重点文物保护单位。1958 年，为迎接新中国成立十周年，中央决定再次扩建天安门广场。拆除中华门和原清代“六部”及周边四合院，建设人民大会堂、中国革命和历史博物馆，不到一年的时间便建设完成。1976 年 9 月，毛泽东主席逝世，中央决定在原中华门的位置上建造毛主席纪念堂。伴随着以毛主席纪念堂建设为中心的天安门广场的扩建，正阳门广场成为天安门广场一部分，天安门广场面积达到了 44 公顷，形成成熟定型的广场形态。

12. 正阳门

正阳门，俗称前门，原名丽正门，是明清两朝北京内城的正南门。始建于明成祖永乐十七年（1419 年），是老北京“京师九门”之一，距今已有 600 多年的历史。它集正阳门城楼、箭楼与瓮城于一体，是一座完整的古代防御性建筑。城楼、箭楼规模宏大，形制高；瓮城气势雄浑，为老北京城垣建筑的代表之作，现仅存城楼和箭楼，是北京城内保存较完整的城门。现存的正阳门城楼与箭楼是 1906 年重建的（见图 1）。

图 1　正阳门城楼和箭楼（拍摄者吴金金）

13. 前门大街

前门大街是北京中轴线上著名的传统商业街。北端连接正阳门，南端与天桥南大街相连。原是皇帝出城赴天坛、山川坛的御路，明代修建外城后为外城主要南北街道。大街长 845 米。明、清、民国时皆称正阳门大街。1965 年正式定名为前门大街。现为传统商业步行街，也是北京主要的商业中心。

14. 天桥南大街

天桥南大街是位于中轴线南段的一条大街，北起天坛路，南到永定门内大街，因位于天桥以南而得名。天桥是天子到天坛、先农坛祭祀时的必经之路。桥身为南北向，原是一座汉白玉高拱石桥，桥下为由西向东的小河龙须沟。后为通行方便，改成了低矮的石板桥。民国初年，天桥成为热闹的平民市场，成为老北京平民社会的典型区域。1934 年天桥被彻底拆除，桥址不复存在。天桥地区是宣南传统文化发祥地之一，现汇集了众多演艺场所。2022 年，北京市进行文物考古挖掘，找到了原有桥址。

15. 天坛

天坛位于北京中轴线南端，外城东南部，与西侧的先农坛遥相呼应。由内外两道坛墙包围，是我国最大、最完整的古代祭天建筑群。天坛始建于明永乐十八年（1420 年），占地面积约为 273 万平方米。天坛用地规模宏大，面积是紫禁城的 3 倍，以展示“天”的力量。祈年殿始建于明永乐十八年（1420 年），原名“大祀殿”，原为矩形平面，两重檐，用于合祀天、地，是天坛最早的建筑物。明嘉靖十九年（1540 年）拆除。明嘉靖二十四年

（1545 年）建成“大享殿”，圆形平面，三重檐，覆盖 3 种颜色琉璃瓦，最上层为青色，中间为黄色，下层为绿色，寓意天、地、万物。清乾隆十六年（1751 年）更名为“祈年殿”，并将三色屋顶统一改为青色屋顶，也就是现在看到的样子。天坛的祈年殿采用三重檐，等级高于太和殿。

16. 先农坛

先农坛建筑群是北京中轴线上重要的礼制建筑，主要是皇帝进行农耕祭祀的场所，有着丰富的历史文化底蕴。先农坛位于中轴线南段永定门西侧，与天坛遥遥相对。先农坛始建于明永乐十八年（1420 年），与故宫、天坛同岁，是明清两代皇帝祭祀先农的地方。现为北京古代建筑博物馆，2001 年被确定为全国重点文物保护单位。先农坛占地面积约为 2000 亩，由内外两层坛墙环绕，分为内坛、外坛。外坛南北长约 1424 米，东西宽约 700 米；内坛南北长约 446 米，东西宽约 306 米。外坛北圆南方，原本设有天神坛、地祇坛，现已被毁。庆成宫位于外坛东门，是皇帝祭祀完休息，犒赏群臣、随从的地方。内坛太岁殿是祭祀太岁神的主要空间，还设置有神厨、神仓。坛门为三间拱券门，均为砖石结构，歇山顶。先农坛先后被多家单位占用，目前已完成庆成宫、神仓等部分文物腾退。

17. 永定门御道遗存

御道是中轴线上一条古代高等级道路设施重要遗存，通往永定门城楼，市级文物保护单位。东侧路面遗存 108 米，西侧路面遗存 140 米，均用花岗岩条石砌成，下方由三合土夯筑。经修葺整理，保留在发掘原位，供公众参观。为迎接中轴线申遗，对御道断面进行了考古挖掘，可以看到各个历史时期的道路断面，证明南中轴是确实存在的。

18. 永定门

永定门是外城正门，寓意“永远安定”。永定门是北京中轴线的南起点，是外城最大最重要的门。永定门城楼始建于明嘉靖三十二年（1553 年）闰三月，同年十月竣工。明嘉靖四十三年（1564 年）增建瓮城。清朝皇帝下江南，都是从永定门出发。从《康熙南巡图》（1694 年）中可以看出，永定门为重檐歇山顶，五开间，有瓮城，无箭楼。清乾隆十五年（1750 年）后增建箭楼，并重修瓮城。乾隆三十一年（1766 年）修缮永定门，提高其规制，扩建为七开间，三重檐。1950 年 11 月至次年 1 月，拆除永定门外城。1953 年春，在城楼东西两侧城墙上开出两豁口。1958 年，城楼、箭楼彻底拆除。2004 年 3 月 12 日，永定门复建工程开工，至 8 月 18 日建成（见图 2）。

图 2　永定门城楼（拍摄者吴金金）

（二）北京中轴线建筑现存问题

1. 建筑腾退之后利用不足

在北京中轴线申遗之际，文物及一般建筑腾退力度很大，先农坛、太庙等文物均完成较大面积腾退，保护修缮也完成得较好。但是后续如何利用成为需要重点研究的任务。目前文物及一般建筑活化利用不足，部分文物保护单位和历史建筑未能充分发挥其教育功能。

2. 线性空间风貌景观不佳

站在北京中轴线几个重要节点，如正阳门、鼓楼等处，俯视中轴线，风貌景观不佳。景观视廊不畅，老城第五立面屋面零乱，影响了中轴天际线。

3. 历史街区整体保护不足

北京中轴线地区中的历史街区是中轴线的背景、底色。历史街区整体保护力度不足，部分历史建筑保护状况差，产权关系复杂，文化内涵有待发掘，标识内容有待完善。部分街区衰败，存在风貌、安全、消防等问题。四合院平房区申请式退租、保护修复、活化利用工作尚需进一步加强。

三　中轴线建筑文化特征及文化策略

（一）中轴线建筑文化特征

1. 以中为尊

中国古代都城建设崇尚“以中为尊”，帝王选择天下之中建立国都。中国古代都城在城市布局上贯彻了西周时期的礼制思想。以紫禁城为例，南北向的中轴线对称式的布局，其实体现了“中正无邪，礼之质也”① 的礼制文化。北京城采用套城模式，内城、皇城、宫城城城相套，北京中轴线纵贯其中，形成“中”字，成为天下之中的典型象征。

2. 天人合一

建筑布局在很大程度上反映了“天人合一”的思想观念。中国古人仰观天象，把天上的星宿划分为“三垣”②“四象”七大星区。北京中轴线上的三大殿所在的前朝被视为太微垣，而后寝（特别是皇帝居住的乾清宫）则对应紫微垣，天市垣则对应皇城北边地安门外设置的市场。其中，太微垣中有三组星宿，与建在故宫太和殿、中和殿、保和殿三大殿的三座高台相对应。这种建筑布局手法充分体现了将天空星象与人间秩序一一对应的构思，象征着上天授予封建帝王统治国家的权力和至高无上的地位，“为政以德，譬如北辰，居其所而众星共之”③ 更体现了以天象暗喻人间的统治思想。

---

① 《礼记》卷五《乐记》，商务印书馆，1947，第 90 页。

② “三垣”是指上垣太微垣、中垣紫微垣、下垣天市垣。

③ 《论语》卷二《为政》，辽宁民族出版社，1996，第 10 页。

3. 尊卑有序

北京中轴线体现了中国传统文化中等级秩序的思想。自周以来，无论宫室、宅院，从总体规划到单体建筑，无不清晰地反映出等级严格、尊卑有序的意识形态。紫禁城是古代帝王居住的地方，既是北京城和中轴线的核心，也是帝王权威的象征。北京中轴线上分布着与皇权密切相关的建筑，处理国家政务的前朝三大殿，帝后生活起居的生活寝宫，都体现出严格的等级秩序。建筑按照等级秩序确定空间布局，整体排列紧凑，布置有序。建筑单体从开间数目、台阶层数、屋顶形制、建筑装饰等方面都有严格区分，处处体现出尊卑秩序。

4. 群体布局

北京中轴线上的建筑是以建筑群的形式出现的，这也是中国传统建筑的特点。建筑群以院落为中心，由正房、厢房、大门等建筑围合而成。南北轴线居中，布局对称，主要建筑位于轴线上，次要建筑分布于两侧。为了扩大规模，采用纵向串联的院落，轴线形式更为明确。如太和殿前的院落就是最大的四合院，太和门是入口，东西两侧是偏殿弘义阁和体仁阁，正殿为太和殿，其中，太和殿最为高大，开间最多。

（二）中轴线建筑文化策略

1. 落实规划，深挖文化

根据《北京城市总体规划（2016 年—2035 年）》《首都功能核心区控制性详细规划（街区层面）（2018 年—2035 年）》《北京中轴线保护管理规划（2022 年—2035 年）》等文件，落实中轴线历史文化街区保护及更新规划，及时调整中轴线地区人口密度、功能定位、保护修缮、活化利用等方面的工作。北京中轴线历史厚重，文化深厚，在保护好中轴线物质空间的基础上，要深入挖掘中轴线的历史文化价值，弘扬我国优秀传统文化。

2. 文物利用，突出文化

对未腾退的文物，要做好单位外迁承接和居民外迁补偿工作，借鉴国内外经验，用优惠条件引导；对正在腾退的公产文物，应严格执行老城文物征收相关法规，对“拒迁户”要有适当的措施；对已腾退的文物，应与建设全国文化中心、社区便民设施结合起来，充分发挥文物的综合效益，使文物融入老百姓的生活，宜引入社会资本、利用市场机制等，使相关“活化”利用工作具有可持续性。

3. 改善民生，普及文化

应建立“共管、共生、共享”的城市管理机制，加大对中央单位自管房的管理力度，积极配合老城环境整体更新。准确掌握情况，做到“民有所呼，我有所应”，街道与社区应在改善人居环境、增加便民设施、“养老、托幼、助贫”等方面开展相关工作。加强社区文化建设，让老百姓能知晓当地的文化，并能向外传播。

B.9
建筑环境中的水文化遗产研究报告

王崇臣　周坤朋　李　妍*

摘　要： 本报告以建设环境中的水文化遗产为主题，系统梳理了相关水文化遗产研究与发展现状。研究表明，国内水文化遗产概念、类型、价值、保护等研究尚处于理论探索阶段，工程实践和专题研究不足，资料积累不足。对于北京水文化遗产区域领域的研究，业内已对其数量和分布、价值内涵、区域保护情况，进行了全面的探究，但这些研究也仍处于理论探究的起步阶段，体系尚不成熟和完善。理论政策研究、等级评定、跨学科交流、研究深度等存在不足，对此建议加强理论与制度建设、开展等级评定和专项保护、推进多学科研究融合及加强理论和实践研究深度，以期推动区域水文化遗产科学、系统、全面的研究和保护。

关键词： 水文化　水文化遗产　保护传承

水是生命之源，也是一座城市赖以发展的基础。人类自原始时期的刀耕火种，到农耕文明，再到现代工业文明，对于水的治理、开发与利用从未停止，由此也形成了众多与水相关的文化遗存，包括水利工程、文物遗存、知识技术体系以及与水有关的宗教、文化活动，这些文化遗产统称为水文化遗

* 王崇臣，北京建筑大学环境与能源工程学院教授，博士生导师，主要研究方向为北京水文化遗产；周坤朋，北京建筑大学人文学院教师，主要研究方向为北京水文化、古木建筑保护；李妍，西北综合勘察设计研究院助理规划师，主要研究方向为北京水文化、古木建筑保护。

产。水文化遗产连同其自然环境和人文环境，蕴含着丰富的历史文化信息，体现各时期、各地区工程技术水平、社会经济发展形态、地方文化特色、宗教信仰与世界观等，承载着中华民族治水理水的思想和智慧结晶，是中华优秀传统文化的精髓，具有极高的历史、艺术、科学、社会、文化等价值，其保护、传承和研究对于加强新时代文化建设和增强民族文化自信具有重要作用。

国内对于水文化遗产研究起步较晚。其研究大致可以划分为几个阶段："水文化遗产"概念 1989 年被首次提出①；2000～2010 年研究热度逐渐提升，2000 年都江堰成为世界文化遗产项目，水文化遗产开始受到更多业内学者的关注②。2010 年至今，水文化遗产研究成为相关领域研究热点，2010 年水利部在全国范围内首次组织了古代水利工程与水利遗产的调查，2014 年大运河申遗成功，水文化遗产研究热度迅速提升。由于水文化遗产类型复杂，遗产形态多达十几种，既包括物质形态的文化遗产，也包括非物质形态的文化遗产，因此其研究内容也极为丰富，涉及基本定义、类型特点、现状调研③、考古研究④、价值分析⑤、保护与利用⑥等。但总体而言，国内对于水文化遗产的研究尚处于理论探索的起步阶段⑦，缺乏系统的、跨学科的专题研究，也缺少全面系统的资料积累，相关保护利用的实践也较少。

---

① 李宗新：《应该开展对水文化的研究》，《治淮》1989 年第 4 期，第 37 页。

② 吴建军、丁援：《大型水利工程与"潜工业遗产"保护初探》，《华中建筑》2008 年第 11 期，第 13～15 页；徐红罡、崔芳芳：《广州城市水文化遗产及保护利用》，《云南地理环境研究》2008 年第 5 期，第 59～64 页。

③ 李云鹏、吕娟、万金红、邓俊：《中国大运河水利遗产现状调查及保护策略探讨》，《水利学报》2016 年第 9 期，第 1177～1187 页。

④ 杜金鹏：《夏商都邑水利文化遗产的考古发现及其价值》，《考古》2016 年第 1 期，第 88～102 页。

⑤ 黄细嘉、李凉：《江西泰和槎滩陂水利工程遗产价值研究》，《南方文物》2017 年第 2 期，第 261～265 页。

⑥ 朱伟利：《水利风景区水文化遗产的保护与开发——评〈中国水文化遗产考略〉》，《人民黄河》2021 年第 6 期，第 170 页。

⑦ 谭徐明：《水文化遗产的定义、特点、类型与价值阐释》，《中国水利》2012 年第 21 期，第 1～4 页；张志荣、李亮：《简析京杭大运河（杭州段）水文化遗产的保护与开发》，《河海大学学报》（哲学社会科学版）2012 年第 2 期，第 58～61 页；张志荣主编《全国水文化遗产分类图录》，西泠印社出版社，2012。

就区域研究而言，北京、广州、杭州等城市是水文化研究的热点区域，其中北京区域相关研究较为系统全面。北京历史悠久、河湖众多，灌溉、漕运、河防等水利活动兴盛，由此形成了众多水文化遗产，包括河渠故道、园林设施、祠庙碑刻、泉池古井、诗词歌赋等，这些水文化遗产见证了区域治水理水的历史，是区域水利文化的重要载体，具有重要的研究价值。目前关于北京水文化遗产的研究近20篇，内容涵盖现状调研、价值分析、类型梳理、保护利用探究等。但与国内水文化研究现状相似，北京水文化遗产的研究也尚处于理论探究的起步阶段，仍不成熟完善。

一 国内水文化遗产研究现状

（一）水文化遗产的概念和类型认知

水文化遗产的概念、类型是相关领域研究的重要内容，涉及的概念主要为水文化和水文化遗产。

对于水文化的概念，不同专家学者基于多种视角对其进行了探讨。一般认为，广义的水文化是指人类在水务活动中所获得的物质、精神的生产能力和创造的物质、精神财富的总和。狭义的水文化则是指人们在水务活动中，所形成的思想、理论和意识。[①] 水文化内涵丰富，体现在其具有如下几方面特性：具有广泛性，与中国哲学、文学、社会生活等都有密切的关系；具有悠久性，人类起源与现代文明都与水难舍难分；具有精博性，包括景观、行为、心理、时空等诸多类别；具有先进性，是民族的、科学的、大众的，也是面向现代和未来的。

与水文化密切相关的另一个概念为“水文化遗产”。水文化遗产是水文

① 李宗新：《浅议中国水文化的主要特性》，《华北水利水电学院学报》（社科版）2005年第1期，第111~112页。

化的载体，目前领域内多位学者对这一概念进行了探讨，一般是指历史上人类在治水、理水、用水等活动中，所形成的与水相关的文化遗存[1]，或反映人水关系的遗产[2]。这类遗产类型庞杂，形态多样，内涵丰富。涂师平按形态，将其划分为物质形态的和非物质形态的。[3] 谭徐明从水利工程视角出发，将其划分为工程和非工程类型，涵盖工程、文物、知识、宗教、文化活动等。[4] 徐红罡等基于广州城市水文化遗产特点，将其划分为聚落、水利、宗教、园林、民俗、语言等类别。[5]《全国水文化遗产分类图录》中将水文化遗产分为可移动遗产、不可移动遗产、非物质遗产、记忆遗产、线路遗产和景观遗产等六类。[6] 张志荣等将水文化遗产分为物质形态、制度形态和精神形态等三类。[7] 孔繁恩等将水文化遗产分成建筑物形态、工程形态、景观形态、非物质形态等四种类型。[8] 虽然水文化遗产基于不同的标准有不同的划分，但其总体可归纳为物质形态和非物质形态两种类型。

物质形态的水文化遗产可涵盖园林湖泊、河渠故道、桥闸设施、祠庙碑刻、泉池古井等。[9] 如历史上人们在引水灌溉、漕运、交通、防卫等活动中所形成的引水河道、护城河、运河等；水利、园林等建设活动形成的园林苑囿、

---

① 谭徐明：《水文化遗产的定义、特点、类型与价值阐释》，《中国水利》2012 年第 21 期，第 1~4 页。

② 张志荣主编《全国水文化遗产分类图录》，西泠印社出版社，2012。

③ 涂师平：《论水文化遗产与水文化创意设计》，《浙江水利水电学院学报》2015 年第 1 期，第 10~15 页。

④ 谭徐明：《水文化遗产的定义、特点、类型与价值阐释》，《中国水利》2012 年第 21 期，第 1~4 页。

⑤ 徐红罡、崔芳芳：《广州城市水文化遗产及保护利用》，《云南地理环境研究》2008 年第 5 期，第 59~64 页。

⑥ 张志荣主编《全国水文化遗产分类图录》，西泠印社出版社，2012。

⑦ 张志荣、李亮：《简析京杭大运河（杭州段）水文化遗产的保护与开发》，《河海大学学报》（哲学社会科学版）2012 年第 2 期，第 58~61 页。

⑧ 孔繁恩、刘海龙：《世界遗产视角下“水文化遗产”的保护历程及类型特征》，《中国园林》2021 年第 8 期，第 92~96 页。

⑨ 周坤朋：《什刹海水文化遗产类型、价值及生态保护探究》，硕士学位论文，北京建筑大学，2017。

水泊等，如调蓄水泊、景观水池和水塘等；水事活动相关的桥梁、闸坝、河堤、涵洞、码头、渡口、道路等设施；水事活动相关的龙王庙、水神庙、碑刻、水兽、树木、历史建筑、构筑物等遗产；水事活动相关的古泉、水井等。非物质形态的水文化遗产包括诗词歌赋、民俗传说、曲艺舞蹈、节庆活动、宗教信仰等，如古代诗词、歌谣、民号，民间故事、神话传说，戏曲、舞蹈、说唱等，相关节日、习俗和庆祝活动，龙王祭祀、妈祖祭祀等。

（二）价值内涵研究

从本质上而言，“水文化遗产”是以水为载体形成的各类物质与精神文化财富。这类遗产是一种渗透性、跨界性、包容性非常强的文化遗产，往往依托或藏身于其他文化遗产，有时候集多种文化内容于一身①，既包含泉池、桥、闸、坝、仓储、碑刻等点状单体建筑或构筑物，也包含运河、湖泊、沟渠等大型线性或片状水体，这就决定其价值既包含一般遗产所具有的价值，如历史、艺术、科学、社会等价值，也包含河流、湖泊所特有的生态价值，除此之外还具有突出的现实利用价值，需要从多维视角对“水文化遗产”的价值及保护进行研究②。涂师平认为对水文化遗产价值的认知可以依据《世界遗产公约实施指南》的界定，即从历史、艺术、科学三方面价值以及其他情感价值、文化价值、经济价值、社会等价值着力。③ 谭徐明认为水文化遗产价值评价要素包括科学技术价值、文化价值、生态与环境价值、真实性与完整性，并详细列出每类价值的衡量要素（见图 1）。④ 李云鹏认为水利灌溉等水文化遗产具有突出的现实价值，如文化意义显著，能够

① 涂师平：《论水文化遗产与水文化创意设计》，《浙江水利水电学院学报》2015 年第 1 期，第 10~15 页。

② 孔繁恩、刘海龙：《世界遗产视角下“水文化遗产”的保护历程及类型特征》，《中国园林》2021 年第 8 期，第 92~96 页。

③ 涂师平：《论水文化遗产与水文化创意设计》，《浙江水利水电学院学报》2015 年第 1 期，第 10~15 页。

④ 谭徐明：《水文化遗产的定义、特点、类型与价值阐释》，《中国水利》2012 年第 21 期，第 1~4 页。

带动旅游、特色农业以及乡村经济的发展。[①] 阚如良等则认为水文化遗产价值丰富，是重要的旅游资源，具有突出的旅游开发价值。[②]

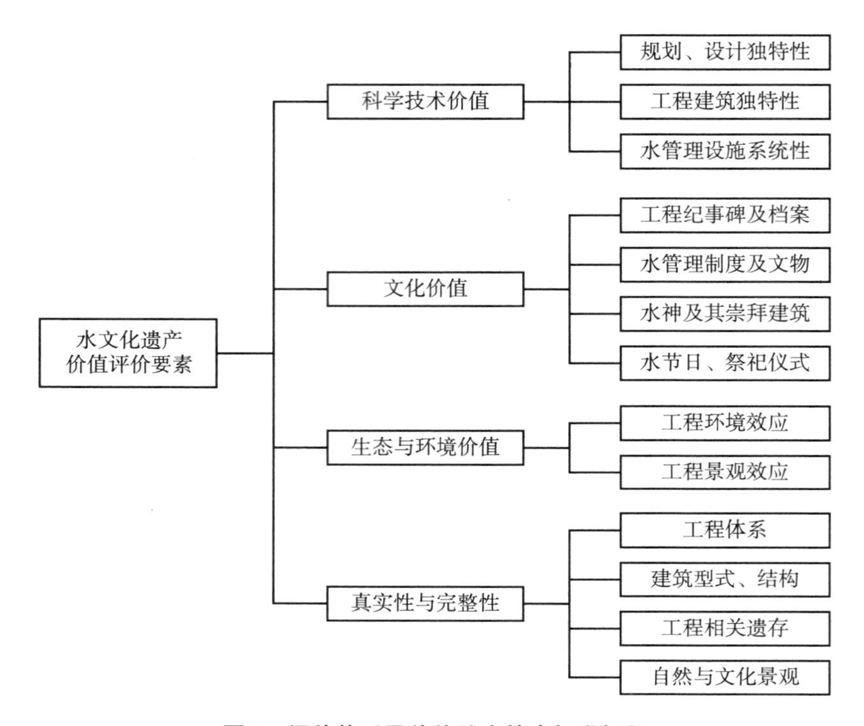

图1　评价体系及价值认定技术标准框架

资料来源：谭徐明《水文化遗产的定义、特点、类型与价值阐释》，《中国水利》2012年第21期，第1~4页。

除上述研究外，国内外一些学者还对水文化价值开展了一系列量化研究。在早期水文化遗产价值认知研究中，对于遗产价值的认知往往局限于定性的模糊分析，无法科学精确衡量遗产价值。近年来，相关定量评估研究有

① 李云鹏：《世界灌溉工程遗产保护价值及策略探讨》，载中国水利学会、黄河水利委员会《中国水利学会2020学术年会论文集第五分册》，2020年。

② 阚如良、黄进、周军、孔祥德：《水利工程功能变迁及其遗产旅游开发》，《资源开发与市场》2014年第12期，第1521~1524页。

所增多。[1] 如时少华等以通州大运河森林公园为例，运用 ITCM 和 CVM 方法对运河游憩资源价值进行了估算。[2] 李晓玉基于水文化遗产价值特点，将其分为历史价值、艺术价值、科学价值、社会价值和文化价值，借助德尔菲法、层次分析法，构建了适用于评估水文化遗产价值的体系，进一步利用所构建的评估体系，对通州重点水文化遗产进行分类评估。[3] 中国标准化研究院等则基于上述工作，研究起草了《水文化遗产价值评价指南》，为遗产的价值认知、分级保护提供了依据。[4]

（三）保护利用研究

1. 调研普查

文化遗产的有效保护和合理利用是遗产保护的最终目的。针对水文化遗产的保护，国内已开展了大量普查、分类和策略研究工作，初步掌握了重要水文化遗产数量、分布和保护利用现状。如 2010 年，水利部组织了对在用古代水利工程与水利遗产的调查。调查历时一年半，调查结果显示，我国水文化遗产类型、数量十分丰富，古代水利工程较多。但多数工程经过不断改造，仍然保持原有工程形态的古代水利工程占总数不到 30%。调查确认在用古代水利工程与水利遗产 588 处，其中包括世界文化遗产 2 处，全国重点文物保护单位 33 处，省级文物保护单位 47 处。这些遗产破坏原因多样，包括城市化与区域经济发展导致的“建设性破坏”、操作不当或专业性不足导致的“保护性破坏”、经费不足和管理缺失造成的破坏。[5]

---

① 王玲慧、张代青、李凯娟：《河流生态系统服务价值评价综述》，《中国人口·资源与环境》2015 年第 S1 期，第 10~14 页。

② 时少华、吴泰岳、李享、范怡然：《基于 ITCM 和 CVM 的运河公园游憩价值评估研究——以北京通州大运河森林公园为例》，《干旱区资源与环境》2022 年第 1 期，第 201~208 页。

③ 李晓玉：《北京通州区水文化遗产特征及保护探究》，硕士学位论文，北京建筑大学，2022。

④ 《水文化遗产价值评价指南》（GB/T 42934—2023）。

⑤ 谭徐明：《水文化遗产的定义、特点、类型与价值阐释》，《中国水利》2012 年第 21 期，第 1~4 页；邓俊、王英华：《古代水利工程与水利遗产现状调查》，《中国文化遗产》2011 年第 6 期，第 21~28 页。

同时，相关调研普查工作持续开展，如 2021 年 10 月 26 日，《水利部办公厅关于开展国家水利遗产认定申报工作的通知》下发，计划每两年在全国范围开展一次国家水利遗产认定工作，力争在“十四五”期间认定 30 处以上国家水利遗产，建立较为完善的水利遗产保护和认定管理体系。2022 年，水利部办公厅进一步发布了《“十四五”水文化建设规划》，明确要积极推进水文化建设，加强水文化的保护和传承。随着水文化遗产研究的不断深入、遗产分类和内容的不断丰富、遗产分布情况的日渐明朗，水文化遗产的调查、研究和保护工作也日益系统化、科学化。在国家有关部门的推动下，各地也开始了区域水文化遗产的调查摸排，如成都市自 2021 年 6 月对 23 个区（市、县）开展水文化遗产资源普查工作，共查明水文化遗产资源 1507 处，涵盖 7 个亚类 21 个基本类型。① 2022 年南京市历时近 1 年的调查，共调查到各类水文化遗产 1936 处。但总体而言，国内对文化遗产尚未进行彻底普查，尚存在较大的未知空间。②

2. 保护探究

对水文化遗产保护利用的探究也是领域研究的热点，相关学者从不同角度对其进行了探讨。相关研究可分为两类。一类研究以水文化遗产总体为研究对象，并以理论探究为主，内容较宏观，重点在于保护手段、法律制度、宣传教育、保护展示等。如周波从保护、挖掘和展示水利风景区地域特色出发，提出了保护利用水文化遗产的相关设计策略，包括积极引入现代景观设计理念，加强景区地域特色的保护、挖掘和展示，形成良好的水文化遗产环境。③ 涂师平从创意设计的角度，提出了水文化遗产开发利用的多元路径，如设立水文化类的博物馆、将水文化遗产元素进行人文景观式的开发利

① 高竹军、彭相荣、李双江、刘晓蓉：《成都市水文化遗产特点及保护利用研究》，《四川水利》2023 年第 1 期，第 156~160 页。

② 程宇昌：《现状与趋势：近年来国内水文化研究述评》，《南昌工程学院学报》2014 年第 5 期，第 14~18 页。

③ 周波：《基于地域特色的水利风景区水文化遗产保护利用设计策略》，《华北水利水电学院学报》（社科版）2013 年第 6 期，第 11~13 页。

用、开发设计具有地域传统特色的水文化体验活动。[①] 李云鹏以灌溉水利遗产为研究对象，提出加强保护管理、科学适度修复、合理综合利用、深入研究挖掘、系统展示宣传等保护策略。[②] 阚如良等以水利工程为研究对象，探究了其保护利用的方向：一是利用和挖掘古代水利工程文化遗产价值；二是作为未来遗产进行开发；三是对水利工程赋存的非物质文化遗产进行活态开发。[③] 王英华等则以古代水利工程与水利遗产为对象，从保护管理机制、法律体系、管理体制、多元保护手段等角度，系统梳理了其保护方法和思路。[④]

另一类研究以线性或区域水文化遗产为研究对象，保护策略更加具有针对性，保护理论多元和成熟，涉及遗产保护、绿地和遗产廊道建设等。如徐爱军和徐红罡等分别以宁波和广州水文化遗产为研究对象，提出博物馆建设、人文景观开发、遗产廊道建设、雕塑艺术品制作、水文化体验活动和纪念品设计等保护利用的系统策略方法。[⑤] 对于河道、湖泊等线性水文化遗产的保护，国内也有相关论述。特别是 2014 年京杭大运河申遗成功，有力推动了线性水文化遗产的保护研究。相关部门相继出台大运河遗产保护相关的规划，对于水文化遗产的保护工作也从单体遗产的静态保护，逐渐转变为流域遗产的整体保护。董小梅等以淮安里运河为例，从组织管理机制的建设、切实可行保护措施的出台、特色功能片区的打造等角度，论述了淮安里运河

---

① 涂师平：《论水文化遗产与水文化创意设计》，《浙江水利水电学院学报》2015 年第 1 期，第 10~15 页。

② 李云鹏：《世界灌溉工程遗产保护价值及策略探讨》，载中国水利学会、黄河水利委员会《中国水利学会 2020 学术年会论文集第五分册》，2020 年。

③ 阚如良、黄进、周军、孔祥德：《水利工程功能变迁及其遗产旅游开发》，《资源开发与市场》2014 年第 12 期，第 1521~1524 页。

④ 王英华、谭徐明、李云鹏、刘建刚：《在用古代水利工程与水利遗产保护与利用调研分析》，《中国水利》2012 年第 21 期，第 5~7 页；邓俊、王英华：《古代水利工程与水利遗产现状调查》，《中国文化遗产》2011 年第 6 期，第 21~28 页。

⑤ 徐爱军：《宁波水文化遗产的保护和利用》，《宁波通讯》2014 年第 17 期，第 56~57 页；徐红罡、崔芳芳：《广州城市水文化遗产及保护利用》，《云南地理环境研究》2008 年第 5 期，第 59~64 页。

沿线水文化遗产保护的策略。①

综上，国内对于水文化遗产的研究尚处于起步阶段，相关概念、类型、认知评估研究等已取得阶段性成果，但相关界定的标准规范有待制定，科学系统的价值评估体系有待建立。重要水文化遗产的数量分布已基本摸清，但对于一般遗产的关注不足，系统、全面的普查调研有待进一步开展。对于水文化遗产的保护理论已较为丰富，但保护实践较少，同时有待建立统一的管理组织机构，并有针对性地制定法律制度，为其保护研究提供制度和政策保障。

（四）北京水文化遗产的研究

从全国范围看，北京水文化遗产研究是领域研究的热点，具有起步早、内容全面、相对完善等特点，国内学者已开展了较为广泛的研究。

1. 早期初探研究

早期的研究多从水利史或地理史的角度，追溯北京水环境的历史变迁。如侯仁之教授毕生致力于北京历史地理学的科学研究，通过大量地质勘探，探究了北京历史河湖水系变迁，以及北京城市起源、城址转移、城市发展管理，为北京水利史和城市发展的研究做出重要贡献，其所著的《北京城的生命印记》及由其主编《北京历史地图集》成为后世研究北京水环境变迁的重要依据。② 在此基础上朱祖希等对北京城市发展与河湖变迁关系进行了深入研究。同时现代众多学者专家也对北京水利历史、文化进行全面的梳理，如吴文涛所著的《北京水利史》，从历史的角度对北京这个特定区域内的水利现象和水利实践进行总结研究，着重探讨了历史上水利现象和水利实践。③ 北京市政协文史和学习委员会所编写的《北京水

---

① 董小梅、董记：《略论淮安里运河水文化遗产的保护与利用》，《淮阴工学院学报》2014 年第 2 期，第 6~8 页。

② 侯仁之：《北京城的生命印记》，生活·读书·新知三联书店，2009；侯仁之主编《北京历史地图集》，文津出版社，1988。

③ 吴文涛：《北京水利史》，人民出版社，2013。

史》系统讲述了北京自河流体系形成以来至2008年的水利发展历史。[①] 北京市文史研究馆编著的《历史上的水与北京城》，从历史角度讲解了水与北京城不可分割的关系，阐述了北京城里的水具有的独特历史、文化底蕴。[②] 这些学者对北京河流水泊的地理风貌、历史文化以及与城市变迁发展都做了深入的研究，对于北京水利和城市发展史具有突出价值意义。但这些研究在对象上仅限于北京重要的河流水系，在研究内容上则倾向于对河流水系历史的考究和论证，缺乏从水文化视角对其历史河湖水系展开的系统梳理及对其承载理水、治水经验和民俗文化的凝练总结，以及其对于当下城市生态建设、水环境治理、文化发展的价值研究，总体上缺乏对首都水文化的深度、系统挖掘。

2003年，张宏盛在《北京的寺庙与水文化》中论述了寺庙中水文化的内涵，认为寺庙的选址和命名与水密切相关，寺庙的功能常体现水的内容，寺庙建筑常以水为衬托。[③] 这是区域研究中首次提出的“水文化”的概念，此后区域水文化研究逐渐增多。2004年，陈瑾等系统论述了北京水文化内涵，从城市起源角度阐述了北京水文化的形成和发展，从城市选址变迁、漕运、园林建设等角度，阐述了北京水文化的丰富内涵，同时介绍了工业发展和城市化加速对城市水文化带来的破坏，并对其未来保护修复进行了展望。[④] 2008年奥运会的举办促进了北京水文化研究，当时北京以水利建设为重点，大规模治理河道污染、改善河湖生态，大幅度提升了首都水生态环境，同时在奥运场馆建设时充分运用的水元素，比如“水立方”的建设，奥森公园中龙形水系的规划，都是对中国水文化的生动展示。[⑤] 这些工作促进了学术领域对北京水文化的关注。

---

① 北京市政协文史和学习委员会编《北京水史》，中国水利水电出版社，2013。

② 北京市文史研究馆编著《历史上的水与北京城》，北京出版社，2016。

③ 张盛宏：《北京的寺庙与水文化》，《北京水利》2003年第4期，第42~43页。

④ 陈瑾、张昕：《北京水文化初探》，载《2004北京城市水利建设与发展国际学术研讨会论文集》，2004年。

⑤ 王玲：《北京水文化和奥运文化的融合与发展》，《北京水务》2009年第3期，第56~57页；凌先有：《北京奥林匹克水文化》，《水利发展研究》2009年第5期，第67~69页。

2. 数量和分布研究

2010 年水利部首次组织了古代水利工程与水利遗产的调查工作，2012 年北京率先在普查工作中加入了水文化遗产专项普查，初步摸清了北京水文化遗产的“家底儿”。历时近一年共普查出 416 处水文化遗产，其中包括 1950 年以前修建的堤坝、桥梁等水利工程，也包括与水文化有关的庙宇、碑刻等遗迹，年代最远可追溯到金代。这些水文化遗产大体可分为两类：一类是水利工程，其中有灌渠、堤坝、围堰，以及跨河桥等 202 处；另一类是与水有关的古建筑、古遗迹，其中包括水神崇拜庙亭、碑刻等 214 处。调研成果最终汇总成《寻古润今——北京水文化遗产辑录》一书。[①] 此后北京水文化遗产研究团队历时两年，基于河渠故道、园林湖泊、桥闸设施、泉池古井、祠庙碑刻等五大类型，进一步梳理了北京 16 个行政区 206 处水文化遗产，探究了各处水文化遗产的历史沿革、价值内涵和功能现状等，相关成果汇总成《京华水韵——北京水文化遗产》一书。[②] 王长松等对北京 360 处物质类水文化遗产的类型特点和时空分布特征进行探究后发现：北京水文化遗产中包括 6 处全国文物保护单位、22 处市级文物保护单位、56 处区县级文物保护单位；清代 122 处、明代 105 处、元代 44 处、汉代 2 处、南北朝 1 处、唐代 3 处、辽代 11 处、金朝 12 处、民国 20 处等（见图 2）。以河流为分布骨架，这些遗产主要分布在 5 个遗产集聚区域，分别为明清北京城和周边区域、通州旧城区、海淀长河和门头沟永定河轴线分布带、延庆妫水河分布带、门头沟永定河和清水河轴线分布带。[③] 马东春等总结梳理北京各类水文化遗产 508 处，大体可分为三类：一是展示北京城发展足迹的永定河文化遗产；二是反映古都政治特征的皇城水系；三是服务于政治中心的漕运文化遗产（见图 3）。[④] 自然景观类的水文化遗产多沿河道分布，人文景观和非

---

① 杨进怀、马东春等：《寻古润今——北京水文化遗产辑录》，长江出版社，2015。

② 周坤朋、王崇臣、王鹏编著《京华水韵——北京水文化遗产》，清华大学出版社，2017。

③ 王长松、李舒涵、王亚男：《北京水文化遗产的时空分布特征研究》，《城市发展研究》2016 年第 10 期，第 129~132 页。

④ 马东春、果天廓：《北京水文化与城市发展研究》，《水利发展研究》2020 年第 8 期，第 69~73 页。

物质景观的水文化遗产多集中在旧城区，水神庙等多分布在多水患的河流周边。①

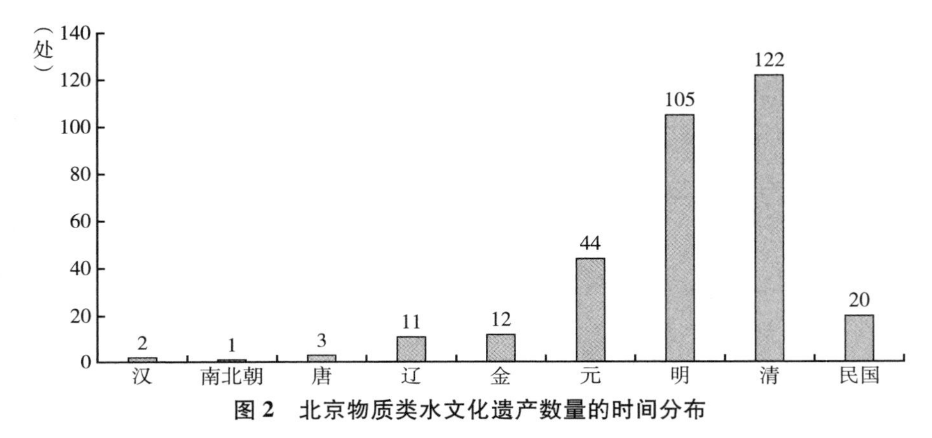

图 2　北京物质类水文化遗产数量的时间分布

资料来源：王长松、李舒涵、王亚男《北京水文化遗产的时空分布特征研究》，《城市发展研究》2016 年第 10 期，第 129~132 页。

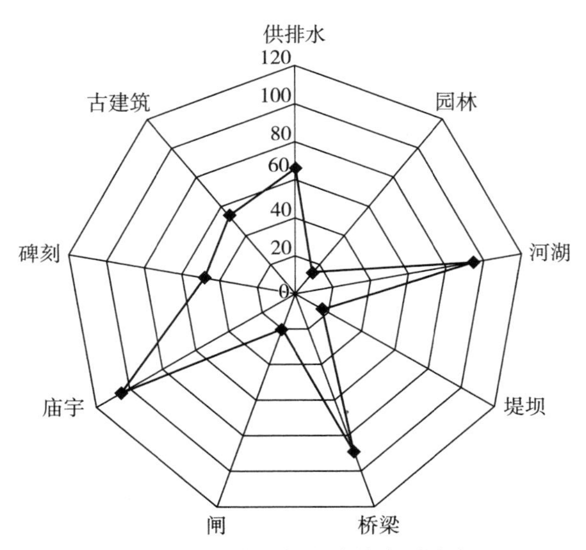

图 3　北京水文化遗产按类型分布

资料来源：马东春、果天廓《北京水文化与城市发展研究》，《水利发展研究》2020 年第 8 期，第 69~73 页。

① 马东春、果天廓：《北京水文化与城市发展研究》，《水利发展研究》2020 年第 8 期，第 69~73 页。

3.价值内涵研究

在区域水文化遗产普查调研的同时，关于北京水文化价值内涵的研究也在同步开展。北京依水而兴，因水而盛，水文化丰富多样，并与城市建设、园林、社会生活、生态等相互渗透、相互影响，形成别具特色的区域文化。其中北京水文化遗产的产生和传承与北京城市建设和发展密不可分、相辅相成，其保护与传承贯穿于城市建设和发展的历史脉络中，并为城市发展提供了独特的文化和资源支撑。耿波在《北京城市水文化与城市生态》中提出北京城市发展与水系的关系密切，城市文化与水文化相互作用，形成了北京传统独特的水系文化。自元至明、清，北京地理变迁受水系形成的较大影响，呈现从同心圆结构向散点立体结构变迁的特征。同时水系还对城市生态产生了深远的影响，如“江南想象”“城市山林”与活跃的城市活动等都是受水系影响而形成的城市意象。对于当代城市建设而言，复原城市水文化标志、疏通文化水脉、打造城市水文化景观等具有重要意义，可以有效防止城市无序扩张。[①] 万金红等则从首都文化建设的角度，分析了北京水文化的内涵以及其保护建设的重要价值意义，认为水文化是北京文化的灵与魂。一方面水文化遗产是北京城市发展的重要见证。另一方面水文化遗产是当代人们城市情感的重要依托，具有“为民兴利，泽润生民”“自然之美、和谐之美、文明之美”等特点。同时万金红等指出保护、利用、传承水文化遗产，有助于保持北京城市个性和特色、延续城市文化、记录城市发展和演变过程。[②] 马东春等通过对北京水文化发展演变过程的研究，总结出区域水文化的特点——类型丰富、数量众多、分布集中、特色鲜明等，认为这些水文化遗产是人们在长期的治水实践中创造和积累的物质财富和精神财富，体现了北京精神，对推动城市可持续发展具有重要支撑和引领作用。[③] 尚君慧等则

① 耿波：《北京城市水文化与城市生态》，《江南大学学报》（人文社会科学版）2012 年第 1 期，第 72~76 页。

② 万金红、宫辉力、杜梅：《用千年水文化助力文化中心建设》，《前线》2018 年第 1 期，第 78~81 页。

③ 马东春、果天廓：《北京水文化与城市发展研究》，《水利发展研究》2020 年第 8 期，第 69~73 页。

以中轴线上的水文化为切入视角，探究了河湖水系对中轴线的形成、发展和格局形态的影响，研究表明河湖水系是中轴线形成演变的决定性要素之一，并影响了中轴线的形态格局。一方面与护城河一起强化了中轴对称的格局；另一方面以护城河为中心，塑造了中轴线外向延展性特征，也塑造了中轴线蓝绿交织的景观格局和街巷肌理不规则等特征。同时这些水系蕴含着丰富的理水智慧，可以有效丰富中轴线遗产类型和价值内涵，对中轴线申遗具有重要的推动作用。①

4. 区域保护情况研究

北京水文化遗产分布规律，呈片状或线性分布，集中分布于北京老城区、历史河湖或运河沿线。针对这些片状和线性水文化遗产，领域内已有部分研究，内容重点主要为区域水文化遗产类型和数量梳理、特征研究、价值评估和保护探究。如周坤朋以什刹海区域水文化遗产为研究对象，深入探究了其起源发展，同时结合遗产价值和生态价值，建立了一个针对区域水文化遗产的价值评估体系，基于遗产和周边环境生态问题提出了相应的保护对策。② 谭朝洪以永定河（北京大兴段）水文化遗产为研究对象，利用德尔菲法和层次分析法，评估了物质形态水文化遗产的综合价值，进一步结合遗产现状和价值评价结果，提出了具有针对性的保护对策，如本体保护、生态保护、加强管理以及廊道构建等。③ 李晓玉以通州水文化遗产为研究对象，对其价值和保护进行了探究。④

除此之外，还有部分学者结合遗产廊道理论，针对线性区域的水文化遗产进行了探究。如王劲以北京长河为对象，基于遗产廊道理论，探究了沿线文化遗产的保护，包括重要文化遗产的恢复、结合绿地的遗产保护、滨水绿

---

① 尚君慧、周坤朋、王崇臣：《北京中轴线河湖水系对城市布局的影响及价值研究》，《中国园林》2023 年第 5 期，第 98~103 页。

② 周坤朋：《什刹海水文化遗产类型、价值及生态保护探究》，硕士学位论文，北京建筑大学，2017。

③ 谭朝洪：《永定河（北京大兴段）水文化遗产价值评估及保护研究》，硕士学位论文，北京建筑大学，2021。

④ 李晓玉：《北京通州区水文化遗产特征及保护探究》，硕士学位论文，北京建筑大学，2022。

色连接带的构建、线性游憩空间的营造、遗产廊道的外延等。[①] 李妍等以大兴区凤河为例，从政策、价值、环境等方面，分析了其遗产廊道构建的适宜性，并探究了其遗产廊道构建的途径，包括确立廊道主题（如苑囿、自然和移民等文化）、构建廊道体系（如蓝绿廊道、特色节点、游步道、解说系统）等。李妍等同时提出通过恢复地标，增加遗产可读性，传承地志，延续地脉，增设现代设施与载体化，展示移民文化等手段，增加廊道的特色性。[②]

二　现状问题与建议

综上研究，目前全国及北京水文化遗产研究面临着一些共性问题，包括理论政策研究不足，水文化遗产保护制度机制还不健全；等级评定不足，尚未建立完整的等级评价体系；跨学科研究不足，既有研究与水文化遗产多学科多领域的特点不符；研究深度不足，部分区域或类型的遗产研究不足。

（一）现状问题

1. 理论政策研究不足

在理论研究层面，北京水文化遗产研究已取得显著进展，相关研究增多，但仍需要看到的是，领域内还有许多研究空白。因为区域水文化遗产涉及层面广泛，体系庞大，类型多种多样，既包括河湖等线性水体，也包括桥闸、仓储、祠庙等一般建筑遗产，其管理主体多种多样，尚无统一的、多部门协作的管理机制，更缺少发展的顶层设计和规划。其次，从现实管理要求来看，目前领域内尚无针对水文化遗产的界定标准和相关保护管理规范，致使大部分水文化遗产的界定较为模糊，其保护、开发和利用也无绝对可靠的

---

① 王劲：《北京河道遗产廊道构建研究》，博士学位论文，北京林业大学，2012。

② 李妍、汪长征、王鹏、王崇臣：《城市片区级遗产廊道构建研究——以北京大兴区凤河为例》，《北京建筑大学学报》2023 年第 1 期，第 27~35 页。

依据支撑。

2. 等级评定不足

北京水文化遗产类型多样，相比一般文物，具有类型复杂、形态多样、价值内涵丰富的特点，其价值和保护都需要综合考虑生态、经济等要素，需要根据其特点和价值进行等级评定，在此基础上针对不同等级、类别的遗产进行相应的保护规划，这也是水文化遗产保护利用的基础。目前，在全国层面，《水文化遗产价值评价指南》已发布[①]、在地方层面，郑州市业已出台《水文化遗产认定及价值评价导则》[②]，它们都为水文化遗产的认定、等级评定提供了依据。北京水文化遗产的普查工作虽已取得阶段性进展，重要水文化遗产的数量、类型、分布已基本摸清，但迄今为止尚未建立完善的等级评定体系，部分研究还在依据传统的文物等级划分的标准，七成以上的遗产尚未确定级别，缺乏合理的、有针对性的保护管理措施。[③] 虽然部分研究基于遗产价值评定，探究了水文化遗产的等级，但这些研究多针对少数特定的研究对象，其研究结论在一定程度上不具有普适性，针对不同类型水文化遗产展开价值评定的研究相对较少，亟须建立适用度更高的评价指标体系。同时现有研究多停留在理论探讨层面，具体的实践案例十分有限。

3. 跨学科交流不足

水文化是人与水共生交融的文化，是中华传统文化的重要组成部分，与其相对应的众多水文化遗产，共同构成了现代社会独特的生态文明景观。其理论研究和保护实践必定需要综合多个知识体系，融合多个学科，如考古学、社会学、水利学、建筑学、规划学、景观学、农学、文学、艺术学等。[④] 但相关研究多基于单一的建筑、历史、园林等角度，缺少多学科协同交叉的研究。另外，北京水文化遗产类型多样，体系复杂，以京杭大运河、

---

① 《水文化遗产价值评价指南》（GB/T 42934—2023）。

② 《水文化遗产认定及价值评价导则》（DB4101/T10—2019）。

③ 吴建勇、张洪艳、李鑫：《走向构因观察与开放系统保护：水文化遗产概念的提出及意义》，《创意与设计》2020 年第 6 期，第 65~69 页。

④ 宋开金：《清代永定河流域水利碑刻研究》，硕士学位论文，北京师范大学，2011。

团城等为代表的复合型文化遗产，具有多层次、多维度的遗产构成特征，内容庞杂且遗产要素众多，但现有研究对象或范围多聚焦于单一的遗产历史、水工设施、滨水空间等，缺乏系统综合的研究视角对流域遗产各类型遗产、各种价值要素展开全面研究。

4. 研究深度不足

从区域范围来看，较为成熟的区域研究多集中在北京中心城区和历史河湖沿线，如什刹海、永定河、北运河等区域。相比而言，对郊区水文化遗产的研究相对薄弱，对延庆、密云、门头沟等水文化重要的区域关注度不足。[①] 从研究内容来看，学界研究的重点为物质类水文化遗产，对非物质类水文化遗产研究明显不足，尚未精确排查、统计、梳理出非遗类水文化遗产的数量、类型和分布等状况。而在物质类水文化遗产的研究中，对泉池古井、祠庙碑刻等水文化遗产研究相对不足，研究重点为桥闸、历史河渠。在总体理论体系方面，水文化遗产理论发展起步较晚，现有研究多停留在现状陈述、类型罗列、概念内涵等方面，保护探索研究相对不足，研究体系尚未完全成熟，[②] 尚无法为区域水文化遗产的保护传承提供系统的支撑和指导。

（二）传承与利用建议

1. 加强理论与制度建设

目前区域水文化遗产理论、政策研究仍存不足，一方面要积极推动部门的统筹合作和协同管理机制创新，通过分工协作、强化顶层设计和规划，提高水文化遗产的保护和利用水平，为北京水文化遗产的保护发展营造良好的社会环境。另一方面要总结分析现有问题，探讨针对水文化遗产的保护对策，编制并实施相应的保护与传承规划；同时加强相关法律法规和管理机制研究，针对水文化遗产特点，制定相应的保护制度和法律法规，为区域水文

① 王长松、李舒涵、王亚男：《北京水文化遗产的时空分布特征研究》，《城市发展研究》2016 年第 10 期，第 129~132 页。

② 吴建勇、张洪艳、李鑫：《走向构因观察与开放系统保护：水文化遗产概念的提出及意义》，《创意与设计》2020 年第 6 期，第 65~69 页。

化遗产的保护提供法律和政策保障。

2. 开展等级评定与专项保护

针对水文化遗产价值，加强水文化遗产价值评估体系的研究，构建具有普适性或者类型多样的水文化遗产价值评估体系。在此基础上，构建区域水文化遗产的等级评定体系，按照价值和现状，合理划分水文化遗产等级。基于遗产等级评定，结合水文化遗产保护利用理论，积极开展相关保护利用实践。将水文化与城市规划建设相融合，在宏观层面上打造能体现水文化底蕴的水系格局，在中观层面盘活重要的水文化场所，在微观层面上传承带有地域文脉的水景观节点。对于在用的水利工程设施需尽快明确其内在科学原理，并安排专人定期维护。同时，应积极将先进的科学技术手段用于水文化遗产保护，搭建非遗展示舞台，推动文旅融合发展。

3. 推进多学科研究融合

根据水文化遗产多类型的特点，进一步丰富研究视角。融合遗产、景观、水利、建筑规划等多学科知识，构建系统的区域水文化遗产理论研究和保护实践体系。同时，运用现代信息技术搭建多学科融合交流的平台，广泛开通多样化、多层次的信息交流渠道，组织开展多种类型的交叉学科学术活动，积极探索多类型的保护方式，以满足不同类别、功能遗产的研究需求。针对大运河、永定河等大型复合水文化遗产，可设立专门的研究机构，开展专题研究保护，更好地发掘流域内不同遗产类型和多元价值，构建系统的保护理论体系。同时应建立跨部门的协调管理机制，联动文物保护部门与水利部门，统筹考量这类复合型文化遗产的保护，将可操作性较强的政策落实到相应保护管理实践中。

4. 加强理论和实践研究深度

针对研究深度不足，亟须进一步推动相关理论和实践研究。一是加强对北京郊区水文化遗产的认识，重点梳理延庆、门头沟等水利历史悠久区域的水文化遗产，加强对其水文化遗产的普查与价值评估探索；二是加强非物质文化遗产的研究，梳理各类非遗类水文化遗产的数量、分布情况、类型，并进行等级分类和保护探索，完善水文化遗产研究体系；三是加强对各类水文

化遗产的专项研究，如加强对泉池古井、祠庙碑刻、民俗文化等类型水文化遗产的研究；四是加强对区域水文化遗产保护理论的探索，重点借鉴永定河文化带、大运河文化带等成熟的保护理念和实践，探索北京重要片区水文化遗产的保护理念、模式和技术方法，为区域水文化遗产保护提供科学的理论支撑。

三　结语

水是生命之源，也是城市文明的摇篮。中华民族在几千年的历史演变中，开展了丰富多样的治水、理水、用水活动，关于水的认知、观念、思想等渗入百姓生活的各个方面，由此形成了丰富的水文化，遗留下丰富的水文化遗产。这些水文化遗产见证了城市的变迁和人民治水理水的历史，蕴含着丰富的历史信息、艺术价值、科学智慧等，是中国文化遗产的重要组成部分，也是中国优秀的传统文化，对其进行保护利用与宣传对于文化振兴、生态文明建设等具有重要意义。

相比于传统的建筑、彩绘、壁画、石窟等文化遗产，国内关于水文化遗产的研究起步较晚。同时这类遗产类型丰富、形态多样、价值多元，对其理论研究和保护管理也存在诸多难点。从全国范围来看，对于水文化遗产的研究方兴未艾。一方面领域内学者对水文化遗产的基本概念、类型特点、价值内涵和作用意义有了基本的认识，并对其价值评估进行了初探；另一方面相关部门基本摸清了国内重要水文化遗产的数量和分布情况，特别是对文保级别的遗产。但总体而言，国内对于水文化遗产的研究尚处于理论探讨阶段。相关问题突出表现为对其概念、类型尚无权威界定，缺少科学系统的价值评估体系，尚未开展系统、全面的普查调研，相关保护实践少，同时有待建立统一的管理组织机构，并有针对性地制定法律制度，为其保护研究提供制度和政策保障。

从区域范围看，北京、杭州、广州、宁波等城市是水文化遗产研究的热点区域。其中北京作为我国历史古都，城市治水活动兴盛，水文化遗产众多，分布集中，其水文化遗产的研究起步较早，也较为系统，相关研究涉及数量类别和分布、价值内涵、区域遗产保护等，目前相关主体已系统掌握区域水文化遗产的类型特点和分布特征，初步探究了其价值内涵和对首都文化建设的意义，并以北京老城区、历史河湖或运河沿线的水文化遗产为例，探究了其价值评估和保护利用情况。但同时需要指出，区域水文化遗产研究还面临着一些问题，如理论政策研究不足，保护制度机制健全、等级评价体系尚未完全建立、跨学科研究不足、研究深度不足等。对此本报告建议加强理论与制度建设，推动部门的统筹合作和协同管理机制创新，颁布相关保护与传承规划、法律法规和管理机制；开展等级评定与专项保护，构建区域水文化遗产的等级评定体系，结合等级评定，开展相关保护利用实践；推进多学科研究，融合遗产、景观、水利、建筑规划等多学科知识，构建系统的水文化遗产理论研究和保护实践体系，搭建多学科融合交流的平台；加强理论和实践研究深度，加强对郊区、非物质和各类水文化遗产的专项研究，强化区域水文化遗产保护理论的探索，构建完善北京水文化遗产研究体系。由此，为区域水文化遗产提供系统的机构机制、法律制度、学科平台、理论策略等支撑，推动相关保护实践全面、深入、有序开展。

B.10
北京绿色建筑发展报告

俞天琦*

摘　要： 本报告在分析建筑业绿色发展总体情况的基础上，阐释了北京区域建设的绿色发展、建筑业的绿色发展情况。从区域层面，大力推进低碳城市建设，推动能源结构转型及资源环境核算。从建筑层面，主要以提升建筑品质、降低建筑能耗为发展重点，在加强绿色发展顶层设计、规范绿色建筑管理机制、持续推动绿色建造、倡导绿色社区生活、发展绿色生态示范区等五个方面，详细阐述了建筑业绿色发展的特点。最终提出打造绿色区域、推进绿色智造、发展绿色金融三项绿色发展建议。以期助力北京建造高质量的绿色建筑，营造高品质的人居环境。

关键词： 绿色发展　低碳城市　绿色建筑

一　“双碳”目标下的建筑业高质量发展

2021年8月，联合国政府间气候变化专门委员会（IPCC）工作报告《气候变化2021：自然科学基础》指出，人类活动导致了全球变暖，人类活动造成的气候变化已经影响到全球每个区域。2020年，全球平均温度较工业化（约1750年）前高出约1.2℃（见图1、图2）。近百年来，全球海洋

* 俞天琦，北京建筑大学建筑与城市规划学院教授，绿色建筑与节能技术北京市重点实验室副主任，国家一级注册建筑师，主要研究方向为绿色建筑设计。

表面平均温度上升了 0.89℃，20 世纪 90 年代后升温显著加速。[①] 气候危机是我们这个时代面临的巨大挑战，国际社会都在努力应对气候危机。

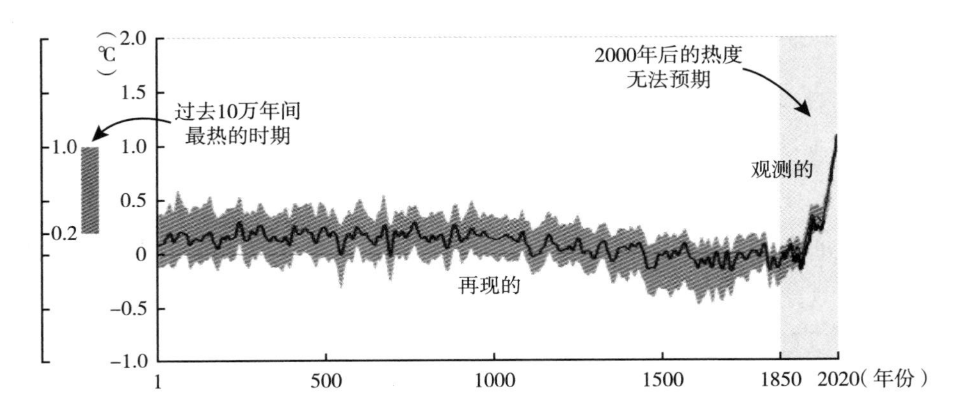

图 1　1~2020 年地球表面温度变化曲线

资料来源：联合国政府间气候变化专门委员会（IPCC）《气候变化 2021：自然科学基础》，2021 年。

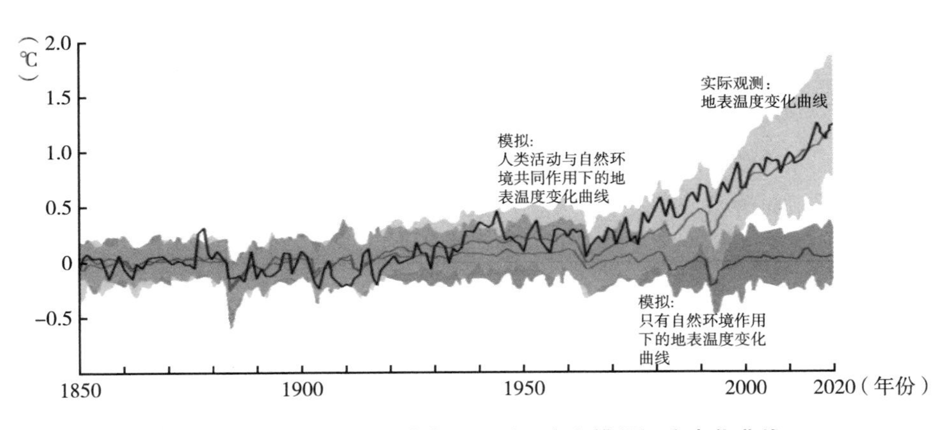

图 2　1850~2020 年地球表面观测温度和模拟温度变化曲线

资料来源：联合国政府间气候变化专门委员会（IPCC）《气候变化 2021：自然科学基础》，2021 年。

① 陈迎、巢清尘等编著《碳达峰、碳中和 100 问》，中国日报出版社，2021。

应对全球气候变化和节能减排对中国来说是一项巨大挑战，但同时又是一个契机，中国需要在这次“绿色工业革命”中，走出一条自己的绿色发展之路。国家主席习近平在第七十五届联合国大会上，明确提出，中国“碳达峰”“碳中和”的目标。[①] 随后，习近平总书记多次在重大国际、国内场合就双碳目标发表重要讲话，国家部委也颁布了多项有关文件。

建筑业是我国国民经济的支柱产业之一，已由高速增长阶段转向高质量发展阶段。此阶段，不再以单一的建筑业规模和总量作为衡量标准，而要把评判的重心落在数量与质量、速度与效率的相对关系上。通过质量、效率的变革，实现建筑产业“粗放型发展”向“精细化发展”的转变。推动产业模式的高质量发展，加快产业结构的转型升级，提升建筑产业生产效率、经营与生态效益。推动建造方式的高质量发展，提高建筑业的精益化水平，提高建筑产品的质量，并延伸到建筑全寿命期。从人的需求出发，从居住者的角度出发，去设计精品建筑。

双碳目标下的建筑产业高质量发展是一个系统性、综合性的工程，需要政府、企业和社会各方的共同努力和合作。通过加强政策引导和技术创新，推动建筑产业实现高质量、绿色、低碳的发展，为全球的可持续发展做出积极贡献。

二　绿色发展与绿色建筑

关于绿色发展。绿色发展是一种发展方式，是以效率、和谐、持续为指向的经济增长和社会发展方式。当今世界，绿色发展已经成为一个重要趋势，许多国家把发展绿色产业作为推动经济结构调整的重要举措，突出绿色

① 2020 年 9 月 22 日习近平总书记在第七十五届联合国大会一般性辩论上的讲话指出，“应对气候变化《巴黎协定》代表了全球绿色低碳转型的大方向，是保护地球家园需要采取的最低限度行动，各国必须迈出决定性步伐。中国将提高国家自主贡献力度，采取更加有力的政策和措施，二氧化碳排放力争于 2030 年前达到峰值，努力争取 2060 年前实现碳中和。”参见《习近平在联合国成立 75 周年系列高级别会议上的讲话》，人民出版社，2020，第 10 页。

理念和内涵。绿色发展与可持续发展在思想上是一脉相承的，既是对可持续发展的继承，又是对可持续发展的理论创新，也是中国应对全球生态环境客观现实的重大理论贡献，符合历史潮流的演进规律。[①] 我国的“绿色发展指标体系”和“绿色发展指数计算方法”正在逐步完善，这有利于鼓励和指导社会各方为绿色发展贡献力量。

关于绿色建筑。目前，在国内得到专业学术领域和政府、公众各层面普遍认同的“绿色建筑”概念，是《绿色建筑评价标准》（GB/T 50378—2019）中给出的定义——在全寿命周期内，节约资源、保护环境、减少污染，为人们提供健康、适用、高效的使用空间，最大限度地实现人与自然和谐共生的高质量建筑。由此，绿色建筑的主要考量要素是建筑安全耐久、健康舒适、生活便利、资源节约（节地、节能、节水、节材）和环境宜居等方面的综合性能。

地球环境危机使越来越多的国家意识到人类发展的困境，许多国家承诺在本世纪中叶或之后不久达到净零排放。但全球温室气体排放量也在不断增加，要想在2050年前后实现净零排放并将全球气温上升控制在1.5°C以内非常困难，需要全球所有国家共同做出努力。随着全球对环境保护和可持续发展的重视，国际绿色建筑的发展呈现出积极趋势。一方面，许多国家政府都在出台相关政策，以及制定绿色建筑标准和评估体系，鼓励绿色建筑的发展，促进绿色建筑在国际范围内的普及和推广。另一方面，随着科技的进步和创新，绿色建筑技术和材料不断发展，不仅提高了建筑的能源利用效率，而且降低了建筑对环境的影响。绿色建筑将在未来发挥更加重要的作用，成为建筑行业的重要发展方向。

2021年4月，在“世界地球日”到来之际，国家主席习近平出席领导人气候峰会并发表题为《共同构建人与自然生命共同体》的重要讲话，深刻分析了气候变化的发展形势和严峻挑战，以“六个坚持”为共建人与自

---

① https：//baike. baidu. com/item/%E7% BB% BF% E8% 89% B2% E5% 8F% 91% E5% B1% 95/4118929？ fr=ge_ ala.

然生命共同体擘画了美好蓝图，清晰阐明了中国坚持绿色发展的国家战略和履行国际责任的实际举措，为国际社会应对气候和环境挑战提供了中国方案。

综合而言，绿色发展为建筑行业全产业链发展的契机。高质量绿色建筑从安全耐久、健康舒适、生活便利、资源节约、环境宜居等方面对建筑性能提出了更高的要求，性能化设计、高性能产品、工厂化生产、工业化建造、数字化管理、智慧化运维是绿色建筑未来的发展方向，是行业高质量发展的新契机。

三　北京区域建设的绿色发展

（一）低碳城市建设

建筑绿色发展规划应当符合城市总体规划要求，并与能源发展、应对气候变化与节能、生态环境保护、海绵城市、智慧城市、市政规划、节约用水等专项规划相衔接。

1. 低碳城市开发

城市开发建设需要按照城市规划、能源利用、生态环保等建设要求，优化城市空间布局。新建、改建、扩建建筑群及建筑空间布局应当为太阳能、地热能、空气能等可再生能源和自然资源利用创造条件。北京市规划和自然资源主管部门应当将建筑绿色发展要求纳入控制性详细规划，在建设用地规划条件中明确建筑绿色发展要求。城镇新建民用建筑全面执行绿色建筑一星级以上标准，全面实行全装修成品交房，装修材料应当优先使用绿色建材。新建大型公共建筑和财政性资金参与投资建设的地上面积不小于 1000 平方米的其他建筑全面执行绿色建筑二星级以上标准。超高层、超限高层建筑应当执行绿色建筑三星级标准。核心区新建建筑执行绿色建筑三星级标准。与此同时，建立健全建筑碳排放计量技术体系，完善能源资源消耗与碳追踪、碳排放统计和公共建筑能源资源利用信息报告制度。

2. 低碳城市更新

在城市更新中应当落实节能绿色化改造要求，对具备改造价值的既有公共建筑和居住建筑逐步实施节能绿色化改造，并适时调整改造范围与标准。既有建筑所有权人是实施改造的责任主体。既有公共建筑在进行外部装饰装修、建筑用途转换时，应当同步实施节能绿色化改造。鼓励既有居住建筑节能绿色化改造工作与建筑内水、电、气、热等专业管线改造和公共区域环境整治提升等工作统筹组织实施。鼓励在既有建筑中增设太阳能光伏、光热系统，实施光伏或光热与建筑一体化，以合同能源管理等专业运维方式推广可再生能源建筑应用。鼓励既有建筑按照绿色建筑、超低能耗建筑或低碳建筑等标准实施改造。

（二）能源结构转型

统筹推进供给侧结构性改革，使能源利用集约高效，能源消费结构更加合理，能源消费品种逐步清洁，发展更加绿色，环境持续改善。能源利用效率持续提高。2021 年北京市单位地区生产总值能耗和碳排放强度保持全国省级地区最优水平（见图 3）。

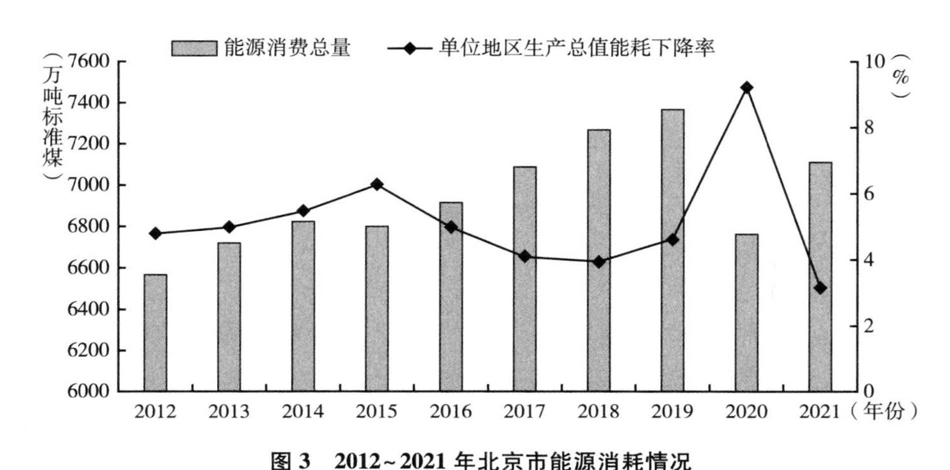

图 3　2012~2021 年北京市能源消耗情况

资料来源：北京市统计局网站。

推动城市可再生能源规模化应用。安装太阳能光伏或光热系统。按照可再生能源优先的原则，因地制宜应用地热及热泵系统供热。可再生能源利用设施应当与区域建筑整体外观、形态相协调，同步设计、同步施工、同步验收，并保证正常应用。

北京市建立了完善的公共建筑能耗限额定额管理制度。逐步实施重点公共建筑全能耗限额定额管理。实施重点公共建筑能效评估分级和公示制度。重点公共建筑用能超过建筑能耗标准约束值的建筑，其运行能源资源消耗状况将被公示，考核不合格的需进行能源审计，并加强节能运行管理。连续两年能耗限额定额考核不合格或连续两年用能超过建筑能耗标准约束值 80%以上的建筑，应当按规定实施节能绿色化改造。2012~2021 年北京市能源消耗品种结构如图 4 所示。

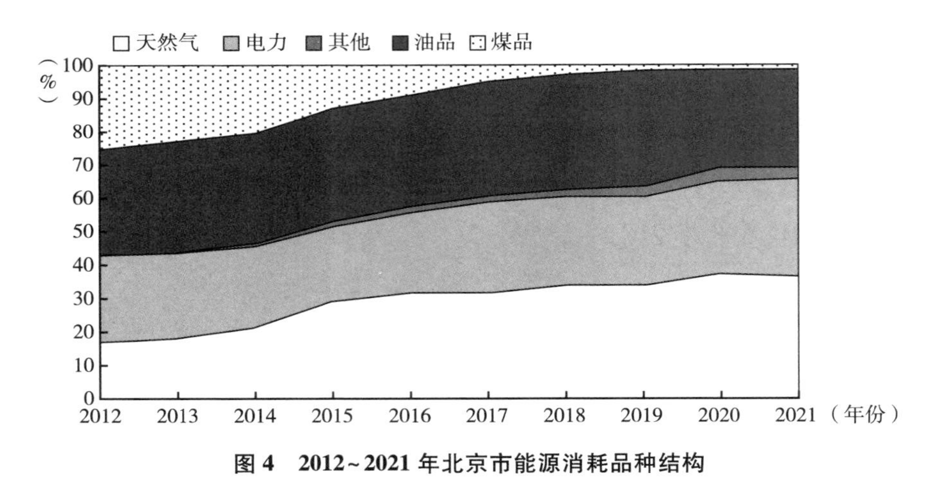

图 4　2012~2021 年北京市能源消耗品种结构

资料来源：北京市统计局网站。

（三）资源环境核算

1. 区域发展指数

北京市将生态文明建设融入社会发展建设的全过程和各个方面，持续推动区域绿色发展。持续优化监管体系，提升安全质量治理能力，完善以建设单位为首要责任主体的质量责任体系，以工程质量为核心的建筑市场体系，以治理体系和治理能力现代化为目标的政府监管体系，以人民为中心的质量共建共治共享体系。

国家统计局、北京市统计局和中国社会科学院京津冀协同发展智库联合研究建立了京津冀区域发展指数，联合开展监测评价，用以反映区域各项指标的发展情况，从而优化资源配置，引导资本流动、创造宜居生活。其中区域绿色发展指数，涉及绿色投入、绿色生产、生态环境三个层面七个子指标（见表1）。近年来，京津冀地区绿色发展指数持续上升，成为推动总指数上升的重要因素。2014~2021 年京津冀区域发展总指数如图 5 所示。在绿色投入方面，京津冀地区持续推进传统高耗能产业优化升级与腾退，区域节能环保投资增加，能耗持续下降；从绿色生产看，区域生产总值能耗降幅较大，可再生能源开发利用规模逐步扩大；从生态环境看，区域治理效果提升，PM2.5 等污染物平均浓度持续下降。①

表 1　京津冀区域绿色发展指数评价指标体系

一级指标	二级指标	三级指标	权重
绿色发展	绿色投入	节能环保支出占一般公共预算支出比重	2
	绿色生产	万元地区生产总值能耗	3
		万元地区生产总值水耗	3
		节能环保产业产值	3
	生态环境	PM2.5 平均浓度	3
		森林覆盖率	3
		京津冀国家地表水考核断面水质达到或好于Ⅲ类的断面比例	3

资料来源：https：//tjj.beijing.gov.cn/tjsj_31433/sjjd_31444/202009/t20200928_2101892.html。

2. 绿色 GDP 核算

中国是世界上最大的发展中国家之一，也是一个资源环境压力日益增大的国家。为了实现可持续发展，中国政府积极推进绿色 GDP 核算体系的建

① https：//tjj.beijing.gov.cn/tjsj_31433/sjjd_31444/202009/t20200928_2101892.html.

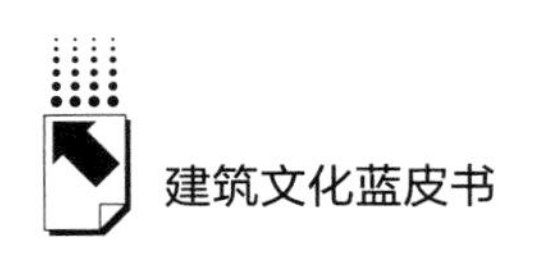

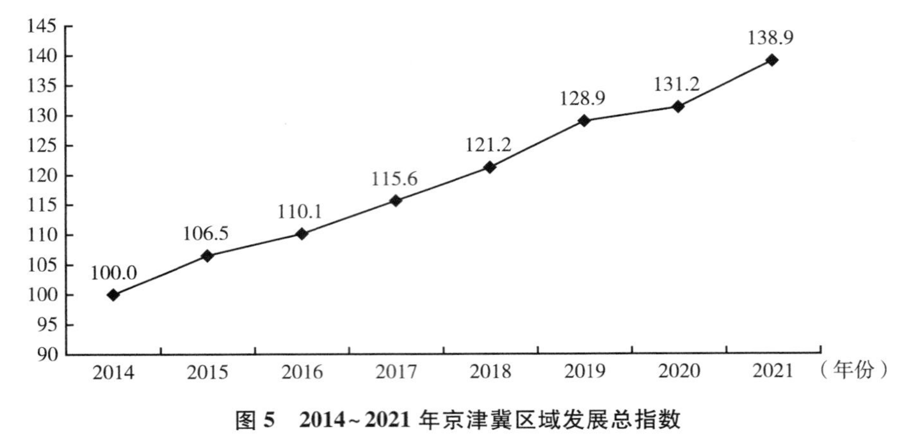

图 5　2014～2021 年京津冀区域发展总指数

资料来源：北京市统计局网站。

设。绿色 GDP 核算，即“资源环境核算”，就是在现有国民经济核算体系的基础上，将资源环境因素纳入其中，以从更为全面的视角来看待经济发展和资源环境的关系。它在一定程度上反映了经济与环境之间的相互作用，是衡量可持续发展的重要指标。它不仅考虑了经济活动的直接收益，还考虑了资源消耗、环境损害等因素对经济发展的影响。这使得我们能够更加全面地评估经济发展的质量和效益，为未来的可持续发展提供更为可靠的指导。北京市经申请已被列为“绿色国民经济核算和环境污染经济损失调查”试点地区，绿色 GDP 情况呈现持续向好的趋势。绿色 GDP 核算为北京可持续发展的分析、决策和评价提供了依据，持续推动其绿色低碳发展。

四　北京建筑业的绿色发展

北京市建筑绿色发展在全国总体领先，新建建筑全面执行建筑节能设计标准，居全国首位。

（一）绿色发展重点

北京认真落实国家“双碳”战略部署，建筑产业向高质量绿色方向发展。优化用能结构，提升能效水平，转变建造方式，提高建筑品质，倡导行为节能，全面促进民用建筑绿色化、低碳化、智能化，在全国建筑领域碳达峰碳中和行动中发挥示范引领作用，为建设国际一流的和谐宜居之都贡献力量。

1. 提升建筑品质

国家主席习近平指出，“人民对美好生活的向往就是我们的奋斗目标”[①]。2023 年，全国住房和城乡建设工作会议提出关于“让人民住上更好的房子”和“提升住房品质”的工作目标。进入新时代，百姓美好生活的需求全面升级，既反映社会发展的巨大进步，也对各个行业提出变革性要求。让老百姓住上更好的房子，满足生理、心理、不同年龄阶段的居住生活需求。

建设高质量绿色大型公共建筑。大力推广绿色建筑，新建大型公共建筑执行三星级绿色建筑标准，越来越多的建筑正在“绿”起来。加强环境治理，建设国家绿色发展示范区，建设成为绿色城市、森林城市、海绵城市等，是北京城市副中心高质量建设的重要内容。以目标为导向，开发高质量绿色建筑的全产业技术链条，是北京城市高质量建设的重要内容。

打造绿色发展示范区。地球环境危机、社会高速发展，绿色建筑与可持续性设计的重要性日益凸显。城市建设需要从理念、标准、质量等方面，全面推动绿色建筑规模化发展，推广新型绿色建造方式，促进绿色建材使用，创新服务模式，促进绿色建筑发展从节能到零能再到正能的全系统升级，建成高质量绿色建筑集中示范区，全面推动城市绿色建筑发展建设。

到 2025 年，北京市计划新建公共建筑力争全面执行绿色建筑二星级及以上标准，新建建筑中装配式建筑比例达到 55%，新建建筑绿色建材应用比例达到 70%，累计推广超低能耗建筑规模力争达到 500 万平方米。[②]

2. 降低建筑能耗

2022 年 10 月，北京市政府颁布了《北京市碳达峰实施方案》（京政发

---

① 《习近平谈治国理政》，外文出版社，2014，第 101 页。

② 《市住房城乡建设系统 2021 年工作总结与 2022 年工作思路》，https：//zjw. beijing. gov. cn/bjjs/xxgk/ghjh/325908055/index. shtml。

〔2022〕31号），为如期实现碳达峰、碳中和目标贡献北京力量。该方案指出要深化落实城市功能定位，推动经济社会发展全面转型，不仅表明了北京作为首都城市的担当和决心，而且强调了未来城市绿色发展的重要性，坚定不移走生态优先、绿色低碳的高质量发展道路，为北京市各个产业绿色发展指明了方向，确定了工作目标及工作重点，对于建筑产业绿色发展具有引导作用。①

2022年12月，北京市碳达峰碳中和工作领导小组办公室颁布了《北京市民用建筑节能降碳工作方案暨“十四五”时期民用建筑绿色发展规划》（京双碳办〔2022〕9号）（以下简称《工作方案》）。《工作方案》中确定了北京民用建筑节能降碳工作的总体思路、基本原则和发展目标。“十四五”时期北京市的绿色发展规划工作的重点，共有六个方面工作任务，包括强化科技创新驱动、优化调整能源结构、完善绿色建造体系、提升建筑品质、推进既有建筑能效提升、创新治理模式，并提出五个方面的保障措施，包括加强组织领导、完善资金支持政策、研究制定《北京市建筑绿色发展条例》、提升产业工人技能和加强社会宣传动员等。②

强化公共建筑运行节能管理，提高绿色电力应用比例，提高供热系统效率，推广可再生能源建筑，完善建筑垃圾全链条信息化服务监管网络体系。对建筑垃圾进行资源化处理，这不仅降低了建筑垃圾对于环境的危害，而且使建筑的全寿命周期实现绿色发展，推动实现了建筑“从摇篮到摇篮”的变革。

截至2022年底，北京市建成绿色建筑面积近2亿平方米；新建装配式建筑面积9600万平方米，占新建建筑面积的比例超过45%；组织实施超低能耗建筑示范面积116.7万平方米；组织完成1000多万平方米公共建筑绿

① 《北京市人民政府关于印发〈北京市碳达峰实施方案〉的通知》https://www.beijing.gov.cn/zhengce/zfwj/zfwj2016/szfwj/202210/t20221014_2836026.html。

② 《北京市碳达峰碳中和工作领导小组办公室关于印发北京市民用建筑节能降碳工作方案暨“十四五”时期民用建筑绿色发展规划的通知》，https://fgw.beijing.gov.cn/fgwzwgk/zcgk/ghjhwb/qt/202212/t20221220_2881166.htm。

色化改造，平均节能率超过 20%；完成老旧小区综合整治和节能改造建筑面积近 1 亿平方米；完成约 75 万户农宅抗震节能改造。①

到 2025 年，北京市计划完成公共建筑节能绿色化改造 3000 万平方米，实施建筑光伏装机容量 80 万千瓦，新增热泵供暖应用 4500 万平方米，力争基本完成全市 2000 年前建成的需要改造的城镇老旧小区改造任务。②

（二）绿色发展特色

1. 加强绿色发展顶层设计

推动绿色发展立法。为了贯彻绿色发展理念，节约资源能源，降低污染物排放，提升建筑品质，改善人居环境，推动建筑领域绿色低碳高质量发展，根据有关法律、行政法规，结合北京市的实际情况，北京市住房和城乡建设委员会牵头制定了《北京市建筑绿色发展条例》，以建筑绿色发展立法为根本，加强建筑绿色发展顶层设计，条例聚焦建筑节能减排和绿色低碳高质量发展目标，在全寿命周期管理、全产业支撑、全领域推动三个层面进行设计，主要制度设计包括明确建筑绿色发展要求、强化“绿色发展专篇”管理、健全既有建筑绿色运维和改造管理机制、建立科技创新和产业发展促进机制、完善引导激励机制。

构建绿色标准体系。北京市新建建筑全面落实节能设计标准，建设高质量建筑，居住建筑率先执行 80%的节能设计标准，创新科技，加快推进可再生能源、超低能耗建筑推广，倡导生产生活方式向绿色转型。2022 年，北京市发布了多项标准，优化、细化、深化管理体系，如《既有公共建筑节能绿色化改造技术规程》（DB11/T1998—2022）、《绿色村庄评价标准》（DB11/T 1977—2022）、《绿色建筑设计标准》（DB11/ 938—2022）等，其中一些为京津冀区域协同地方标准，适合京津冀三地共同使用。

---

① 《北京建筑绿色发展工作在全国总体领先—2023 年“全国低碳日”北京主场活动举办》，https：//zjw. beijing. gov. cn/bjjs/xxgk/xwfb/326154367/index. shtml。

② 《市住房城乡建设系统 2021 年工作总结与 2022 年工作思路》，https：//zjw. beijing. gov. cn/bjjs/xxgk/ghjh/325908055/index. shtml。

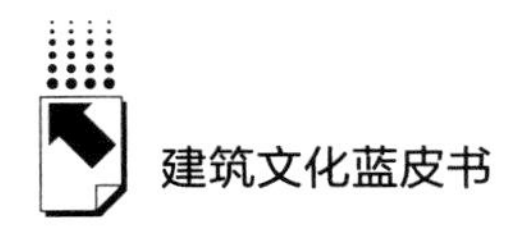

2. 规范绿色建筑管理机制

规范标识管理办法。《北京市绿色建筑标识管理办法》（京建法〔2022〕4号）进一步规范了北京市建筑标识管理工作。新建民用建筑绿色三星级标识认定采用国家《绿色建筑评价标准》，一、二星级标识认定采用京津冀区域协同工程建设标准《绿色建筑评价标准》；新建绿色工业建筑认定采用国家《绿色工业建筑评价标准》；既有建筑绿色改造认定采用国家《既有建筑绿色改造评价标准》。明确了市、区两级相关部门绿色建筑标识认定权限和管理职责，敦促各方做好标识项目的监督检查，加强绿色建筑长效规范化管理，推动绿色建筑高质量发展。

建设高星级绿色建筑。每年定期组织北京市绿色建筑标识项目认定，开展各种政策解读、培训、讲座等活动。推动重点区域和重大项目实施高标准绿色建筑建设。加强建筑节能监管，强化公共建筑能耗限额管理，建立绿色建筑和绿色社区市区联动工作机制。2022年，石景山区首钢滑雪大跳台中心1607-048地块A#制氧主厂房改造项目等六个项目符合相关评价标准要求，已达到三星级绿色或二星级绿色建筑要求。

3. 持续推动绿色建造

围绕绿色北京建设，推进工程建设项目全寿命周期绿色建造。加快推进建筑节能、绿色建筑、装配式建筑相关核心技术的迭代更新。

装配建造。推广装配式等新兴建筑工业化建造方式，提升生产施工水平，实现工程建设的高效益、高质量、低消耗、低排放。2022年，新开工装配式建筑占新开工建筑总面积的40%。提升建筑品质，提高装配式建筑比例，推广超低能耗建筑，推进建筑全装修应用，推动农村建筑节能降碳。北京市人民政府办公厅发布的《关于进一步发展装配式建筑的实施意见》（京政办发〔2022〕16号）指出，新立项政府投资的地上建筑面积3000平方米以上的新建建筑应采用装配式建筑，其中单体地上建筑面积1万平方米以上的新建公共建筑应采用钢结构建筑。新建地上建筑面积2万平方米以上的保障性住房项目应采用装配式建筑。在建筑面积计算、优质优价、评优评奖、税收优惠、绿色金融、评价示范等方面都提出激励措施，根据《北京市建筑绿色发展奖励资金示范项目管理实施细则（试行）》（京建发〔2023〕191号），对满足北京市《装配式建筑评价标准》且装配率达到AA（BJ）级、AAA（BJ）级的装配式建筑项目，按照实施建筑面积给予每平方米不超过120元的市级奖励资金，单个示范项目最高奖励不超过1000万元。

绿色建材。加快推进绿色建材推广应用。推动政府投资工程、重点工程、市政公用工程、高标准商品住房、绿色建筑和绿色生态示范区、装配式建筑、超低能耗建筑等项目优先应用绿色建材，推进绿色装修，逐步提高绿色建材应用比例。

绿色供应链。依托京津冀协同发展战略，大力推广绿色运输，加快推进建材绿色供应链建设，推进建材行业诚信和信用体系建设，实现建材生产、运输、使用、回收全程信息化监控和质量责任追溯。推进建筑垃圾绿色化处理和可循环利用，提高资源利用率。

绿色施工。提升施工现场管理水平，印发实施建设工程扬尘治理综合监管实施方案，规范完善扬尘视频非现场巡查工作模式。全面加强施工安全管理，积极创建北京市绿色安全工地活动，评审“绿牌”工地，并发挥“绿牌”工地榜样引领和政策激励作用，督促施工企业落实环保主体责任。施工工地渣土运输车辆车牌识别和洗轮机监测视频监控设备覆盖全部新开土方工程。市、区两级联合开展扬尘执法检查。

4.倡导绿色社区生活

2021年9月，北京市制定了《北京市绿色社区创建行动实施方案》，促进绿色社区创建，促进居民绿色生活方式养成，不断满足人民群众对美好环境与幸福生活的向往。绿色社区创建行动，使生态文明理念在社区进一步深入人心，推动社区最大限度地节约资源、保护环境。2022年底，北京市各区60%以上的城市社区参与创建行动并达到创建要求，全市绿色社区创建行动取得显著成效。①

① 《关于印发〈北京市绿色社区创建行动实施方案〉的通知》，https：//zjw.beijing.gov.cn/bjjs/gcjs/kjzc/lvsjz/11129975/index.shtml。

通过开展绿色低碳生活方式调查，了解不同年龄阶段百姓的居住生活需求。对居住空间的空气环境、热环境、声环境、光环境、水环境等居住环境的全要素进行梳理。聚焦于居住者的身心健康，鼓励人们为健康而创新，不断提高居住环境健康效益，引导健康住宅向更高层次发展。充分考虑使用者年龄的跨度以及家庭成员的变化，统筹住宅建筑全寿命周期内的策划设计、生产施工和使用维护全过程的集成设计，全面保障居住长久品质与资产价值的稳定，从而引导绿色生活方式转型、绿色消费理念形成、绿色宜居环境建设。

5. 发展绿色生态示范区

近年来，党中央、国务院多次部署关于建设国家绿色发展示范区的重要决策，北京市政府工作报告中也多次提出建设绿色生态区的内容。2023 年，北京市出台《北京市建筑绿色发展奖励资金示范项目管理实施细则（试行）》，对公共建筑节能绿色化改造、超低能耗建筑、装配式建筑及绿色建筑项目给予财政奖励支持，并且针对不同建筑类型，制定了详细的奖励标准。

2023 年，北京市城市副中心启动建设“国家绿色发展示范区”，打造国家级绿色交易所，推动副中心高质量发展。2022 年，通州区成为北京市首个获得“国家森林城市”称号的平原区。大幅提升可再生能源利用比例，城市绿心区域内综合运用了光伏发电、地源热泵、储能和智慧能源管理等绿色低碳能源技术，可再生能源利用比例达到 41.2%。副中心提出新建民用建筑 100%达到绿色建筑二星级标准和新建公共建筑 100%执行三星级绿色建筑标准。同时，不断完善绿色综合交通体系，将绿色低碳的理念融入人们的日常生活。①

2022 年，北京市延庆区冬奥村被评为北京市优秀工程项目。整个项目均按照国家绿色建筑三星级标准进行设计，部分组团作为超低能耗示范项目进行建设，以科技带动建筑低碳发展，在全市范围形成示范效应。

---

① 《城市副中心：打造新时代高质量发展典范》，http：//m.thepaper.cn/baijiabao_18515962。

五　北京绿色建筑发展建议

（一）打造绿色区域，协同生态环境治理

京津冀地区持续发力、协同治理，深入贯彻绿色发展理念，优化区域用能结构，提升建筑品质，改善人居环境，提升人民群众的获得感、幸福感和安全感，提升区域生态环境。

（二）推进绿色智造，发挥科技创新优势

推动智能建造与新型建筑工业化协同发展，实现科技赋能、创新驱动、资源共享、绿色发展有机统一，培育新业态。加快建造方式转变，推进建筑工业化、数字化、智能化升级，推动建筑业转型升级和高质量发展。

（三）发展绿色金融，助力建筑绿色进程

绿色金融为建筑产业的绿色发展注入新动力，为可持续发展贡献智慧和力量。搭建绿色交易所，构建环境权益交易和绿色低碳服务平台，推进双碳目标实现，以市场化和专业化的方式推动绿色低碳发展。

B.11
北京建筑垃圾资源化发展报告

李 颖　赵如嫣*

摘　要： 本报告分析北京建筑垃圾资源化发展概况、北京垃圾资源化存在的问题与不足、北京建筑垃圾资源化发展的建议及未来发展趋势。在现有建筑垃圾资源化发展基础上，分析目前限制北京建筑垃圾资源化发展的问题，并在建筑垃圾资源化发展和建筑垃圾资源管理两方面提出建议，如加快构建信息公开平台、规划各区装修垃圾点位、建立健全全过程监管体系、补充装修垃圾相关政策等。

关键词： 建筑垃圾　装修垃圾　再生产品

一　北京建筑垃圾资源化发展概况

随着北京市高质量建设发展，建筑垃圾产量也整体呈增加趋势，建筑垃圾的数量已占到城市垃圾总量的30%～40%①，2018年5月之前，北京积存的建筑垃圾约1亿吨②。为此，北京市政府常务会、专题会均提出在全市推广建筑垃圾就地资源化处置的模式，并要求市住建部门组织建

---

* 李颖，北京建筑大学环境与能源工程学院教授，主要研究方向为固体废弃物治理领域的技术研发、管理对策研究和工程设计，建筑垃圾的专项规划和资源化管理对策；赵如嫣，北京建筑大学环境与能源工程学院硕士研究生，主要研究方向为固体废弃物治理。

① M. P. Secco, G. J. Bruschi, C. S. Vieira, et al., "Geomechanical Behaviour of Recycled Construction and Demolition Waste Submitted to Accelerated Wear," *Sustainability* 14 (2022): 6719.

② 李玉坤：《3600万吨建筑垃圾3年内处置》，《新京报》2019年4月9日。

筑垃圾资源化利用现场会，推动相关工作开展。在国家“双碳”目标的背景下，北京以首善标准多措并举持续大力推进建筑垃圾资源化综合利用，推广应用建筑垃圾再生产品，建筑垃圾资源化率达到85%以上①，已超过《关于“十四五”大宗固体废弃物综合利用的指导意见》规定的到2025年建筑垃圾综合利用率达到60%的目标，走在全国前列。截至2023年3月底，北京市共有临时性建筑垃圾资源化处置设施80处、固定式建筑垃圾资源化处置工厂4座、贮存场10处、填埋场1处。② 2018年以来，累计资源化处理建筑垃圾超1.8亿吨，累计生产建筑垃圾再生产品1.6亿吨，累计应用超过1.4亿吨，再生产品广泛应用于市政工程。③

（一）北京建筑垃圾资源化政策

北京建筑垃圾资源化管理走在全国前列，建筑垃圾资源化相关法律、标准体系日益健全，2009年发布《关于全面推进生活垃圾处理工作的意见》，提出“推动建筑垃圾资源化利用，重点推动建筑垃圾综合处置示范项目建设”，开启北京建筑垃圾资源化管理的序幕，后续出台了《关于全面推进建筑垃圾综合管理循环利用工作的意见》（京政办发〔2011〕31号）等一系列文件，如表1所示，从实施建筑垃圾源头分类减量化、运输受控规范化、处置无害资源化、产品再生循环化多角度入手，明确建筑垃圾资源化综合利用各方主体责任，并在建筑垃圾资源化、综合利用等方面进行了相关的规定，加大建筑垃圾资源化工作的力度，不断完善相关政策，规范建筑垃圾资源化和产业化发展。

---

① 贺勇：《建筑废弃物　有了好去处》，《人民日报》2021年3月26日。

② 《本市规范建筑垃圾消纳场所设置和运行工作》，http://csglw.beijing.gov.cn/zwxx/zwdtxx/zwgzdt/202304/t20230413_3031733.html?eqid=d5f075ea000a05b900000003646340b7。

③ 北京市住房和城乡建设史志编纂委员会编《2020北京建设年鉴》，北京工业大学出版社，2020。

表 1　北京建筑垃圾资源化相关文件

序号	名称	主要目标	年份	发文单位
1	《关于全面推进建筑垃圾综合管理循环利用工作的意见》	“十二五”时期，以拆除建筑垃圾为重点，实行统筹管理，规范运输行为，合理规划布局，加快资源化处置设施建设，促进资源化产品再利用，不断提高建筑垃圾循环利用水平	2011	北京市人民政府办公厅
2	《北京市绿色建筑行动实施方案》	推进建筑垃圾资源化利用。以建筑垃圾排放减量化、运输规范化、处置资源化和利用规模化为主线，构建建筑垃圾处置体系	2013	
3	《固定式建筑垃圾资源化处置设施建设导则》	加强建筑垃圾资源化处置设施建设的科学性，推动资源的循环利用，针对固定式建筑垃圾资源化处置设施建设的新建工程和改扩建工程，规范建筑垃圾资源化处置设施建设，提高投资效益	2015	北京市住房和城乡建设委员会
4	《2016 年北京市建筑节能与建筑材料管理工作要点》	促进建筑垃圾的减量与资源化循环利用。加快建筑垃圾资源化处置设施建设，落实建筑垃圾源头减量、分类收集、专业化运输与再生产品应用环节的相关政策与监管要求	2016	
5	《关于进一步加强建筑垃圾治理工作的通知》	充分发挥建筑垃圾综合管理循环利用领导小组的组织协调作用。加强建筑垃圾源头、运输、末端处置治理管理，明确各部门重点职责，完善执法衔接机制	2018	
6	《关于进一步加强建筑废弃物资源化综合利用工作的意见》	建筑拆除工程实行建筑拆除、建筑废弃物资源化利用一体化管理。要求全市各区因地制宜，建设 1~2 个临时性或半固定式建筑垃圾资源化利用设施，待任务完成后拆除	2018	
7	《贯彻落实关于进一步加强建筑垃圾治理工作的通知》	进一步细化《关于进一步加强建筑垃圾治理工作的通知》（京建法〔2018〕5 号）相关措施，健全完善工作制度	2018	
8	《京津冀及周边地区 2019—2020 年秋冬季大气污染综合治理攻坚行动方案》	强化建筑垃圾源头管理。履行对建筑垃圾运输车辆“进门查证、出门查车”情况抽查，建设单位严格落实建筑垃圾治理主体责任，选择符合要求的运输企业并要求其提供合格运输车辆	2019	生态环境部

续表

序号	名称	主要目标	年份	发文单位
9	《北京市预拌混凝土行业减量集约高质量发展指导意见(2019—2025年)》	提高固废资源综合利用水平。创新技术,形成自主高水平绿色混凝土技术,提升再生骨料等固体废弃物资源化利用水平	2019	北京市住房和城乡建设委员会
10	《关于调整建筑废弃物再生产品种类及应用工程部位的通知》	推动建筑垃圾处置源头分类管理,提升资源化处置水平,保障再生产品质量,信息化管理建筑垃圾相关数据	2019	
11	《北京市建筑垃圾处置管理规定》	为了加强建筑垃圾管理,建筑垃圾管理遵循减量化、资源化、无害化和产生者承担处置责任的原则,构建统筹规划、属地负责,政府主导、社会主责,分类处置、全程监管的管理体系	2020	北京市人民政府
12	《关于“十四五”大宗固体废物综合利用的指导意见》	提高资源化利用率,推动大宗固废综合利用创新发展。加强建筑垃圾分类回收、堆存、中转、资源化利用场所建设和运营,推动建筑垃圾综合利用产品应用。鼓励扩大建筑垃圾再生产品的应用范围,不断提高利用质量	2021	国家发展和改革委员会
13	《北京市建筑垃圾专项治理三年(2022—2024年)行动计划》	到2024年底,实现建筑垃圾处置体系基本健全、运输企业规模化发展、资源化能力提升、管理与服务平台高效运转,形成“产、运、消、利”全链条连带机制,相关行业管理更加规范	2022	北京市住房和城乡建设委员会
14	《关于进一步加强建筑垃圾分类处置和资源化综合利用工作的意见》	全面实施建筑垃圾分类处置,优化调整建筑垃圾备案登记制度,强化建筑垃圾全链条闭环管理,大力推进建筑垃圾资源化综合利用,强化保障措施	2022	
15	《北京市建筑垃圾运输企业监督管理办法》	规范建筑垃圾运输行为,要求建筑垃圾运输企业取得相应许可证,建筑垃圾运输车辆取得相应准运许可证,建立《建筑垃圾运输企业名录》《建筑垃圾运输行业重点监测名单》,进行名单管理、信用考核、重点监测等	2023	北京市城市管理委员会
16	《北京市建筑绿色发展条例》	促进建筑垃圾减量化、资源化、完善化,推行建筑拆除和建筑垃圾贮存、运输、消纳、利用,以及再生产品使用一体化实施	2023	北京市第十六届人民代表大会常务委员会第六次会议

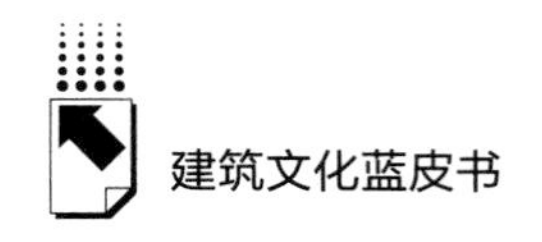

（二）建筑垃圾产量和组分分析

1. 建筑垃圾产量分析

2008~2020年，北京建筑垃圾的年产量整体呈现增长趋势，从2008年的3875万吨增长到2020年的5230万吨，增长了35.0%，年增长量整体呈下降趋势，主要是由于北京实施城市更新行动中防止大拆大建，严格控制大规模拆除、增建。其中，施工过程中产生的建筑垃圾占建筑垃圾总量的50%~60%，拆除垃圾占建筑垃圾总量的30%，建筑物室内改造装修产生的装修垃圾占建筑垃圾总量的10%~20%。装修垃圾的产量预估每200万人口每年产生30~40吨，北京市基本在常住人口保持2200万人左右，每年产出300万~400万吨的装修垃圾。随着北京践行减量发展模式，新开建工程数量减少，2018年拆除垃圾产量达到峰值以来产量逐渐减少，目前稳定在2000万~3000万吨。[①] 装修垃圾资源化是建筑垃圾资源化未来发展的重要方向。同时，北京市政府也出台了一系列措施来应对建筑垃圾产生的问题，包括鼓励采用新型建筑材料、规范建筑垃圾处置行为、推动建筑垃圾分类等措施，这些措施有助于减少建筑垃圾的产生量，并促进城市的可持续发展。

2. 建筑垃圾分类与资源化分析

（1）工程渣土。主要指各类建筑物、构筑物、管网等基础工程开挖过程中产生的开槽黄土、碎石、杂填土等，工程渣土运量大，储存占地面积大，对其进行资源化的最佳方案是就地利用。其中，开槽黄土可用于工程或路基回填、堆山造景、土壤修复等，暂时不能利用的，合理选择地点进行存放。工程渣土中碎石可以筛分为粗颗粒和细颗粒，通过破碎、制砂机制砂。鼓励就地筛分处置杂填土，不具备就地筛分条件的，应进入建筑垃圾资源化处置设施或简易填埋场处置。

（2）工程泥浆。主要指钻孔桩基施工、地下连墙施工、泥水盾构施

---

① 北京市住房和城乡建设史志编纂委员会编《2020北京建设年鉴》，北京工业大学出版社，2020。

工、水平定向钻及泥水顶管等施工时产生的泥浆。工程泥浆储存困难，运输成本高，资源化最佳方案是就地利用。鼓励采取就地清洗、泥沙分离、脱水固化等方式处置，可以制为有机土或用于加工生产建材等。无法就地处置的，可晾干后由取得许可的车辆运输至建筑垃圾资源化处置设施所在地进行处置。

（3）工程垃圾。主要指各类建筑物、构筑物等建设过程中产生的混凝土、砖瓦、砌块、金属等。其中，金属类弃料，通过简单加工作为施工材料或工具，直接回用于工程；无机非金属类弃料，如废弃混凝土砌块类、废弃砖渣类、废弃混凝土类等，鼓励设置场内处置设备进行资源化利用，可加工成再生骨料、空心砖、路面砖等再生制品。难以就地利用的，应通过建筑垃圾资源化处置设施进行处置，生产骨料、混凝土、砌块、板材等再生建筑制品。

（4）拆除垃圾。主要指各类建筑物、构筑物等拆除过程中产生的废弃钢筋、砂、废砖、混凝土、废塑料、砌块、木材等弃料。拆除废弃的旧居民建筑物后，砖块、混凝土块、瓦砾约占拆除垃圾的80%，其中混凝土块约占38%，其余为木料、碎玻璃、石灰、黏土渣等；废旧工业厂房、楼宇建筑中，混凝土块约占50%，其余为金属、砖块、砌块、塑料制品、玻璃、有机涂料等；桥梁、道路、堤坝等建筑中，废弃混凝土约占80%。[①] 鼓励在拆除现场就地设置临时性建筑垃圾资源化处置设施进行处置，价值较高的金属等可在现场分离后进入再生资源回收渠道，不具备现场处置条件的，应按就近原则，运输至周边建筑垃圾资源化处置设施所在地进行处置。

（5）装修垃圾。主要指装饰装修房屋过程中产生的混凝土、砂浆、陶瓷、石材、石膏、砖瓦、混凝土、砌块、木材、金属、玻璃、塑料等。应按就近原则选择具备装修垃圾分拣或处置功能的建筑垃圾资源化处置设施进行处置。装修垃圾作为建筑垃圾中较为特殊的一类，产生地集中且量较大，不

---

① 薛骁：《上海市建筑装修垃圾组分分析与新型建材利用技术》，《山东工业技术》2020年第5期，第112~121页。

同区域、不同来源、不同批次的建筑装修垃圾的主要成分存在较大差别。将装修垃圾运至资源化处理厂后，经过分选、破碎、筛分等工序后，将其中的碎砖石、混凝土等制为再生骨料，将纸片、泡沫塑料等轻物质运输至生活垃圾焚烧处理厂进行。

（三）建筑垃圾资源化处理

随着各方对建筑垃圾资源化处理的重视程度的提高，全民环保意识的提升，城市建筑垃圾资源化处理技术也日渐被广泛应用。目前，北京建筑垃圾资源化项目已经在各区启动，建筑垃圾资源化处理流程逐步完善。建筑垃圾资源化项目在建筑垃圾处理领域的作用重大，具有较高的经济利用价值，建筑垃圾转化为新资源后，可被再次应用于房地产项目、园林建设、城市化建设等领域。

1. 资源化处理设施建设现状

北京固定式建筑垃圾资源化设施现分布在大兴庞各庄、石景山首钢、朝阳高安屯和房山琉璃河四处，基本稳定运行。固定式建筑垃圾资源化设施的处理能力强，环保标准高，但建设周期较长，从规划选址、各项审批到最终建成，一般要消耗 4 年的时间。

北京临时建筑垃圾资源化项目已在各区共建成 80 个，[①] 临时建筑垃圾资源化项目一般设计运行时间为 3~5 年，主要针对棚改、拆迁等城市更新活动中产生的建筑垃圾进行处理与处置。临时项目设置期限宜不超过 5 年，建立“用后即拆”的临时生产线，能有效减少建筑垃圾的运输成本，就近、快速处理建筑垃圾，临时项目可以拆除不影响后期规划。北京“固定+临时”的城市建筑垃圾资源化处置模式，使两类处置设施互为补充，形成远期、近期相结合的建筑垃圾问题解决方案。

（1）固定式建筑垃圾资源化项目——以朝阳高安屯建筑垃圾资源化处

① 《2023 年市政府报告重点任务涉及市城市管理委工作一季度进展情况》，https：//csglw.beijing. gov. cn/zwxx/zdgz/ndjxrw/202303/t202303 31 _ 2949423. html？ eqid = f75d3c00004baJ00000002644742eb。

置项目为例。朝阳高安屯建筑垃圾资源化处置固定终端项目于 2019 年完成，由北京建工资源循环利用股份有限公司负责运行管理，是朝阳区首个建筑垃圾固定处置终端，特许经营期 15 年，总占地面积约 270 亩，该项目是北京首个采取 PPP 模式引进社会资本的建筑废弃物资源化利用项目。

朝阳高安屯建筑垃圾资源化处置项目生产车间为全封闭结构，以处置建筑拆除垃圾和装修垃圾为主，处理建筑垃圾每年可达到 100 万吨，资源化率达 90%以上。每年生产再生砌块 4000 万块、再生墙板 50 万平方米、再生道路材料 61.5 万吨、再生骨料（粒径 0~5mm、5~10mm、10~25mm）40.9 万吨。[①]

（2）临时建筑垃圾资源化项目——以怀柔大屯建筑垃圾资源化处置项目为例，怀柔大屯建筑垃圾资源化处置临时项目于 2018 年 6 月启动，由北京建工资源循环利用股份有限公司负责运行管理，占地 175 亩，处置规模 70 万吨/年。[②] 怀柔大屯建筑垃圾资源化处置采用北京建工资源循环利用股份有限公司自主研发的建筑垃圾综合处置工艺和建筑垃圾模块化处置工艺，能够处置棚改等项目开发过程中产生的大批量、成分复杂的建筑垃圾。[③]

目前，怀柔大屯建筑垃圾资源化处置临时项目已累计处置建筑垃圾 350 万吨，资源化率达 95%以上，每年处置拆除垃圾 70 万吨，生产再生道路材料 50 万吨、再生水泥制品 100 万平方米、再生流态回填材料 30 万平方米，总占地面积约 150 亩。2022 年以来，根据北京市要求，项目已具备接收和协同处置装修垃圾的处置能力。[④]

---

① 《重磅丨北京建工资源公司将打造朝阳首个建筑垃圾固定处置终端 PPP 项目》，https://bcerr.bcegc.com/menu604/newsDetail/3675.html。

② 《我区建筑垃圾资源化临时处置项目进展顺利》，https://www.bjhr.gov.cn/zt/cjqgwmcq/zxdt/201912/t20191203_815938.html。

③ 《工作简报 2023 年第 34 期（总第 256 期）》，https://www.bjhr.gov.cn/zt/cjqgwmcq/gzjb/202306/t20230615_3135481.html。

④ 《怀柔科学城用上再生品！建筑垃圾实现 100%资源化利用》，https://bj.bjd.com.cn/5b165687a010550e5ddc0e6a/contentShare/5b1a1310e4b03aa54d764015/AP624437cde4b0079458b645c5.html。

2. 建筑垃圾资源化处理设施技术

建筑垃圾资源化处理技术包括建筑垃圾预处理技术和再生产品技术。预处理技术可划分为破碎、筛分及分选除杂等环节，其中破碎是核心环节，筛分是重要环节。进行预处理后，生产出满足不同需求的再生粗细骨料，剩余的杂质进入生活垃圾焚烧炉焚烧处理。拆除垃圾处理线经过改造后，可以对装修垃圾进行资源化处理。目前，北京生产的再生骨料产品杂质含量最低可低于3‰。以朝阳高安屯建筑垃圾资源化处置项目为例，其采用“二破四筛”的工艺流程，如图1所示，对于纯度较高的混凝土等设置不分筛的小设备线，对于普通建筑垃圾采用北京建工资源循环利用股份有限公司自主研发的核心设备“振动风力分选机”和“高精度分选机”等，筛分出来的成品主要有还原土、轻物质、金属、四种不同粒径的再生骨料。高安屯建筑垃圾资源化项目经四级筛分后的再生骨料产品杂质含量可达3‰以下，远低于国家标准要求的1%。

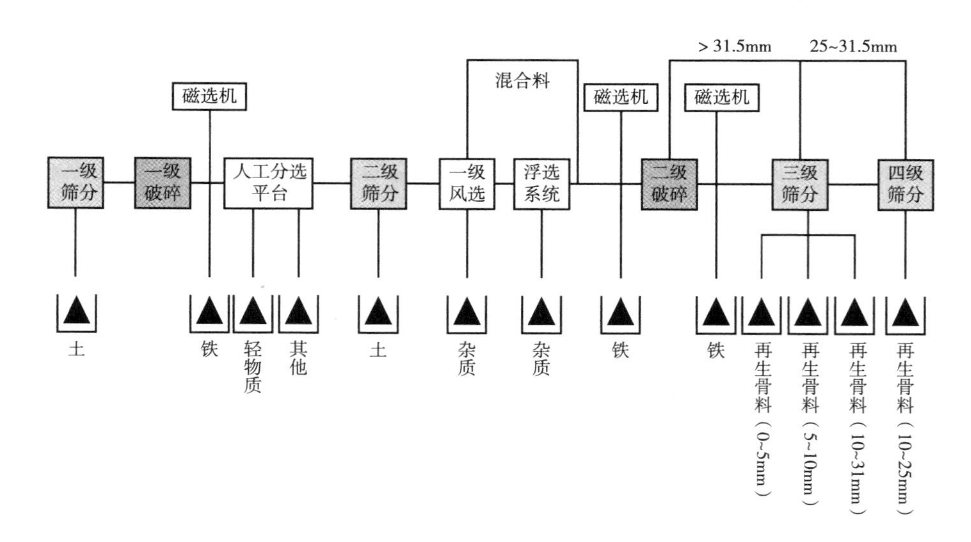

图1　朝阳高安屯建筑垃圾资源化项目工艺流程

装修垃圾虽然有六七成的工艺与建筑垃圾资源化重合，但装修垃圾中混合成分较多，前期的预分选更多需要人工进行。从高安屯建筑垃圾资源化项目试点情况来看，改造拆除垃圾资源化生产线以处理装修垃圾，通过增设多质体精选机等核心分选设备，可以比较有效解决装修垃圾难题。

（四）建筑垃圾再生产品应用领域

经过近年的市场化运营发展，产品种类不再局限于初期以再生粗细骨料为主的单一市场格局，建筑垃圾资源化项目不断根据工程需要研发建筑垃圾再生产品，形成再生铺装材料、再生道路材料、再生回填材料、再生砌体材料、再生功能性材料等新五大类建筑垃圾再生产品，呈现“产品多元、应用广泛、市场认可”的高质量发展趋势。

1. 建筑垃圾再生产品种类与适用标准

北京建筑垃圾资源化项目稳步运行，为建材市场提供各类建筑垃圾再生产品。这些再生产品已经应用到了市政道路、园林绿化、人行步道、河道治理等市政公共设施项目中。北京建筑垃圾再生产品种类与适用标准如表2所示。

表2 北京建筑垃圾再生产品种类与适用标准

序号	种类	产品名称	利用的建筑垃圾或再生材料	适用工程（部位）	适用标准
1	再生骨料类	再生粗骨料	建筑垃圾中的混凝土、砂浆、石或砖瓦等	市政工程路基垫层、基层、回填； 建筑工程地基回填； 道路工程路基垫层、基层、回填	《建设用卵石、碎石》（GB/T 14685） 《混凝土用再生粗骨料》（GB/T 25177）
2		再生细骨料			《建设用卵石、碎石》（GB/T 14685） 《混凝土和砂浆用再生细骨料》（GB/T 25176）

续表

序号	种类	产品名称	利用的建筑垃圾或再生材料	适用工程(部位)	适用标准
3	再生无机混合料类	道路用无机混合料	再生骨料	城市次干路(二级和二级以下公路)基层、底基层; 城市主干路(高速和一级公路)底基层; 用于墩、台、挡土墙结构回填材料; 地基回填	《公路工程无机结合料稳定材料试验规程》(JTG E51)
4	再生砌块砖类	混凝土小型空心砌块	再生骨料	建筑工程建筑围墙、非承重墙体、基础砖胎膜等; 市政工程基础砖胎膜、护坡、景观围护等	《轻集料混凝土小型空心砌块》(GB/T 15229) 《粉煤灰混凝土小型空心砌块》(JC/T 862)
5	再生砌块砖类	标准砖	再生骨料	道路雨水口、检查井溜槽砌筑、房建隔墙砌筑、围墙工程等附属工程; ±0以下填充、砌筑和装饰非承重墙体	《蒸压灰砂砖》(GB/T 11945) 《建筑垃圾再生骨料实心砖》(JG/T 505)
6	再生砌块砖类	路面砖	再生骨料	小区道路、人行道、自行车道、景观道路(绿道)、停车场、广场等市政工程的路面部位	《混凝土路面砖》(GB/T 28635) 《烧结路面砖》(GB/T 26001) 《再生骨料地面砖和透水砖》(CJ/T 400)
7	再生砌块砖类	透水砖	再生骨料	小区道路中人行道、自行车道、景观道路(绿道)、广场等市政工程的路面部位,绿化小区的围护部位	《透水路面砖和透水路面板》(GB/T 25993)
8	再生砌块砖类	植草砖	再生骨料	小区道路、景观道路(绿道)、广场、停车场等市政工程的路面部位,绿化小区、绿化护坡的围护部位,河岸及湖岸的护砌部位等	《植草砖》(NY/T 1253)

续表

序号	种类	产品名称	利用的建筑垃圾或再生材料	适用工程(部位)	适用标准
9	再生砌块砖类	步道砖	再生骨料	人行道、自行车道、景观道路(绿道)、停车场、广场等市政工程的路面部位	《混凝土路面砖》(GB/T 28635)
10	再生砌块砖类	路缘石	再生骨料	机动车道、人行道、自行车道、立交、铁路、地铁、广场、小区道路等工程	《混凝土路缘石》(JC/T 899)
11	再生砌块砖类	盲道砖	再生骨料	人行天桥、人行地道的入口、城市公共绿地内的无障碍设施等部位; 建筑入口、服务台、楼梯、无障碍电梯、无障碍厕所、公交车站、铁路客运站、轨道交通车站的站台等部位	《混凝土路面砖》(GB/T 28635) 《触感引道路面砖》(NY/T 670)
12	冗余土	冗余土	通过筛分将建筑垃圾中难降解有害杂质去除后的纯净土	市政工程路基垫层、基层、回填; 建筑工程地基回填; 道路工程路基垫层、基层、回填; 堆山造景等	《公路路基施工技术规范》(JTG F10) 《建筑地基处理技术规范》(JGJ 79) 《园林绿化工程施工及验收规范》(CJJ 82) 《园林绿化种植土壤》(DB11/T 864)

资料来源:笔者根据相关再生产品标准整理。

2. 建筑垃圾再生产品推广应用现状

建筑垃圾再生产品应用场景不断拓宽,在大兴机场、小汤山医院、国际文化旅游区、温榆河公园等地标性建筑和街心公园、河道水系等民生基础设施项目中得到大量使用。2022 年,北京全市 3288.53 万吨建筑垃圾实现资源化处置，生产销售建筑垃圾再生产品2926.01万吨。[①]

北京积极利用各种渠道方式推广建筑垃圾再利用，促进市场对建筑垃圾再生产品的接受和使用。如通过各种形式的再生产品推介会、宣传教育活动、行业交流会等，向公众传递建筑垃圾再生资源化利用的基本知识，宣传再生产品的品质优点，扩大产品的受众群体和影响力，拓宽再生产品销售渠道。利用行业交流会议等机会，推广建筑垃圾再生产品，与相关产业合作和互通经验，提高产品的影响力和竞争力。与相关企业、组织等合作推广建筑垃圾再生产品，通过多方共同努力，将产品推向市场并得到更多用户的认可和接受。鼓励建筑材料生产企业和建筑垃圾资源化处置企业联合运行，生产建筑垃圾再生产品，对于进入建筑材料市场的再生砂石料应按照《北京市建设工程质量条例》，供应企业应按规定提供真实、有效的质量证明文件。

不断推进建筑垃圾再生产品能用尽用。资源化企业根据工程需求生产满足使用标准的建筑垃圾再生产品，政府积极扶持再生产品市场化应用，在政府财政性资金以及国有投资占控股或者主导地位的建设工程强制应用建筑垃圾再生产品。在符合设计要求及满足使用功能的前提下，应按照《关于调整建筑废弃物再生产品种类及应用工程部位的通知》（京建发〔2019〕148号）要求，在指定工程部位应用尽用建筑垃圾再生产品，最低不少于10%。

3. 建筑垃圾再生产品应用案例

（1）再生骨料。再生骨料可替代天然砂石生产无机混合料、水泥制品，混凝土和砂浆等制品，还可用于道路工程路基垫层、基层、回填、管廊肥槽回填以及透水铺装（透水混凝土和遇水砖的碎石垫层）结构中。如2021年怀柔公交站建设工程使用再生骨料2000吨（见图2）。

（2）再生无机混合料。再生无机混合料抗压强度高，耐久性好，具备

---

① 《本市规范建筑垃圾消纳场所设置和运行工作》，https://csglw.beijing.gov.cn/zwxx/zwdtxx/zwgzdt/202304/t20230413_3031733.html。

图 2 再生骨料应用案例

与天然无机料相当的优良路用性能，可用于城市次干路的基层、底基层，以及城市主干道的底基层。如 2020 年温榆河公园朝阳示范区再生无机混合料使用量达 10000 吨（见图 3）。

图 3 再生无机混合料应用案例

（3）再生砌块砖。以再生骨料为原料，可生产包括路面砖、生态海绵砖、外墙装饰砖等多种再生水泥制品，性能指标均满足国家、行业和地方标准要求。如 2021 年口头村改造项目再生砌块砖使用量达 5000 吨（见图 4）。

图 4　再生砌块砖应用案例

二　北京建筑垃圾资源化存在的问题与不足

（一）源头管理不足

1. 源头分类收集程度低，分类积极性不高

《关于进一步加强建筑垃圾分类处置和资源化综合利用工作的意见》将建筑垃圾分为资源类和处置类两类，同时对其进行详细区分，并明确不同建筑垃圾的处置方式。而在施工现场，建筑垃圾大多是混合在一起的。由于没有对建筑垃圾分类的强制要求，施工单位不经过分拣，将可资源化和不可资源化的垃圾一起打包交给运输企业。在日常生产生活中，市民对装修垃圾进行分类的积极性不高且没有安装相关类型的建筑垃圾回收箱。对于建筑垃圾，目前绝大部分地区采用混合收集的方式，使得末端处置消纳成本上升，

降低了资源化利用的效率和质量。

2. 各环节监管制度有缺陷，装修垃圾成短板漏洞

我国对建筑垃圾的处置管理起步较晚，发展相对缓慢，现有管理制度仍不够完善，在具体实施过程中还存在监管机制不协调、管理机制不完善、责任制度权责不清、激励制度不健全等问题。另外，缺乏对建筑垃圾的有效管理和监测，对建筑垃圾的产生量、种类、质量等情况缺乏足够的掌握，这不利于制定合理的资源化利用方案和技术标准。北京各区对装修垃圾的重视程度不够，装修垃圾的分类、投放、贮存、收费、运输、处理等系列管理的规范、标准等仍存在很多漏洞和空白，如装修垃圾在源头进行分类管理监管的责任方未明确，未明确在合理的运输半径内如何合理规划建筑垃圾资源化固定位点和临时位点，将全市的装修垃圾消纳。此外，装卸产生的粉尘和噪声如何解决、每个环节产生的费用由谁来承担等并未明确。

（二）收运处一体化管理不足

1. “收运处一体化模式”应用知晓度低，小程序服务区域受限

2022 年 10 月，北京推出装修垃圾“收运处一体化模式”实现一键下单，末端计费，约束装修垃圾流向。装修垃圾产生者通过“收运处一体化”小程序预约清运，将清运费直接支付给平台，在装修垃圾被送至正规处置终端、过磅计量后，平台再支付给运输企业和处置企业。此模式通过末端计费，约束装修垃圾流向，阻断装修垃圾出了小区门被私拉乱倒、污染环境等行为。同时，“收运处一体化”小程序实现运输线路实时共享，各个环节全程可溯，打造了便捷下单、及时清运、资源化处置的闭环管理模式。但是由于宣传力度不够，居民不了解小程序操作方式，甚至完全不知晓“收运处一体化”小程序，部分小区物业阻拦，并不支持此项工作，小程序落地区域未实现全覆盖，出现了装修垃圾清运方式混杂，“收运处一体化模式”应用率偏低等问题。截至 2023 年，北京建工资源循环利用股份有限公司装修垃圾“收运处一体化”小程序开通区域为东城区、西城区、朝阳区、海淀区、昌平区各街道（乡）居住类小区，在辖区内推广装修垃圾“收运处一体化模式”。

2. 清运收费缺少指导价格，收费标准差别较大

《关于进一步加强建筑垃圾分类处置和资源化综合利用工作的意见》中明确装修垃圾谁产生谁支付处置费，当前装修垃圾清运方式有居民自行清运、委托物业清运、委托装修公司清运和委托处理公司清运等，在上述清运方式中居民所支付的装修垃圾清运和处理费用差别较大。由于信息不对称，出现清运责任方不明确、清运价格不透明、清运资质难分辨等情况。北京装修垃圾运输处置费用实施市场调节价，由服务单位定价。根据北京市城市管理委员会监测数据，根据运输距离远近，装修垃圾清运价格平均在1000~1500元/车（此费用包含暂存、装车、运输和消纳等全过程处置费用）。不同收运公司定价差异较大，有些环节价格不清，装修垃圾处置缺少指导价，委托方多自行定价。

（三）资源化处理设施建设不足

1. 装修垃圾资源化处置能力与市场需求不匹配，资源化设施改造问题众多

北京二手房交易占比大且房屋转手率高，装修垃圾体量大，2021年北京居民装修垃圾年产生量高达500万吨[①]，而目前建设和运营的能接收装修垃圾的资源化处置设施较少，基本采用建筑垃圾（拆除垃圾）资源化处置设施来选择性处理装修垃圾。近年来，虽然北京在装修垃圾资源化利用方面做了很多探索，也取得了一定的成果，但目前仍处于初级阶段。由于装修垃圾与拆除垃圾的成分差别较大，装修垃圾中轻物质约占15%[②]，远超拆除垃圾，若将拆除垃圾处置设施改造为装修垃圾处置设施需要考虑轻物质的处

① 袁璐：《报价差距大、难找“正规军”，清运装修垃圾难在哪儿?》，https：//news. bjd. com. cn/2022/08/04/10128676. shtml。

② 段珍华、黄冬丽、肖建庄等：《建筑装修垃圾成分调研及资源化处置模式探讨》，《环境工程》2021年第10期，第171~177页。

理、处置和清运问题，且处理过程中还需加强人工分拣和产品质量监测，成本进一步提高。

2. 相关政策与企业发展速度不匹配，建筑垃圾处置难以形成闭合产业链

近年来北京建筑垃圾资源化企业发展迅速，再生产品种类产量不断上涨。建筑垃圾资源化利用涉及的政府部门较多，如发改委、城建、住建、自然资源、公安、税务等部门，针对现阶段建筑垃圾出现的新形式、新问题尚缺乏配套政策法规，处置过程中各方主体责任未明确，给建筑垃圾资源化利用带来较多困惑。现阶段，建筑垃圾资源化相关产业缺少从源头到末端的完整的质量监管和产品推广应用体系，建筑垃圾处理资源化利用难以形成闭合产业链。如因缺失建筑垃圾资源化项目建设绿色办理通道，缺失开展实施建筑垃圾资源化项目的激励措施，缺失明确的建筑垃圾再生产品应用目录，缺少针对建筑垃圾再生产品使用有力保障措施，施工单位或者建设单位无法依文件设计图纸，监督部门无法按照图纸监督使用，给建筑垃圾的管理带来了很大的困难。

（四）再生产品推广应用不足

1. 再生产品出路受限，产品本身缺乏市场竞争力

北京建筑垃圾资源化项目生产的再生产品的质量标准均符合北京相关应用标准，但是由于目前国家尚未出台统一的针对再生产品的标准，大多数再生产品标准规范仍以天然材料标准执行。

政府支持力度不够，缺乏良好的政策支持。再生产品生产成本高，政府补贴少，再生产品在价格上没有绝对优势，在市场上难以与天然产品竞争，造成建筑垃圾产品推广阻碍大，资源化产品销售渠道并未完全打开，仅靠市场调节难以突破“重围”维持长期经营，需要靠政府从多角度、全方位推动再生产品销售。

2. 再生产品接受度较低，应用范围受到限制

社会大众对建筑垃圾再生产品长期存在质量不高的印象，对再生产品的质量安全持怀疑态度，很难接受“建筑垃圾再生制品”，甚至出现对于建筑垃圾再生产品的邻避效应。市场也更多青睐天然材料，由于对再生产品认可

程度并不高，部分地产商为避免不必要的质量纠纷，拒绝使用建筑垃圾再生产品。再生产品应用强度受限，在关键部位或重要工程中不易被使用，限制了建筑垃圾再生产品的出路。

因此，我国建筑垃圾再生产品应用目前多用于市政公路等公共建设项目。相较于部分国家对建筑垃圾再生产品接受度高，对建筑垃圾再生产品的使用时间较长，应用范围较为广泛，且开发多种资源化设备促进再生产品的应用，还存在较大差距。

三　北京建筑垃圾资源化发展的建议

（一）建筑垃圾资源化发展建议

1. 加快构建信息公开平台，提升建筑垃圾资源化、智能化水平

加快信息化建设，将资源共享平台推广到每个建筑垃圾生产单位、运输企业、资源化企业，打破信息壁垒，建立建筑垃圾数据库，实时掌握建筑垃圾种类、流向等信息，实现信息的互通和共享实现产运消全过程管理，推动城市建筑垃圾资源化的发展。充分运用报纸、电视、微信等提升信息平台知晓度，扩大宣传范围，创新宣传方式，多形式、多渠道、全方位广泛进行宣传，最大限度发挥信息平台服务作用。

2. 规划各区装修垃圾点位，加快装修垃圾生产线改造

在确保全市建筑垃圾可以被收运的基础上，与各部门充分协调，全盘规划固定处理点位和临时处理点位（规划应当包括临时处置位点的使用期限），确定建筑垃圾最短运输路径方案，合理改建拆除垃圾资源化生产线以适应未来发展趋势。可以高安屯建筑垃圾资源化项目为试点，逐步针对全市建筑垃圾资源化项目处理工艺进行有效改造，将临时设施固定化。

3. 加大建筑垃圾资源化宣传力度，提高公众对再生产品的信任度

加大宣传力度，普及到位。合格的建筑垃圾再生产品在理论上与普通建筑产品一样，均符合使用标准且质量也是有保障的。社会公众对建筑垃圾再生技术不了解，再生产品市场发展面临较大阻力。政府应加强宣传引导充分媒体宣传作用，加大建筑垃圾管理和资源化利用常识的普及力度，增强社会公众节约资源和环保的理念，广泛宣传建筑垃圾资源化重要意义，提高公众优先使用再生产品的积极性，营造全社会理解和支持建筑垃圾资源化利用的良好氛围。

此外，对于城市公用设施、公共建筑物、园林绿化设施、道路工程等需要公共资金投资建设的项目，建议强制使用符合建设要求条件下一定比例再生产品，以降低或消除公众对建筑垃圾再生产品质量不高的印象。鼓励企业优先使用再生产品，可以采取“加分”等方法对使用再生产品的企业进行激励，提高购买者的积极性和再生产品的市场竞争力。

（二）建筑垃圾资源化管理建议

1. 建立健全全过程监管体系

加强顶层设计，发挥市场机制作用，构建“政府管企业、上游管下游、企业管人员”逐级负责的监管体系。持续完善建筑垃圾处置绿色体系，细化资源化处理中各过程监管内容，明确参建各方责任，实现建筑垃圾从产生、运输、处置到资源化利用全过程监管。各级部门加强对建筑垃圾及再生产品的生产、运输、产品、销售等的联合监督检查，加强部门协作，开展常态化联合执法，聚焦建筑垃圾清运行业薄弱环节和易发问题，严厉打击违法违规行为，保障建筑垃圾资源化产业长期稳定发展。

2. 补充装修垃圾相关政策

明确监督管理部门职责，开展装修垃圾专项巡查，加强监督装修垃圾相关规定的执行情况。监管部门提高对装修垃圾处置管理工作的重视度，落实属地监管责任，督促各方落实主体责任，充分发挥牵头协调作用，加强与住建部门、街道等的联动，依法查处装饰装修垃圾治理过程中的各类违法行为，加强源头管理，加强装修垃圾分类，降低装修垃圾处理难度，提升装修垃圾处理速度。提高对装修垃圾管理的重视程度，全过程监控装修垃圾运输处理，确保装修垃圾应处尽处。

可参考发达国家在装修垃圾资源化方面的相关制度办法，出台北京装修垃圾分类处置的管理规范和标准，填补装修垃圾的分类、投放、贮存、收费、运输、处理等系列管理的漏洞和空白，规定装修垃圾处清运指导价格及补贴，督促装修垃圾清运单位与资源化企业联合加入装修垃圾“收运处一体化”应用程序，明确从每个小区到处置点的运输政策，对于私拉乱倒和物业不作为等行为处罚的角度解决。

3. 全面落实建筑垃圾分类处置

推进分类利用，落实《关于进一步加强建筑垃圾分类处置和资源化综合利用工作的意见》，实施拆除工程一体化管理，实现科学拆除、就地利用、末端资源化处置。总结装修垃圾“收运处一体化”管理试点经验，减少乱排乱放，严控将建筑垃圾混入生活垃圾。推广新能源新标准建筑垃圾运输车辆，严格运输审批，加强运输过程监督管理。针对建筑垃圾可能出现的各种问题进行预测解决，北京市城市管理委员会加强城市监督管理，保证北京建筑垃圾资源化平稳发展，依据有关标准，对各区建筑垃圾分类处置和资源化综合利用工作推动情况进行考核评价。

4. 建立建筑垃圾资源化利用联席会议制度，定期召开联席会议

将建筑垃圾资源化纳入社会发展总体规划，建筑垃圾各相关部门共同协商研究城市建筑垃圾资源化的重大事项，定期通报进展，指出问题，促进发展。联席会议应由建筑垃圾主管部门负责人担任召集人，住建、发改、国土、交警、属地街道等部门负责人为联席会议成员。围绕建立健全建筑垃圾资源化利用政府监督管理体系，定期开展建筑垃圾管理部门联合监督，集中对建筑垃圾资源化项目和建筑垃圾运输队伍进行检查，发现问题尽快解决，保证建筑垃圾资源化项目的规范运营。

四　建筑垃圾资源化未来发展趋势

（一）建筑垃圾源头减量处理，分类处置更加精准

源头减量是减少建筑垃圾重要的政策和技术手段在施工过程中，建筑公

司通过建立垃圾分类区域、设置垃圾分类标识和指示牌等措施，引导工人正确分类建筑垃圾，在施工现场，设立不同的垃圾分类容器，方便工人将建筑垃圾按照不同的类型进行分类投放，如砖瓦类、混凝土类、木材类、金属类等，加强对于建筑垃圾分类重要性的宣传，在居民区设置专门的建筑垃圾分类容器。随着科技的发展，建筑垃圾资源化的技术将不断创新和突破。建筑垃圾的分拣、破碎、筛分、清洗、再生利用等环节的技术不断完善，建筑垃圾资源化率将再创新高。

（二）建筑垃圾政策逐步完善，推动建筑垃圾资源化行业发展

随着城市的发展，政府对于建筑垃圾资源化的重视程度将不断提高，相关政策也会逐步完善，对建筑垃圾资源化行业产生积极影响。政府加大对建筑垃圾资源化的政策支持力度，推动相关企业加大投入和研发力度，提高建筑垃圾资源化的技术水平和市场竞争力，进一步促进建筑垃圾资源化的发展。此外，基于污染者付费的原则，建筑垃圾处理的责任由产生建筑垃圾的各个实体承担，刺激对建筑垃圾处理的需求不断增长。政府可以通过鼓励企业投资建设建筑垃圾资源化设施、提供财政资金支持、加大对建筑垃圾资源化技术研发的支持力度等方式，推动建筑垃圾资源化的发展。

（三）建筑垃圾资源化产业链完善，行业发展持续向好

北京实施建筑拆除和资源化利用一体化管理。建筑垃圾资源化需要一个完整的产业链支撑，包括建筑垃圾收集、运输、处理、再利用等环节。未来，建筑垃圾资源化产业链将更加完善，建筑垃圾产业链将更加注重资源的有效利用和环境的可持续发展，不同环节之间的协同作用将更加明显。未来建筑垃圾产业链将朝着资源化、循环化和环保化的方向发展，通过技术创新、政策引导和社会共识的形成，建筑垃圾将得到有效处理和回收利用，为可持续发展做出积极贡献。

北京建筑垃圾资源化产业正处于快速发展时期，建筑垃圾处理行业的市场空间较大，建筑垃圾资源化利用将持续推进。技术的不断创新、政策的支持和引导、产业链的完善以及资源循环利用理念的普及将共同推动建筑垃圾资源化行业向更加可持续发展的方向发展。

附　录　2020~2023年北京建筑文化发展大事记

李 伟　毕瀚文*

2020年

1月

1月6日　北京市西城区发布首批文物建筑活化利用计划，歙县会馆、晋江会馆、钱业同业公会、西单饭店旧址、聚顺和栈南货老店旧址、梨园公会、新市区泰安里等7处文物建筑入选。此次公开发布文物建筑活化利用计划，旨在以开放的姿态吸引社会各方参与开发利用文物资源。这7处文物建筑历史文化价值突出，区位优势明显，每一处都有着精彩的故事，传递着北京独特的历史文化信息。

1月15日　北京市文化和旅游局首次发布了包括首钢在内的12条工业旅游线路。12条工业旅游线路涵盖了工业旅游示范点、工业遗址、工业博物馆、产业园区等多种工业旅游资源；串联了首钢工业遗址公园、二七厂1897科创城、798艺术区、中国印刷博物馆、北京汽车博物馆、北京现代汽车有限公司、六必居博物馆、中关村壹号等特色旅游点。其中，4条工业精品游线路——工业历史溯源之旅、工业新文化之旅、工业休闲之旅、工业艺术之旅；

* 李伟，北京建筑大学文化发展研究院/人文学院助理研究员，主要研究方向为建筑文化、艺术设计、教育管理；毕瀚文，北京建筑大学文化发展研究院/人文学院助理研究员，主要研究方向为建筑文化、文化传播。

6 条工业主题游线路——知识新学·工业科普之旅、智慧生活·工业智能之旅、未来探秘·工业新科技之旅、生产新貌·工业生产线之旅、寄情诗酒·工业酒文化之旅、城市记忆·工业发展之旅；还有 2 条与工业遗产有关的夜游线路——夜间休闲之旅、夜间味蕾之旅。12 条工业旅游线路，融合了多类型工业旅游资源和历史文化资源，兼具知识性、文化性与休闲性。

2月

2 月 14 日 北京市委发布了《关于新时代繁荣兴盛首都文化的意见》（以下简称《意见》），指出新时代传承发展古都文化，要坚持城市保护和有机更新相衔接、内涵挖掘和活化利用相统一、保护传统和融入时代相协调，不断强化“首都风范、古都风韵、时代风貌”的城市特色，擦亮北京历史文化金名片。《意见》分别从思想理论、古都文化、红色文化、京味文化、创新文化、文化供给、对外传播、党的领导等 8 个层面进行阐述。《意见》还提出，推动老城整体保护与复兴，坚决落实“老城不能再拆”的要求，加强城市设计和风貌管控，传承城市历史文脉。做好中轴线申遗工作，让古老的中轴线彰显独一无二的壮美空间秩序。保护好两轴与四重城廓、棋盘路网与“六海八水”形塑成的老城空间格局。科学划定历史文化街区，有序推进胡同和历史建筑保护利用。建设国家历史文化保护传承利用的典范地区。构建历史文化名城保护体系，统筹推进大运河文化带、长城文化带、西山永定河文化带建设，建好大运河、长城国家文化公园（北京段）。

4月

4 月 9 日 北京市委发布了《北京市推进全国文化中心建设中长期规划（2019 年—2035 年）》（以下简称《规划》）。《规划》由三大板块构成，分为 10 个篇章，按照全国文化中心“一核一城三带两区”总体框架谋篇布局，细化了工作重点和政策措施，安排部署了一批重大项目和重要文化民生工程。《规划》中提出，按照“一街一策”要求，北京将重点打造 13 片文化精华区。其中包括什刹海-南锣鼓巷文化精华区、雍和宫-国子监文化精华区、张自忠路北-新太仓文化精华区、张自忠路南-东四三至八条文化精华区、东四南文化精华区、白塔寺-西四文化精华区、皇城文化精华区、天安门广场文化精华区、东交民巷文化精华区、南闹市口文化精华区、琉璃厂-大栅栏-前门东文化精华区、宣西-法源寺文化精华区、天坛-先农坛文化精华区。同时，逐步扩大历史文化街区保护范围，尊重并保持老城内的街巷胡同格局和空间尺度，原则上不再拓宽老城内现有街道，设置步行街区，营造宁静、温馨的胡同氛围。

4 月 15 日 新首钢地区将投资约 49 亿元打造四大文化地标。2020~2022 年，新首钢地区将高质量推动工业遗存保护和区域开发设计建设的有机融合，重点实施首钢工业遗址公园（金安桥站交通一体化及工业遗存修缮）、首钢工业遗址公园（绿轴景观提升）、首钢工业遗址公园（高线公园空中步道）和京能石热 1919 京西影视文创园 4 个文化项目。新首钢将通过挖掘文化发展新内涵，整体塑造体现新时代高质量发展理念、展现城市治理先进理念和大国首都文化自信的新地标。

4 月 26 日 北京市住房和城乡建设委员会、北京市规划和自然资源委员会、北京市城市管理委员会、北京市文物局、北京市东城区人民政府、北京市西城区人民政府发布《北京老城保护房屋修缮技术导则（2019 版）》（以下简称《导则》），自 2020 年 5 月 7 日起施行。北京老城内，即二环路以内（含护城河及其遗址）区域的胡同、院落、房屋如何修，有了明确的技术规范与评价标准。《导则》的制定实施，是落实新版城市总体规划的重要内容，把老城区改造提升同保护历史遗迹、保存历史文脉有机结合，将有效地保护北京特有的胡同-四合院传统建筑形态，改善老城平房院落居民的居住条件。

6月

6 月 13 日 由北京市政府新闻办、市文化和旅游局、市文物局主办，光明网、北京演艺集团、景山公园承办，北京创新开展了环球云赏北京中轴之美——北京中轴线双百新媒体中英双语全球大直播活动。11 时至 17 时 6 个小时内，多位文化学者和文物专家担任主播，分别在中轴线沿线的钟鼓楼、万宁桥、景山公园、故宫、天坛、永定门 6 个代表性点位开展接力直播。“百家政务新媒体账号”和“百家中外新媒体账号”组成传播矩阵，截至活动当天，据不完全统计，本次直播海内外受众规模已超 2.5 亿人。107 家北京市政务新媒体发布厅成员单位，以及百余家中央媒体、市属媒体、商业平台的新媒体账号联合对活动进行推广。

8月

8 月 北京市文物局制定《北京中轴线申遗保护三年行动计划》（以下简称《行动计划》），由北京市推进全国文化中心建设领导小组正式印发。按照工作内容，《行动计划》分为价值阐释、保护管理、环境整治、公众参与、保障机制五大部分。力争用三年时间，提升北京中轴线遗产保护管理与环境风貌品质，形成社会各界支持中轴线申遗的共识，助推北京中轴线申遗成功。

8 月 30 日 北京市规划和自然资源委员会、东城区人民政府、西城区人民政府联合发布《首都功能核心区控制性详细规划（街区层面）（2018 年—2035 年）》，首都规划体系的“四梁八柱”已初步形成，首都规划建设从此进入新的历史阶段。该规划文本共五章 76 条，主要内容涵盖落实城市战略定位，打造优良的中央政务环境，建设弘扬中华文明的典范地区，建设人居环境一流的首善之区，保障规划有序有效实施等。首都功能核心区总面积约 92.5 平方公里，包括东城区和西城区两个行政区。在城市空间结构上，规划以“两轴（长安街和中轴线）、一城（北京老城）、一环（沿二环路的文化景观环线）”作为首都功能核心区骨架，提出加强空间秩序管控与特色风貌塑造，延续古都历史格局，推动老城内外和谐发展，融汇历史人文景观和现代城市风貌，塑造平缓开阔、壮美有序、古今交融、庄重大气的城市形象。

9月

9月18日 北京市第二批历史建筑名单在北京市规划和自然资源委网站发布。此次公布的历史建筑共315栋（座），在继续增加中心城内历史建筑数量的同时，新增了北京城市副中心、新城地区、生态涵养区内的历史建筑，进一步扩大了本市历史建筑保护工作的范围和影响。第二批历史建筑涵盖居住、办公、文化教育、工业等多种类型。

9月25日 “三山五园”入选国家文物局公布的首批国家文物保护利用示范区创建名单。“三山五园”地区是北京历史文化名城保护体系的重点区域之一，具有独特而优秀的历史文化资源、深厚的人文底蕴和优美的生态环境。北京市规划和自然资源委员会联合海淀区人民政府组织编制了《三山五园地区整体保护规划（2019年—2035年）》，为整体保护利用好“三山五园”做出了总体设计。海淀区编制了《北京海淀三山五园国家文物保护利用示范区建设实施方案》，设定了九大类40余项创建任务。这些任务主要是针对过去“三山五园”地区保护工作的薄弱点展开的，都在有序推进。

11月

11月26日 《北京中轴线文化遗产保护条例（草案征求意见稿）》（以下简称《条例》）在北京市文物局官网发布，焕“活”中轴线的系列举措一一列出。2020年12月21日前，市民都可以提出自己的意见，为“北京脊梁”合理保护利用出谋划策。《条例》中明确，北京中轴线文化遗产保护应当注重保护与展示各时代在居中对称格局统领下形成的历史遗存与城市发展印迹，保持和维护中轴线各区段的丰富性与差异性，尊重历史积淀所形成的风貌特征、城市功能与生活形态。

12月

12月24日 北京市第十五届人大常委会第二十七次会议上审议了

《北京中轴线文化遗产保护条例（草案）》，北京拟通过立法手段加强中轴线文化遗产保护，并在确定合理游客承载量的前提下鼓励开放。北京文化遗产丰富，中轴线是北京老城重要的文化遗产之一。北京中轴线文化遗产保护对象位于北京中轴线文化遗产保护区域内，包括分布于钟楼、鼓楼到永定门城楼的传统城市轴线以及紧邻其左右两侧、富有层次和秩序性的一系列建筑群、历史道路、桥梁及其遗址；承载北京中轴线文化遗产价值的遗产环境构成要素；在北京中轴线文化遗产历史发展过程中形成的非物质文化遗产。

2021年

1月

1月14日 西城区宣布历时三年半的“鼓楼西大街整理与复兴计划”项目全街亮相，鼓楼西大街从原来的喧嚣、杂乱街区变成了具有“探访一处元代码头、漫步两段古迹高墙、体验四个口袋公园、了解多个历史典故”独特景观的稳静街区。同时，什刹海阜景街建设指挥部表示，2021 年，西城区的街区更新将围绕中轴线“连线成片”进行，包括钟鼓楼周边环境综合整治项目、北中轴艺术馆项目、地铁 8 号线织补项目、北海医院和东天意市场降层改造项目（恢复性修建）、地安门外大街空间品质提升项目（立面整治部分）、西板桥水系恢复项目等。“起始于钟鼓楼，顺着地安门外大街向南推进，再止于西板桥水系恢复，随着各项工程的推进，将形成‘连线成片’的完整景观风貌。”

1月27日 北京市第十五届人民代表大会第四次会议通过了《北京历史文化名城保护条例》，自 2021 年 3 月 1 日起施行。该条例充分贯彻落实习近平总书记重要讲话精神和《中共中央　国务院关于对〈北京城市总体规划（2016 年—2035 年）〉的批复》及《中共中央　国务院关于对〈首都功能核心区控制性详细规划（街区层面）（2018 年—2035 年）〉的批复》

要求。该条例实施后，将为深入推进北京历史文化名城保护工作、进一步擦亮历史文化名城的金名片提供坚实有力的法治保障。

2月

2月18日　北京市召开首都精神文明建设工作暨背街小巷环境精细化整治提升动员部署大会。会议强调，要落实好新一轮背街小巷环境精细化整治提升三年行动方案，广泛动员市民群众共同参与，把背街小巷打造成为首都城市治理的亮点、文脉传承的载体、和谐宜居的家园。实施重点地区周边背街小巷治理，为重大活动营造良好环境。加大长安街和中轴线沿线背街小巷环境设施整治力度，做好街巷设计和风貌管控。集中抓好建国门、王府井、东单等重要节点周边街巷整治，优化公共空间品质。改善红色革命旧址周边街巷环境。做好冬奥场馆、驻地、路线周边等街巷环境美化和景观布置，营造良好办赛环境。要向街区更新延伸拓展，注重规划设计引领，以街区为单元分类实施更新改造。注重留住文化“基因”，保留街巷特色文化、建筑风格。注重功能优化，推进留白增绿，织补便民服务网点，完善公共设施，优化城市部件。注重示范带动，抓好示范片区综合治理。办好邻居节、文明楼院等特色活动，营造“街巷是我家、环境靠大家”的良好氛围。

3月

3月12日　为规范北京市绿色建筑标识管理，促进绿色建筑高质量发展，北京市住房和城乡建设委员会、北京市规划和自然资源委员会联合发布《关于绿色建筑标识管理工作的通知》，修订北京市绿色建筑标识管理实施细则，指导各区开展绿色建筑标识认定工作。

3月30日　全国革命文物工作会议在北京召开。中共中央政治局委员、国务院副总理孙春兰在会上传达了习近平总书记的重要指示。习近平总书记的重要指示深刻阐明了革命文物工作的重大意义、目标任务和基本要求，体现了以习近平同志为核心的党中央对革命文物工作的高度重视，是做好新时代革命文物工作的根本遵循。要认真学习贯彻习近平总书记的重要指示，充分认识革命文物工作在见证革命历史、弘扬革命精神上的重要作用，结合新时代新要求，统筹做好保护、管理、运用各项工作，推动革命文物工作开创新局面。

3月31日 北京市第一批革命文物名录近日公布，包括北京大学红楼、天安门、双清别墅等158处不可移动革命文物，出版物、个人用品、信件等2111件（套）可移动文物。首批公布的不可移动革命文物，包括18处全国重点文物保护单位和29处北京市文物保护单位；可移动革命文物中，一级文物占比达九成。北京市第一批革命文物名录范围涵盖旧民主主义革命、新民主主义革命、社会主义革命和建设时期，主要包括与中国共产党领导中国人民进行革命、建设相关的史迹、实物和纪念设施。

4月

4月8日 在北京市海淀区人民政府编制印发的《北京海淀三山五园国家文物保护利用示范区建设实施方案》中，九项主要任务亮出来。开展万泉河、金河河道治理工程，实施功德寺等地区历史景观恢复，恢复颐和园西侧京西稻景观……田园胜景将逐渐回归“三山五园”，皇家园林水系整体风貌将重现。示范区创建任务还将纳入相关街镇、委办局年度综合考核工作。这份方案不仅详细描绘“保”的内容，也写明了“管”和“利用”的细节。从2021年4月起到2023年，随着示范区被打造成传统文化与现代文明交相辉映的亮丽“金名片”，这里摸索出的文物保护经验也将逐步向北京全域辐射。

4月14日 西城区首批文物建筑活化利用项目招标结果落地。共有6处文物建筑签约：歙县会馆用于建设中英金融与文化交流中心；晋江会馆用于建设林海音文学展示中心；梨园公会用于建设京剧艺术交流传播及孵化中心；西单饭店旧址用于建设多功能复合型文化艺术空间；聚顺和栈南货老店用于建设糖果主题阅读及糖果体验空间；新市区泰安里用于建设泰安里文化艺术中心。

5月

5月10日　北京市住房和城乡建设委印发《2021年北京市老旧小区综合整治工作方案》，明确2021年将有300个老旧小区启动综合整治，100个老旧小区完成综合整治。在继续推进“菜单式”改造的基础上，2021年还计划进一步细化老旧小区改造标准，按照基础类、完善类和提升类，分类推进。老旧小区改造是北京这座特大型城市做细做实城市管理的重要体现。工作方案首先明确了2021年全市老旧小区综合整治的任务目标：确保400个小区列入老旧小区综合整治计划，涉及建筑面积1500万平方米；确保300个小区启动老旧小区综合整治开工，涉及建筑面积1100万平方米；确保100个小区完成老旧小区综合整治工程，涉及建筑面积400万平方米；力争已列入中央和国家本级综合整治计划的211个项目全面开工。

5月11日　中国工艺美术馆——一座收藏中国民族艺术瑰宝的“百宝阁”，已实现外立面亮相。作为一座国家级博物馆，中国工艺美术馆地处奥林匹克公园中心区，南邻中国国学中心，北邻中国科技馆，地下2层、地上6层，总建筑面积91126平方米，设有互动体验展厅、临时展厅、非遗展陈区、工美展陈区等，是宣传我国优秀民族文化的重要窗口。中国工艺美术馆的建筑设计构思体现了中国古典建筑的比例关系，建筑平面中轴对称、左右展开，由下至上分石材基座、透明平台层和飘浮的藏宝盒，以飘浮在空中的“百宝阁”形态，寓意此处乃收藏工艺美术珍品的殿堂。按照进度安排，2021年6月底，除公共区域精装修外，中国工艺美术馆其余部分均能达到完工条件，并于2021年8月底实现整体完工。

5月18日　位于北京城市副中心的城市绿心森林公园，城市绿心三项保留工程，即原北京造纸七厂、东光实业办公楼、民国小院，历时一年改造后亮相，让工业遗迹“活在当下”的探索已初见成效，绿心公园内四处遗址都已被唤醒。随着城市转型升级，越来越多的老旧工业厂房成为闲置资源。如何让这些被时代所淘汰的工业遗迹焕发新生，成为“腾笼换鸟”的必答题。

5月20日 北京市第三批入选的历史建筑在北京市规划和自然资源委员会网站发布。此次历史建筑名单除了继续增加中心城内历史建筑数量，同时也增加了北京城市副中心、新城地区、生态涵养区内的历史建筑，集中体现了北京作为首都丰富的历史遗存和建筑物类型。第三批历史建筑包括居住、办公、文化教育、工业等多种类型。

6月

6月3日 北京打造三大革命主题片区将充分挖掘首都特色红色资源，加强革命文物保护利用，构建立体革命文物保护体系，让观众在参观革命遗迹、瞻仰珍贵文物中感悟红色故事、传承革命精神，将丰富的革命记忆转变为人们心中的红色烙印。

6月9日 工业和信息化部、国家发展和改革委员会、教育部、财政部、人力资源和社会保障部、文化和旅游部、国务院国有资产监督管理委员会、国家文物局联合印发《推进工业文化发展实施方案（2021—2025年）》（以下简称《方案》）。《方案》明确，通过5年努力，打造一批具有工业文化特色的旅游示范基地和精品线路，建立一批工业文化教育实践基地，传承弘扬工业精神。《方案》提出，提高工业遗产保护利用水平，构建工业遗产保护利用项目库，鼓励利用工业遗产和老旧厂房资源，建设工业遗址公园、工业博物馆，打造工业文化产业园区、特色街区、创新创业基地、文化和旅游消费场所，培育工业旅游、工业设计、工艺美术、文化创意等新业态、新模式，不断提高活化利用水平。完善工业博物馆体系，鼓励利用和共享馆藏资源，开发教育、文创、娱乐、科普产品，举办各类工业文化主题展览、科普教育、文创体验和研学实践活动。

6月10日 朝阳区非物质文化遗产保护传承中心正式对外开放。未来，该中心计划周六、周日对市民开放参观，工作日授课交流、接待团体，力争打造成为朝阳区非遗保护传承、网红打卡、休闲娱乐的好去处。朝阳区非物质文化遗产保护传承中心位于朝阳区豆各庄地区，2020年8月起开始装修改造，面积近2000平方米，室内共3层，其中地上2层、地下1层。该中心共有藏品10000余件，包括国家级非遗藏品10件、市级藏品20件、区级藏品97件，70余项非物质文化遗产及代表性传承人成果在馆内进行展示。该中心与周边的萧太后河展览馆、豆各庄乡情博物馆、垡头地区文化中心、焦化厂文化园区、锦龙文化创意园等文化场所组成博物群落，形成了新的文化景观。

6月29日 中国共产党历史展览馆在中国共产党即将迎来百年华诞之际正式开馆，这座历时1000多个日日夜夜建造而成的建筑，从设计到建成的各个环节均贯穿了创新、绿色、高质量等理念，可谓亮点纷呈，成为首都红色新地标。

7月

7月18日 第44届世界遗产大会“城市历史景观保护与可持续发展”边会在福州召开，本次边会由国家文物局和北京市人民政府共同主办，采取线上会议形式。会上，北京中轴线保护管理和申遗研究成果成为各方关注热点。清华大学建筑学院国家遗产中心主任吕舟解读了北京中轴线文化遗产价值。国内外知名文化遗产保护专家在线上进行探讨，展示名城保护成果，助推北京中轴线申遗保护。与会专家表示，以北京中轴线申遗保护为指引，北京市在老城整体保护和有机更新方面进行了有益探索。

8月

8月21日 北京市正式印发实施《北京市城市更新行动计划（2021—2025年）》。该计划提出立足老城保护，推动“保护性更新”。落实中央提出的老城不能再拆的要求，创新保护性修缮、恢复性修建、申请式退租、简易楼腾退等政策。

9月

9月2日 北京国际戏剧中心启用仪式在北京人民艺术剧院正式举行，新剧场开始投入试运营。副市长王红，市政协副主席、国家大剧院院长王宁出席了活动。北京国际戏剧中心是北京市全国文化中心建设重点项目，位于首都剧场东侧，建筑风格简约现代，总建筑面积约2.3万平方米，内设两座专业话剧剧场，分别为1个700座的中剧场和1个200余座的小剧场。中剧场命名为“曹禺剧场”，借此向北京人民艺术剧院首任院长、剧作家曹禺先生致敬，同时也代表北京人民艺术剧院代代相传、薪火不熄的艺术精神。位于三层的小剧场则沿用曾位于首都剧场南侧的“人艺小剧场”这一名称，延续北京人民艺术剧院舞台创作者与观众之间的舞台记忆。

9月20日 由中国文物学会、北京历史文化名城保护委员会办公室、北京市文物局、中共北京市西城区委、西城区人民政府共同主办，“白塔夜话”系列活动在西城区白塔寺内举行，致力于打造历史文化名城保护和城市文化建设特色品牌活动，通过线上、线下相结合的方式，构建群众文化体验的场景和文化消费的平台，打造消费新场景，带动大众文化消费。

9月23日 北京城市建筑双年展在张家湾设计小镇未来设计园区开幕。北京最具代表性的智能化设计、绿色低碳的建筑工程组成“未来家园”主题展览，与16个专题展览共同诠释对新时代智能化、绿色生态的人居环境的追求。市民不仅可从中了解行业趋势，也能受到美学的熏陶。展览将持续至2021年10月7日。如何运用新技术，新科技，提升城市和建筑的精细化、智慧化水平，从而构建全球领先的智慧城市新体系，这是本届双年展的重要话题。以“冰丝带”“雪如意”等北京冬奥会场馆为案例研究新科技的介入与应用，以北京老旧小区改造为切入点审视城市中心实践，以副中心交通枢纽为案例体现对未来城市交通模式的探索……“未来家园”主题展览从城市、建筑、科技三个维度，展示杰出的城市规划案例、建筑设计作品和城市建筑科技等。

9月27日 北京市西城区针对10处文物建筑空间，发布西城区第二批文物建筑活化利用计划。此次向社会公开发布活化利用文物9个，分别是杨椒山祠、绍兴会馆、宜兴会馆、护国观音寺（本体）、五道庙、钱业同业公会、梅兰芳祖居、云吉班旧址和朱家胡同 45 号茶室；向社会公开招募运营服务机构的项目 1 个，为京报馆。

9 月 29 日 模式口历史文化街区正式开街，对外展示已完成建设的“五景七院三十铺”，新增 15 处精品示范院落、7 处景观节点及多处夜景亮化，重现了驼铃古道青砖灰瓦、店铺林立的风貌。今年综合治理的重点聚焦在模式口地铁站周边，具体位于石景山区模式口历史文化街区西侧，东至模式口历史文化街区，西至模式口西里、北里社区东围墙，南至南山公园，北至北京联科中医肾病医院门前，将统筹模式口历史文化街区与模式口地铁站周边区域协调发展。

10月

10 月 9 日 由北京市委宣传部、中国新闻社主办，北京市文物局、通州区委区政府、北京市委网信办、北京市发改委、北京市水务局、北京市商务局、北京市文旅局、北京市体育局、北京市文联承办，中国文物保护基金会、中国艺术研究院、中国文物报社、大运河文化带沿线各区委宣传部和文旅局协办的 2021 北京（国际）运河文化节在通州区大运河森林公园漕运码头开幕。开幕式现场发布了《北京市大运河国家文化公园建设保护规划》。

10 月 26 日 北京市东城区西总布街区直管公房申请式退租和恢复性修建项目签约工作正式启动。片区内 800 余户直管公房平房户按照自愿原则，可以申请退租平房，搬进楼房，改善居住条件。2019 年 6 月 10 日北京市第一个申请式退租项目在西城区菜市口西片区启动，至今首都功能核心区内申请式退租项目已逾 10 个。北京城市新总规明确提出，老城不能再拆了，要整体保护，包括恢复胡同肌理和院落格局。2021 年 8 月 21 日，《北京市城市更新行动计划（2021—2025 年）》正式印发。其中提到，到 2025 年，要完成首都功能核心区平房（院落）10000 户申请式退租和 6000 户修缮任务。申请式退租探索出提升人居环境和城市品质新机制，街区整体保护腾出空间，老城更新由此迈出重要一步。

11月

11 月 25 日　北京市文物局印发《北京市“十四五”时期文物博物馆事业发展规划》，明确了到 2025 年北京市文博领域八大板块 30 个方面重点任务。中轴线申遗文本、保护管理规划编制完成；长城、大运河两个国家文化公园（北京段）基本建成；“三山五园”国家文物保护利用示范区基本建成；重点建设琉璃河、路县故城两处考古遗址公园……“十四五”末期，实现每 10 万人拥有 1.2 家博物馆，博物馆数量超过 260 家的目标。

12月

12 月 15 日　西城打造“数字中轴”让文化遗产活起来。2022 年将运用 5G+8K 等技术，实现文化遗产可读、可看、可听、可游，打造“数字中轴”。届时，游客可穿越历史，在万宁桥旁听刘秉忠讲述北京城的规划理念，看已消失的地安门人流如织，在景山之巅眺望北京中轴的气势恢宏。“十三五”时期，西城实施文物保护“三解”工程（解危、解放、解读），文物工作成效显著。2022 年，西城将继续精心组织文物修缮，力争完成晋江会馆等 14 处已腾退文物建筑修缮。推动核心区贤良祠、蒙藏学校旧址等重点文物建筑加快修缮，实现对外开放，打造落实首都功能核心区规划的示范项目。

12 月 23 日　北京市委常委会召开会议，决定中国共产党北京市委员会第十二届第十六次全体会议于 12 月 29 日召开，市委书记蔡奇主持会议。会议听取了《北京历史文化名城保护条例》修订工作情况汇报，指出保护好历史文化名城，是我们肩负的历史责任。要通过条例的修订实施，进一步擦亮历史文化名城的金名片。坚持名城保护的整体性、全覆盖，建立保护名录制度，做到应保尽保。把老城整体保护作为重中之重，严格落实“老城不能再拆了”的要求，推进中轴线申遗保护工作，保护好“三山五园”和三个文化带。促进保护对象活化利用，以保护促民生，把保护历史遗迹、保存历史文脉与改善人居环境等结合起来，提高群众参与感、获得感。健全历史文化名城保护工作机制，落实好保护责任人制度。

2022年

1月

1月13日　北京城市副中心图书馆项目，悄悄创造了三个“世界第一”城市副中心图书馆项目，又名“森林书苑”，其设计理念源于中国传统文化符号“赤印”，山体结构蜿蜒起伏，屋顶的树状建筑结构宛如森林伞盖，不仅外形别致，其内部呈现的“山谷门厅”景致更是让人耳目一新。北京市副中心图书馆计划于2022年12月底完成工程竣工验收。建成后，将成为立足副中心、辐射京津冀的实体智库，为市民打造极具亲和力的公共开放空间。

1月15日　“三山五园”艺术中心项目的底板全部成型，标志着工程进入主体结构施工阶段，预计2023年1月竣工。“三山五园”艺术中心建成后，将集文化遗产保护、艺术展览交流、科技前沿发布、自然山水风光于一体，成为可供参观学习、休闲游览的城市文化后花园。“三山五园”是对北京西郊沿西山到万泉河一带皇家园林的总称，以其宏大的规模、精湛的建筑艺术和丰富的文化内涵蜚声海内外。虽然“三山五园”园林遗址众多，文物典藏达6万余件，但这些文物分散于颐和园、圆明园、海淀博物馆等机构，至今缺少固定场所展示“三山五园”的历史文脉和整体风貌。

2月

2月5日　在北京中轴线北延长线上，一座新的文化地标与观众见面。中国工艺美术馆·中国非物质文化遗产馆正式开馆，不仅为中轴线上再添一座国家级文化殿堂，还填补了我国工艺美术和非物质文化遗产国家级博物馆的空白。

2月13日　北京新闻中心举行专场发布会，一系列北京历史文化保护新进展被披露。2022年是北京中轴线申遗的关键年，将完成申遗文本的正式报送。北京市率先出台《长城国家文化公园（北京段）建设保护规划》，清晰勾勒出未来长城保护利用图景。冬奥会首钢工业遗存保护名录将制定，研究工业遗存再利用模式和方案，培育“体育+”产业生态。

3月

3 月 28 日　首都规划建设委员会办公室、北京历史文化名城保护委员会办公室、北京市规划和自然资源委员会组织编制的《认识身边的历史建筑》公众科普读本正式发布，该读本旨在通过介绍历史建筑相关知识，提升公众保护意识，提出日常维护修缮的保护管理引导策略，为历史建筑保护管理提供支撑。

5月

5 月 25 日　《北京中轴线文化遗产保护条例》公布，自 2022 年 10 月 1 日起施行。作为助力中轴线申遗的必要环节，条例对标《世界遗产公约》要求，从明确保护对象、突出整体保护、分类制定保护措施、鼓励活化利用和公众参与等方面做出了全面规定。中轴线上的文化遗产将进一步向公众开放，市民群众能与更多珍贵的文物“亲密接触”。

6月

6 月 24 日　由北京市文化和旅游局主办的“品读建筑　发现北京之美”北京历史建筑文旅资源开发计划在北京旅游官方抖音号云端正式启动。北京是世界著名古都，有着 3000 多年建城史，是一座拥有古都风貌的现代化大都市，丰富的历史文化是一张“金名片”，也是中华文明源远流长的伟大见证。北京拥有大量的古代和近现代建筑，承载着首都的历史文脉和城市精神。“品读建筑　发现北京之美”文旅资源开发以首都发展为统领，以推进全国文化中心建设和国际消费中心城市建设为出发点，以推动首都文化和旅游高质量发展为主题，以深化文旅消费供给侧结构性改革为主线，充分挖掘北京深厚的建筑文化内涵，不断丰富文化旅游线路产品。

7月

7月5日　北京市规划和自然资源委员会主办的北京印迹·文化探访路“北京城市探访课堂”第一站正式上线，带领市民、网友探访宣西－法源寺片区里的胡同街巷，寻找城市更新中的文化印迹。后续站点内容将陆续上线。从地名文化讲到历史故事，从老城保护讲到城市更新，漫步街头巷尾，文化探访路有趣有益。

7月6日　北京市东城区发布《关于进一步焕发东城区会馆文化活力的若干措施》，提出将对前门东区37处会馆旧址进行“一馆一策”活化利用，吸引各地驻京办、商会及其他社会力量进驻，将其打造成各地文化交流互鉴的“会客厅”，集萃中华文化的“百花园”。北京是会馆之都，会馆历史已有约600年。东城区内现有不可移动文物356处，包括37处会馆类不可移动文物，集中坐落在前门东区。规模各异的会馆建筑，商贾文化、饮食文化、梨园文化等多元交织的地域文化，丰富了全国文化中心的文化内涵。

7月23日　中国国家版本馆“一总三分”同时落成揭牌，包括中央总馆（文瀚阁）、西安分馆（文济阁）、杭州分馆（文润阁）、广州分馆（文沁阁）。建设中国国家版本馆，是集中展示中华优秀传统文化精华、反映当代文化发展成果的创造性举措，是彰显中国的国家形象，促进中外文化交流，助力中华民族伟大复兴的世纪文化工程。

8月

8月5日　为进一步做好北京市历史建筑保护利用工作，北京市规划和自然资源委会同北京市住房和城乡建设委起草了《北京市历史建筑保护利用管理办法（试行）》（征求意见稿），在网上公开征求意见。该办法明确界定各类保护行为边界，为保护责任人日常维护和修缮提供了指引，对历史建筑保护进行了精细化的政策设计。

8月27日　“北京中轴线建筑文化价值阐释与保护传承”学术研讨会在北京紫玉饭店成功举办。研讨会围绕中轴线建筑遗产价值阐释与展示、中轴线古建筑复原与复现研究、中外城市中轴线建筑文化比较研究等议题展开，线下有近60名相关领域领导、专家与学者参会。研讨会全程在腾讯会议、哔哩哔哩线上同步直播。本次研讨会由北京市文物局、北京市人民政府参事室（北京市文史研究馆）、中国民主同盟北京市委员会、民盟北京建筑大学智库指导，北京建筑大学文化发展研究院主办。

8月30日　《北京中轴线文化遗产保护条例》（以下简称《条例》）实施与公众参与专题研讨会暨申遗专家智库专家聘书颁发仪式在京举行。此次研讨会由北京市文物局与北京中轴线申遗保护工作办公室主办，北京市文物局相关部门负责人、北京中轴线申遗保护工作办公室相关负责同志以及各领域专家、媒体共同出席，围绕法治、文化传承保护及公众参与等维度，对于《条例》的创新和实施进行了深度探讨并提出建设性意见。同时，由各领域专家组成的北京中轴线申遗专家智库也正式成立，旨在为北京中轴线申遗工作提供更加深入广泛的价值研究和发展思路。

9月

9月8日　第三届“白塔夜话”系列活动在北京妙应寺拉开帷幕，此次活动以“数字化助力文物活起来”为主题，分为主会场、分会场、“白塔妙会”文创市集等多项活动，将持续到9月12日。主会场围绕“数字化助力文物活起来”主题，通过主旨演讲、圆桌讨论、点亮仪式等形式，共同探讨科技赋能增强文物保护能力，智慧助力提升文物活化利用水平，创新“文化+”产业推动文化产业高质量发展。

9月16日　历经五年整体保护修缮，素有“京西小故宫”美誉的万寿寺重新开放，北京艺术博物馆（馆址万寿寺）在万寿阁前举办了开馆仪式。万寿寺等一批文物古建融入城市生活圈。北海漪澜堂建筑群、曹雪芹故居纪念馆完成修缮并开放，八里桥完成大修。

10月

10月1日　《北京中轴线文化遗产保护条例》正式施行。该条例明确，要对不可移动文物、历史建筑、古树名木，按照文物保护、历史文化名城保护和古树名木保护等相关法律法规予以严格保护；违反本条例规定，对北京中轴线保护区域内的不可移动文物、历史建筑、古树名木造成破坏或者损毁，未经审批在北京中轴线保护区域内进行工程建设，或者进行其他影响北京中轴线传统风貌、历史格局活动的，依照文物保护、城乡规划、历史文化名城保护、古树名木保护等相关法律法规的规定给予处罚。

11月

11 月 2 日　凝聚智慧、汇聚力量，共同讲好名城保护的北京故事。“名城保护 · 大家谈”活动近日在线上举办。首都规划建设委员会办公室主任、北京市规划和自然资源委主任张维介绍，自北京成为首批国家历史文化名城以来，保护对象逐步扩大、保护手段更加多元，老城和“三山五园”地区成为名城保护的两大重点区域。《长城国家文化公园（北京段）建设保护规划》印发，其中提出的 100 个项目已陆续启动实施。

11 月 4 日　《北京市公共文化服务保障条例》（以下简称《条例》）由北京市第十五届人民代表大会常务委员会第四十三次会议通过，自 2023 年 1 月 1 日起施行。《条例》明确提出，促进公共文化服务与旅游等相关领域融合发展，推动公共文化设施与旅游服务设施共建共享，实施公共文化场所宜游化改造升级。鼓励公益性文化单位、专业文艺院团与景区、景点等旅游场所合作，推出精品演出剧目。传承古都文化，通过公共文化服务展现和阐释文物、历史建筑、历史文化街区、历史河湖水系、城址遗存等历史文化遗产所承载的文化内涵和时代价值。弘扬红色文化，挖掘重大纪念日、革命历史事件蕴含的红色文化价值，加强红色文化主题文艺作品创作，培育红色文化重点品牌。依托北京大学红楼、中国人民抗日战争纪念馆、香山革命纪念地等革命活动旧址、爱国主义教育基地，组织开展公共文化活动。弘扬北京冬奥精神，发挥“双奥之城”独特优势，将北京奥运文化资源融入公共文化服务，利用奥运体育场馆等设施开展文化体育活动，提升公共文化服务能力和品质。

11 月 6 日　由北京市文化和旅游局、北京历史文化名城保护委员会办公室共同主办的“品读建筑　发现北京之美”2022 年成果发布会暨北京历史建筑故事征集获奖作品展在紫金宾馆成功举办，生动地展示了北京这座千年古都的建筑文化和历史底蕴。“品读建筑　发现北京之美”文旅资源开发是以首都发展为统领，以推进全国文化中心建设和国际消费中心城市建设为出发点，以推动首都文化和旅游高质量发展为主题，以深化文旅消费供给侧结构性改革为主线，充分挖掘北京深厚的建筑文化内涵，不断丰富文化旅游线路产品。

11 月 7 日　北京中轴线官方网站（https：//bjaxiscloud. com. cn/）上线试运行，中轴线文化遗产保护开启数字新篇章，邀公众参与体验。作为北京中轴线官方申遗的门户与信息发布平台，北京中轴线官方网站由北京市文物局、北京中轴线申遗保护工作办公室推出，采用“一线一中轴、一屏一景观、一步一洞天”的设计理念，用中国传统的绘画风格，将中轴元素融入整体设计中，随着画轴的展开，一步一景的空间层次逐渐呈现，公众在浏览过程中将有特别的交互体验。9 个“时空板块”立体再现了中轴线和北京城 700 余年的发展与变迁，并通过中轴线上历史街区的小贩吆喝声等元素，为公众沉浸式展现文化遗产魅力。官网还将上线“时空舱”4D 时空产品，公众可以多角度俯瞰中轴，查看地标建筑群和单体建筑，感受北京城连绵不断的历史脉络。

11 月 19 日　第六届北京国际城市设计大会在城市副中心张家湾设计小镇开幕。大会以“城市更新与高质量发展”为主题，汇聚国内外百余位建筑设计、城市规划领域的院士、大师、知名学者专家等，围绕当代城市更新理论和实践等重点领域进行交流分享。会上揭晓了“中国建筑学会建筑设计奖城市设计专项奖”名单，《北京建筑大学服务北京建设人民城市三年行动计划》也对外公布。

2023年

1月

1 月 11 日　西城区历史文化名城保护委员会在北京劝业场文化艺术中

心召开主题为“名城保护四十年——走向可持续的城市更新”的会议。老城保护、城市规划、建筑设计等方面的专家学者应邀参加会议，在主旨发言环节，与会专家聚焦“可持续的城市更新”这一主题，通过主旨演讲、对话交流等相关活动，探讨工作方向和经验。

1月16日　北京市发布《北京市关于进一步加强非物质文化遗产保护工作的实施意见》，该实施意见共19条，由总体要求、主要任务、保障措施三部分构成。总体要求中，强调了要牢牢把握首都城市战略定位，为建设全国文化中心、建成国际一流和谐宜居之都提供强大精神力量；主要任务部分是实施意见的核心内容，从系统完善非物质文化遗产保护传承体系、整体提升非物质文化遗产保护传承水平、全面强化非物质文化遗产传播普及三个重要部分，提出了12个方面工作任务。其中，在系统完善非物质文化遗产保护传承体系部分，提出了调查记录、代表性项目名录、代表性传承人管理、区域性整体保护、传承体验设施、非遗研究等6个方面工作任务；在整体提升非物质文化遗产保护传承水平部分，提出了分类保护、服务国家发展大局、资源转化利用等3个方面工作任务；在强化传播普及部分，提出了构建新型传播格局、融入国民教育体系、开展对外和对港澳台交流合作3个方面工作任务。保障措施部分主要包括加强组织领导、完善政策法规、加大财税金融支持、强化机构队伍建设4个方面措施。

1月28日　《北京中轴线保护管理规划（2022年—2035年）》正式公布实施，北京中轴线北端为钟鼓楼，南端为永定门，纵贯老城南北，全长7.8公里，是统领整个老城规划格局的建筑与遗址的组合体。北京中轴线始建于13世纪，形成于16世纪，此后不断完善，历经逾7个世纪，形成了由古代皇家宫苑建筑、古代皇家祭祀建筑、古代城市管理设施、国家礼仪和公共建筑、居中道路遗存共同构成的城市建筑群。本次北京中轴线保护管理规划编制工作以北京中轴线遗产价值保护传承为核心目标，针对各遗产构成要素及其周边环境的现状特征与存在问题，对标世界遗产保护要求，落实《北京历史文化名城保护条例》《北京中轴线文化遗产保护条例》要求，提出北京中轴线保护、展示、利用、监测等规划管理要求与策略。

1月30日 北京将迎来建都870周年，北京市文物局公布在三条文化带上建一批新馆新园。北京市文物局公布年度文博领域重点任务，北京这座底蕴深厚的活态博物馆里，珍贵的馆藏将持续更新：大运河、长城、西山永定河三条文化带上，大运河、长城两个国家文化公园以及琉璃河国家考古遗址公园将加快建设；“三山五园”国家文物保护利用示范区即将创建完成，打造文物保护利用的新模式。

2月

2月9日 首个落户南中轴地区的国家级重大文化设施——芭蕾之翼2023年将完成主体结构封顶，2024年开展装饰装修工程施工，2025年竣工。该项目位于首都南中轴延长线丰台区大红门地区，紧邻南四环，东侧邻近凉水河，距离南苑路约500米，规划用途为文化设施，占地面积1.28公顷。建筑外观庄重典雅，呈长方形，取意“芭蕾之翼”。该项目将建成一座大型综合性文化建筑，成为展示国家和首都文化气象的亮丽风景，进一步助力南中轴地区服务保障首都功能，建设文化功能之轴。

2月16日 北京历史文化名城保护委员会办公室、北京青年报社联合发布“2022年度北京历史文化名城保护十大看点”，包括《北京中轴线文化遗产保护条例》2022年10月1日起施行；北京市举办纪念国家设立历史文化名城制度暨北京成为历史文化名城40周年系列活动；北京市第二批革命文物名录公布；北京市传统地名保护迈出坚实步伐；“时间的故事”沉浸式数字展亮相鼓楼；文物活化利用新路径引发社会广泛关注；西城区持续加大历史文化名城保护力度；“园说Ⅳ——这片山水这片园”展览在颐和园博物馆举办；首届明文化论坛成功举办；“延庆古村落遗址”亮相北京冬奥会。

区政府召开专题会议，研究《2022年度北京海淀三山五园国家文物保护利用示范区创建工作报告》等事项。会议研究了《2022年度北京海淀三山五园国家文物保护利用示范区创建工作报告》。会议指出，自北京海淀“三山五园”国家文物保护利用示范区创建工作开展以来，海淀区强化机构队伍建设，夯实文物事业基础，围绕保护类型丰富的文化遗产、保护山水形胜的整体格局、保护“三山五园”与北京老城的联系，构建了文物保护责任体系、文物价值研究阐释体系、文物展示交流传播体系、文物资源活化利用体系和文物保护利用科技支撑体系，形成文物与城市更新、科技创新、旅游教育融合发展格局。

2 月 17 日　《北京博物馆之城建设发展规划（2023—2035）》（征求意见稿）在北京市文物局官方网站、北京日报客户端公开发布，面向社会征求意见。随着规划公开，一座“全域活态博物馆”呈现——将构建包括 2 条空间轴线、四大政策分区和多个城市重点文博区在内的“两轴四区多点”博物馆之城空间结构。

2 月 18 日　“遇建・中轴——北京建筑大学师生建筑文化研究专题成果展”在北京市规划展览馆开幕。本次展览由北京建筑大学和北京市规划展览馆联合主办，北京建筑大学文化发展研究院承办，展览分前言、概述、水系、建筑、桥梁、中轴延续五个板块，展出图片近百幅，辅之以文案介绍 5000 多字。展架采用环保材料，灵活多变，以翻阅读本的方式，阅读中轴线。展览现场还有北京北建大科技有限公司提供的“太和殿登基大典”VR 场景体验，让观者在品阅中互动。

3月

3 月 1 日　《北京市城市更新条例》自 2023 年 3 月 1 日起施行。聚焦民生保障，该条例对事关人民群众切身利益的平房院落修缮利用、危旧楼房改建、老旧小区加装电梯、补充便民服务设施等更新事项，明确了实施路径。

3 月 27 日　守护好北京历史文脉的根与规模腾退修缮文物古建，“老巷幽宅静树依”的老城记忆慢慢复苏；稳步推进三大文化带建设，“龙泉漱玉”的京城盛景重焕新生；全力推进革命文物集中连片保护，北大红楼等一系列红色遗址成热门“打卡地”……在全市上下的共同努力下，首都北京在文化保护利用方面持续破题，“首都风范、古都风韵、时代风貌”的城市特色愈发鲜明。

3 月 28 日　为纪念北京建都 870 周年，“辉煌中轴”展览于在首都博物馆一层 B 展厅隆重推出。展览是在北京市推进全国文化中心建设领导小组的指导下，由北京市文物局和首都博物馆承办。

3 月 31 日　西城区再添一处文物活化利用新地标蒙藏学校旧址。开放后的蒙藏学校旧址也被赋予了新的时代使命——中华民族共同体体验馆，将作为展示中国共产党民族工作光辉历程和伟大成就的重要窗口。依据旧址空间布局，西院内“中华一脉同心筑梦——中国共产党民族工作光辉历程和伟大成就主题”“蒙藏学校旧址专题展”同步揭幕，生动展现中国共产党百年民族工作的光辉历程和取得的伟大成就。东院推出“中华民族优秀文化体验区”，融合各民族特色体验项目。

4月

4 月 3 日　西城区第二批文物建筑活化利用项目签约仪式暨首批活化利用项目新市区泰安里启幕仪式在泰安里文化艺术中心举办。在西城区首批文物活化利用计划签约的影响下，西城文物活化利用的社会关注度和影响力在逐步扩大。此次参与申报的机构成分更多样，既有国有企业，又有民营企业，还有社会公益机构等；来源地更广泛，除了北京本地机构，来自上海、江苏、浙江、山东、湖南、海南等地的企业都积极提交方案。西城区发布第二批文物活化计划后，共收到 47 家社会组织及机构提交的 63 份项目申请报告，有 44 家机构入围初审，最终 23 家单位的 27 个方案进入专家评审。

4 月 6 日　位于门头沟区琉璃渠村的原北京市琉璃制品厂旧址，经过改造后成为金隅琉璃文化创意产业园。始建于 760 年前的琉璃窑在熄火整整十年后，近日重新燃起了窑火，以绿色生产的方式恢复古法烧制技艺，为故宫等古建筑修缮提供琉璃制品。古都保护少不了琉璃的一抹亮色，城市更新让千年琉光再溢彩。这座产业园是本市第一座保留生产功能的非遗主题园区，将通过琉璃重生带动产业转型升级。以文化唤醒沉睡资源，以创意盘活闲置资产，金隅琉璃文化创意产业园探索出一条非遗文化传承和绿色发展兼顾的新路，成为北京工业遗产类历史建筑活化利用的新范例。

4 月 27 日 “北京市贯彻落实党的二十大精神”系列主题新闻发布会——北京历史文化遗产保护专场举办。会上介绍了自 2021 年北京海淀“三山五园”国家文物保护利用示范区启动创建以来，示范区 23 项任务已完成，22 项持续推进，文物巡查员队伍建设、文物资源现状评估、清华园车站旧址保护利用等项目亮点突出，“三山五园”艺术中心展览年内将惊艳亮相。

4 月 28 日 由北京市规划和自然资源委员会等七部门联合组织编制的《北京历史文化名城保护对象认定与登录工作规程（试行）》经市政府同意正式印发。该规程细化了历史文化街区、历史建筑、传统村落等各级各类保护对象的认定标准，明确了认定登录流程，规范了保护名录制度。拟定后的保护名录将被纳入北京历史文化名城保护数据库管理。此次发布的规程对保护对象的认定标准予以细化，将保护对象的认定标准划分为延续、优化和重新制定三种类型。对于历史文化街区等已有较为成熟认定标准的保护对象，延续其标准；对于历史名园、传统村落等相关认定标准不完善或者与新时代名城保护理念不适应的保护对象，进一步优化其标准；对于传统胡同、历史街巷、特色地区、山水格局等尚未有认定标准的保护对象，经研究后重新制定标准。

5月

5 月 18 日 经过三年多的文物修缮和展陈提升，宣南文化博物馆于重新向公众开放。开放当日，全国首部沉浸式导览剧《宣南往士》精彩亮相，观众在焕然一新的京师首刹长椿寺跨越时空，感受宣南文化的底蕴与魅力。宣南是北京建城和建都的肇始之地，宣南文化被誉为北京文化源头、缩影与精华。

5 月 19 日 为深入贯彻落实中共中央办公厅、国务院办公厅《关于进一步加强非物质文化遗产保护工作的意见》，进一步保护好、传承好、利用好非物质文化遗产，北京市人民政府发布《北京市关于进一步加强非物质文化遗产保护工作的实施意见》。非物质文化遗产是中华优秀传统文化的重要组成部分，是中华文明绵延传承的生动见证，是联结民族情感、维系国家统一的重要基础。北京作为全国文化中心、世界著名古都，非物质文化遗产极为丰富，保护工作成效显著。

5月22日 经150多年，位于北京东城区草厂二条胡同的韶州会馆迎来新生。经过修缮后的韶州会馆举行开馆揭牌仪式，正式对外开放。一度沦为大杂院的百年会馆，如今成为兼具传统四合院及会馆建筑特色的综合性文化空间。

5月23日 北京宣房投资管理集团有限公司与北京建筑大学战略合作协议签约仪式在泰安里举行，双方共同打造的北京建筑大学泰安里建筑文化艺术中心·建筑遗产活化利用驻地实验室正式开幕。双方将在城市更新、老旧小区改造、文保修缮、建筑文化领域等方面开展深度合作，深度挖掘文物建筑的多重价值，将科技创新、人才培养、城市更新及建筑遗产活化利用实践有机结合起来，带动建筑遗产保护、城市更新等领域的产业转型升级。同时，立足西城特色文化风貌，将泰安里建筑文化艺术中心打造成北京第一家以民国建筑故事为依托的文物活化“西城样板”，服务于北京文物活化利用与博物馆之城建设。

5月24日 《人民日报》（文化版）“护文化遗产　彰时代新义”栏目刊发《北京市东城区携手原发地，探索会馆活化利用，老会馆焕发文化活力》，指出北京会馆数量众多、类型丰富，承载着厚重的历史文化。北京市东城区推出“焕发会馆文化活力伙伴计划”，与会馆原发地携手，打造会馆文化体验群落。一座座百年会馆，变身为综合性文化空间。

6月

6月10日 “京城非遗耀中轴——北京市2023年文化和自然遗产日非遗宣传展示活动”在什刹海地区启动。活动以“加强非遗系统性保护　促进可持续发展”为主题，由北京市文旅局与西城区政府共同主办。

"北京文物地图（一期）"数据库在西城区文物保护单位为宝书局发布。发布会上，数据库的搭建方帝都绘相关负责人表示，他们联合北京文化遗产保护中心与100余位志愿者，搭建了一个涵盖了北京市国家级、市级和区级文物保护单位，普查登记文物，历史建筑等文化资源的开放数据库。据了解，该数据库收录了3000余处不可移动文物点位和1000余处历史建筑，其中，门头沟区的最多，达546处，其次是房山区、延庆区、西城区和东城区，分别为429处、417处、384处和373处。

6月12日　北京世界文化遗产保护管理联盟日前成立。北京市文物局表示，将积极发挥联盟优势，增强北京地区遗产地的凝聚力，推动文明对话，努力为打造世界文化遗产整体群落，促进历史文化名城保护与城市社会发展共荣共生提供"北京模式"。北京世界文化遗产保护管理联盟是由市文物局牵头，联合北京地区7处世界文化遗产共同组成的非营利性、非政治性的世界文化遗产保护管理交流服务平台，旨在加强阐释和展示世界文化遗产的突出普遍价值，促进提升北京地区世界文化遗产整体保护管理水平，讲好北京世界文化遗产故事，打造"世界遗产在北京"文化品牌。

7月

7月12日　"高质量发展调研行"主题采访团来到城市绿心森林公园探访"三大建筑"，包括剧院、图书馆和博物馆。目前，"三大建筑"已确定具体名称，分别是北京艺术中心、北京城市图书馆、北京大运河博物馆，并已进入精装修阶段，预计8月底将实现完工，年底投入使用。北京东望，大运河畔，承担着京津冀公共服务功能的新文化地标正在拔地而起。

7月14~15日　由北京市文物局和北京联合大学指导，北京联合大学北京学研究基地和应用文理学院主办，首都博物馆、《北京联合大学学报》编辑部、北京联合大学应用文科综合实验教学中心、北京史研究会、北京地理学会、《地方文化研究》编辑部协办的"北京历史文化名城保护发展与全国文化中心建设——第 25 次北京学学术年会”在北京联合大学学院路校区成功举行。来自 40 多个单位的 120 多位领导和专家学者参加了会议。本次会议采用了线上线下结合的形式。

10月

10 月 27 日 景山公园观德殿举办“景山建筑文化展”。本次展览通过景山建筑的历史与文化发展，以图文形式与模型实物等，展示景山公园建筑的历史背景、建筑风格、装饰艺术等方面内容，持续打造紫禁之巅系列主题文化活动，传播弘扬中华皇宫建筑文化内容和价值，推动建筑文化传承。展期至 11 月 17 日。

11月

11 月 17 日 北京天宁 1 号文化科技创新园前身为原北京第二热电厂，曾经担负着西长安街沿线的重要部门及 50 万居民的冬季采暖任务，后按照相关要求改造为文化科技创新园。天宁 1 号园区在保留电厂厂区建筑原有工业风貌的基础上，遵循“修旧如旧”的宗旨，加强历史建筑及工业遗产保护，最大限度保留 20 世纪 70 年代工业印记，优化提升老厂房的原有功能，赋予老厂房新功能。

11 月 24 日 北京市第十六届人民代表大会常务委员会第六次会议通过《北京市建筑绿色发展条例》，自 2024 年 3 月 1 日起实施。

11 月 25 日 2023 第七届北京国际城市设计大会上，北京市第一部历史建筑保护图则——《北京市历史建筑保护图则》发布，朝阳区、海淀区、丰台区和石景山区的 277 处历史建筑建立起图则档案。

Abstract

Since the 18th National Congress of the Communist Party of China, the development of Beijing's historical and cultural cities and architectural culture has been entered a new period of policy opportunity. Great achievements have been made in the protection and utilization of the historical city, architectural culture, cultural relics and historical buildings, as well as development of Beijing's central axis architectural culture and green buildings.

As the first report in the Blue Book of Beijing's Architectural Culture Development, this book combines the connotation, characteristics and development trends of Beijing's architectural culture, summarizes and analyses the main dimensions, effects and problems of Beijing's architectural culture development in recent years, and focuses on the theme of Beijing's architectural heritage protection and green development of architecture. Judging from the overall trend of the development of architectural culture in Beijing, the protection, inheritance and utilization mode of cultural relics and historical buildings will be improved; digital technology will further empower architectural culture; and the architectural culture will march towards a greener and more low-carbon future.

In recent years, although the advantages of Beijing's architectural culture have been fully demonstrated, difficulties and challenges still presents barriers to the quality development of Beijing's architectural culture, such as the value interpretation and utilization of cultural relics and historical buildings lacks depth; the form of architectural space protection and utilization appears to be single-angled; the protection of architectural heritage relies too heavily on government's financial dependence; the organization and implementation are not smooth; the humanistic inheritance of historical and cultural blocks appears weak; the rights and responsibilities of each subject in the green development of buildings are unclear.

In order to promote the quality development of Beijing's architectural culture, the report puts forward corresponding countermeasures and suggestions. Firstly, in terms of strengthening the protection and utilization of cultural relics and historical buildings, the report mainly focuses on the protection and rejuvenation of 20th century heritage, Beijing's central axis and historical block architectural heritage, revolutionary sites, industrial heritage and architectural intangible cultural heritage. Targeted on the above, the report proposes suggestions on research, value interpretation, construction technology and operation, planning and cultural inheritance. Secondly, in terms of green buildings, the report proposes to improve the policy system regarding green buildings, strengthen the standard system of green buildings, employ digital technology to improve the operation level of green building construction, implement the supervision and examination of construction waste, and introduce incentive policies for recycled products, etc. In addition, targeted suggestions have also been put forward in promoting the systematic research and protection of Beijing's water cultural heritage, the organic integration of excellent traditional architectural culture into contemporary Beijing architectural design.

Keywords: Beijing Architectural Culture; Architectural Heritage Protection; Architectural Green Development

Contents

Ⅰ General Report

Abstract: Architectural culture is a comprehensive cultural complex of material, techniques, spirit and art. As a thousand-year-old capital and a collection of the ancient Chinese capital culture, Beijing has witnessed the vicissitudes of history and boasts rich and precious architectural cultural heritage, making it an essential part of Chinese architectural culture. Meanwhile, as the capital of a major country and the first host city of two Olympic games, Beijing has a unique collection of the excellent architectural heritage of modern China and contemporary sports architecture.

Since the 18th National Congress of CPC, the development of Beijing's famous historical and cultural cities and architectural culture has been entered a new period of policy opportunity. Comprehensive progress and great achievements have been made in the protection and utilization of Beijing's architectural culture and historical city, the protection and utilization of cultural relics and historical buildings, as well as development of green buildings. In view of the overall trend of architectural culture development in Beijing, the protection, inheritance and utilization mode of cultural relics and historical buildings will be improved; digital technology will further empower architectural culture; and the development of architectural culture will march towards green and low-carbon.

Although the advantages of Beijing's architectural culture have been fully demonstrated in recent years, difficulties and challenges still presents barriers to the quality development of Beijing's architectural culture: the coordinated protection and development of famous historical and cultural cities and architectural cultural heritage needs to be strengthened; the rejuvenation of cultural relics and interpretation of architectural values needs to be further promoted; the protection and renewal of historical buildings needs to overcome special challenges; there is still a lack of excellent contemporary buildings designed by local architects that reflect national culture and Beijing's regional characteristics. In order to promote quality development of Beijing's architectural culture, the report puts forward targeted countermeasures and suggestions in strengthening the protection, elucidation and utilization of cultural relics: empowering the development of Beijing architectural culture with digital technology; strengthening the conservation, renewal, adaptive use of historic and cultural cities and historic buildings; promoting the organic integration of excellent traditional architectural culture into contemporary Beijing architectural design.

Keywords: Beijing Architectural Culture; Architectural Heritage; Famous Historical and Cultural City

Ⅱ Heritage Protection

B.2 Report on the Protection and Utilization of Beijing's Architectural Heritage in the 20th Century

Abstract: In addition to its basis of unparalleled traditional civilization, the splendid development of our ancient capital Beijing also owes to its modern and contemporary architectural heritage that embodies the modern civilization of the Chinese nation, which plays an indispensable role in urban culture. From the required perspective of the Blue Book, the report sorts out Beijing's representative project in China's 20th century architectural heritage. In addition to studying its architectural heritage types and spatial distribution, the report also introduces the connotation and core values that differentiates 20th century architectural heritage from conventional heritage architecture. Based on the international perspective of UNESCO World Heritage List, the report emphasizes the great practical significance of the study of 20th century architectural heritage in Beijing, China. While looking back on the heritage value of the Beijing Declaration of the 1999 Beijing UIA Conference, the report draws attention to the sustainable architectural heritage significance of the influential new Beijing Charter. Moreover, the report also focuses on the genealogy of the first, second and third generations of architects who contributed to Beijing's 20th century architectural heritage. While showcasing their creative history, the report also illustrates the contributions of several generations of Chinese architects to Beijing's 20th century architectural heritage.

Keywords: 20th Century's Architectural Heritage; Chinese Architect; Cultural Inheritance; Design Confidence; Beijing

Abstract: This report compiles the value spectrum of the Dongsi Historical and Cultural District through heritage combing, value excavation and spatial evaluation of the historical buildings in this typical area. It points out the lack of cultural excavation and historical research, the single form of architectural space protection and utilization, the financial dependence of the government, the lack of follow-up of humanistic inheritance of the neighborhood at the present stage, and the lack of organic community connections and emotional cohesion. In this regard, the classification of protection, revitalization and utilization strategies and suggestions are put forward. At the research level, integrating cultural resources, building a digital platform, collecting, displaying and researching at the same pace; at the architectural level, carrying out the pilot practice of restoration and upgrading of old courtyards and forming technical regulations; at the operation and maintenance level, strengthening the construction of the cloud-based cultural tourism, adopting measures such as online sales of cultural IP and heritage adoption; at the planning level, stimulating the vitality of the cultural tourism and creating thematic tour routes; at the community level, promoting the participation of owners' committees in the renovation and upgrading of the public space in the historic and cultural districts.

Keywords: Historical and Cultural Districts; Architectural Heritage; Dongsi Historic and Cultural Districts

Abstract: In 2017, the protection and utilization of Beijing's old city quadrangle entered a new historical stage marked by the release of Beijing's new version of the city's master plan. On the basis of a full understanding of the protection and utilization of the quadrangle in Beijing's old city, and combining long-term theoretical research and work practice, the study report initially sums up the successful experiences in the protection and utilization of the quadrangle in Beijing's old city over the past five years, and roughly summarizes the problems that have emerged in the process of protecting and utilizing the quadrangle. With regard to the problems of insufficient ideological understanding, inadequate institutional safeguards, imperfect theoretical research, and poor organization and implementation in the protection and utilization of quadrangle in Beijing's old city over the past five years, based on a detailed analysis of the causes of the problems, we try to put forward a number of strategies and suggestions for solving the problems such as carrying out a re-study of the theoretical system of the four-hexed courtyard in Beijing, constructing a perfect talent cultivation system, and reasonably formulating a plan for the reutilization of the vacated space. The study is based on a detailed analysis of the causes of the problems.

Keywords: Beijing's Quadrangle; The Protection of Beijing's Old City; Reutilization of the Vacated Space

Abstract: According to the classification criteria for the protection and utilization of immovable revolutionary cultural relics in the Guidelines for the Protection and Utilization of Revolutionary Sites issued by the National Cultural Heritage Administration, our research team selected 63 revolutionary sites from the two batches of immovable revolutionary cultural relics published by the Beijing Municipal Administration in 2021 and 2022, before carrying out research on the current status of their protection and utilization. In view of problems including insufficient breadth and depth of utilization, lack of revitalization of cultural relics, and the imperfect protection and utilization system, the research team proposed suggestions such as increasing the establishment of the linkage mechanism between the utilization and protection of revolutionary sites, activating and revitalizing the "live textbook" of revolutionary relics, as well as forming a joint force to protect and utilize the revolutionary sites, hoping to provide decision-making referenced for the scientific protection and rational use of revolutionary sites.

Keywords: Revolutionary Site; Revolutionary Relics; Activation and Utilization

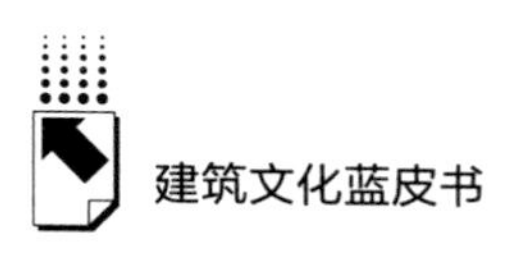

B.6 Shougang Industrial Heritage Preservation and Reuse Report

Fu Fan, Zheng Dehao / 150

Abstract: Seizing the major opportunity to serve and protect the Winter Olympics and create a new landmark for the urban rejuvenation of the capital in the new era, the North District of Shougang Park has achieved significant milestones in urban renewal by breaking through with the Olympic Project, and has now become a high-end industrial comprehensive service area integrating science and technology, sports, commerce, culture and tourism, etc., however, its development is still facing a lot of problems and dilemmas. Based on detailed data collection and field research, this report combines the corresponding policies and superior planning of Beijing, Shijingshan District and Shougang Group, collates and summarizes the slow conversion speed, building utilisation rate, insufficient internal and external linkage, etc., which exist in Shougang's industrial heritage protection and reuse, and proposes to accelerate the comprehensive opening and sharing, and realise the coordinated and linkage development of the region. Optimize the supply of supporting services to create an international community-based park. Implantation of Winter Olympic industrial genes, bigger and stronger "sports +" industry protection and reuse of the construction and development of the path and recommendations, in order to provide decision-making reference for a more reasonable protection and use of Shougang's industrial heritage.

Keywords: Industrial Heritage; Shougang Park; Adaptive Use

B.7 Research Report on the Preservation and Inheritance of Architectural Intangible Heritage in Beijing

Chen Huijie / 175

Abstract: This report analyzes a general situation of intangible architectural heritage, characteristics and multi-dimensional value of intangible architectural heritage in Beijing, preservation of heritage, problems and challenges faced, etc. , and proposes countermeasures for the protection and inheritance of Beijing's architectural intangible heritage based on comparative analysis and lessons learned. Specifically, it is essential to comprehensively research Beijing's intangible construction resources, guide social forces to participate, effectively formulate and operate active inheritance mechanisms in an orderly manner, establish a scientific management mechanism through various forms such as normalized management, database construction, and digital management, and form a standardized guarantee mechanism by adopting various support measures, stabilizing long-term education and training, and strengthening school-enterprise cooperation.

Keywords: Architecture of Beijing; Intangible Cultural Heritage; Inheritance of Intangible Cultural Heritage

Ⅲ Cultural Development

Abstract: The Beijing Central Axis is a representation of the outstanding traditional Chinese architectural culture. This paper the historical development of the Beijing Central Axis, analyzes the current situation of the main buildings and streets on the axis, and puts forward the existing problems: insufficient use of the buildings after they are relocated, poor linear space style and landscape, insufficient overall protection of the historical blocks, etc. At the same time, this paper analyzes the architectural cultural characteristics of the axis, which is respect for the center, the unity of heaven and man, orderly hierarchy, and group layout, and puts forward the corresponding cultural strategies: implementing the planning, drilling into the culture, using cultural relics, highlighting the culture, improving people's livelihood, popularizing culture.

Keywords: The Central Axis of Beijing; Architectural Culture; History of Architecture

B.9 The Research on Water Cultural Heritage in Building Environment

Wang Chongchen, Zhou Kunpeng and Li Yan / 221

Abstract: Taking water cultural heritage as the theme, the research and development status of water cultural heritage were systematically combed in this work. The result shows that the concept, type, value and protection of domestic water cultural heritage are still in the theoretical stage, engineering practice and thematic research are insufficient, and data accumulation is insufficient. Many scholars has conducted a comprehensive research on the quantity, distribution, value, cultural connotation and protection of Beijing water cultural heritage, which is a hot spot in the field of regional research, but these studies are still in the initial stage of theoretical exploration, and the system is not mature and perfect. In particular, there are insufficient researches on theory and policy, grade rating, interdisciplinary exchange, and depth of research. Therefore, it is suggested to strengthen theory and system construction, grade rating and special protection, integration of multidisciplinary research, and depth of theoretical and practical research, so as to promote scientific, systematic and comprehensive research and protection of regional water cultural heritage.

Keywords: Water Culture; Water Culture Heritage; Protection and Inheritance

B.10 Beijing Green Building Industry Development Report

Yu Tianqi / 242

Abstract: Based on an analysis of the overall situation of green development in the construction industry, this report elucidates the green development of the Beijing region and the building industry. At the regional level, the report emphasizes the development of low-carbon urban construction, energy structure transformation, and resource and environmental accounting, which continuously promotes the green and low-carbon development of the city. At the building level, the primary focus is on enhancing building quality and reducing energy consumption. The report explores five aspects, including strengthening top-level green development design, standardizing green building management mechanisms, continuously promoting green construction, advocating green community living, and developing green ecological demonstration areas. These aspects provide a detailed exposition of the characteristics of green development in the building industry. In conclusion, the report proposes recommendations for green development: creating green regions, developing green smart manufacturing and green finance. These recommendations aim to support the construction of high-quality green buildings in Beijing and create a high-quality living environment.

Keywords: Green Development; Low-Carbon City; Green Building

Abstract: This report offers a comprehensive analysis of the advancements in Beijing's construction waste resource utilization, shedding light on the challenges and deficiencies encountered in the city's efforts towards waste resourceization. It puts forth recommendations to propel the development of resourceization and delineates anticipated future trends. Building upon the current status of construction waste resource utilization, the report identifies prevalent issues impeding progress in Beijing. In response to these challenges, several management suggestions are proposed. These suggestions include accelerating the construction of an information disclosure platform, planning the location of renovation waste points in various districts, establishing a sound monitoring system for the whole process, and supplementing policies related to renovation waste.

Keywords: Construction Waste; Renovation Waste; Recycled Products

皮 书

智库成果出版与传播平台

✧ 皮书定义 ✧

皮书是对中国与世界发展状况和热点问题进行年度监测，以专业的角度、专家的视野和实证研究方法，针对某一领域或区域现状与发展态势展开分析和预测，具备前沿性、原创性、实证性、连续性、时效性等特点的公开出版物，由一系列权威研究报告组成。

✧ 皮书作者 ✧

皮书系列报告作者以国内外一流研究机构、知名高校等重点智库的研究人员为主，多为相关领域一流专家学者，他们的观点代表了当下学界对中国与世界的现实和未来最高水平的解读与分析。

✧ 皮书荣誉 ✧

皮书作为中国社会科学院基础理论研究与应用对策研究融合发展的代表性成果，不仅是哲学社会科学工作者服务中国特色社会主义现代化建设的重要成果，更是助力中国特色新型智库建设、构建中国特色哲学社会科学“三大体系”的重要平台。皮书系列先后被列入“十二五”“十三五”“十四五”时期国家重点出版物出版专项规划项目；自 2013 年起，重点皮书被列入中国社会科学院国家哲学社会科学创新工程项目。

法律声明

“皮书系列”（含蓝皮书、绿皮书、黄皮书）之品牌由社会科学文献出版社最早使用并持续至今，现已被中国图书行业所熟知。“皮书系列”的相关商标已在国家商标管理部门商标局注册，包括但不限于LOGO（ ）、皮书、Pishu、经济蓝皮书、社会蓝皮书等。“皮书系列”图书的注册商标专用权及封面设计、版式设计的著作权均为社会科学文献出版社所有。未经社会科学文献出版社书面授权许可，任何使用与“皮书系列”图书注册商标、封面设计、版式设计相同或者近似的文字、图形或其组合的行为均系侵权行为。

经作者授权，本书的专有出版权及信息网络传播权等为社会科学文献出版社享有。未经社会科学文献出版社书面授权许可，任何就本书内容的复制、发行或以数字形式进行网络传播的行为均系侵权行为。

社会科学文献出版社将通过法律途径追究上述侵权行为的法律责任，维护自身合法权益。

欢迎社会各界人士对侵犯社会科学文献出版社上述权利的侵权行为进行举报。电话：010-59367121，电子邮箱：fawubu@ssap.cn。

社会科学文献出版社